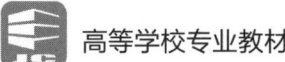 高等学校专业教材

浙江省普通本科高校"十四五"重点立项建设教材

 中国轻工业"十四五"规划教材

浙江省一流本科课程配套教材

食品贮运学

邵兴锋　韦莹莹　主编

中国轻工业出版社

图书在版编目（CIP）数据

食品贮运学 / 邵兴锋，韦莹莹主编. —北京：中国轻工业出版社，2025.6
高等学校专业教材　浙江省一流本科课程配套教材
ISBN 978-7-5184-4848-7

Ⅰ.①食… Ⅱ.①邵…②韦… Ⅲ.①食品贮藏—高等学校—教材 Ⅳ.①TS205

中国国家版本馆CIP数据核字（2024）第045680号

责任编辑：钟　雨
文字编辑：陈丽婷　　责任终审：张乃东　　整体设计：锋尚设计
策划编辑：钟　雨　　责任校对：朱　慧　朱燕春　　责任监印：张　可

出版发行：中国轻工业出版社（北京鲁谷东街5号，邮编：100040）

印　　刷：三河市万龙印装有限公司

经　　销：各地新华书店

版　　次：2025年6月第1版第1次印刷

开　　本：787×1092　1/16　印张：14

字　　数：284千字

书　　号：ISBN 978-7-5184-4848-7　定价：42.00元

邮购电话：010-85119873

发行电话：010-85119832　010-85119912

网　　址：http://www.chlip.com.cn

Email：club@chlip.com.cn

版权所有　侵权必究

如发现图书残缺请与我社邮购联系调换

220614J1X101ZBW

本书编委会

主　编

邵兴锋　宁波大学

韦莹莹　宁波大学

副主编

许　凤　宁波大学

陈　义　宁波大学

参　编（按姓氏笔画排序）

吕好新　河南工业大学

孙杨赢　宁波大学

邹秀容　韶关学院

陈敬鑫　渤海大学

范中奇　福建农林大学

林艺芬　福建农林大学

秦　文　四川农业大学

曾小群　宁波大学

前言

食品工业是国家的支柱产业之一，在大食物观、大健康、全产业链、"四新"融合等背景下，尤为重要。随着食品工业的快速发展，人们对食品贮运技术的需求日益增加，现代食品贮运不仅要保障食品的质量和安全，还要遵循食品工业集约高效、绿色发展的基本原则。因此，许多高校在食品相关专业学生的培养过程中开设食品贮运学课程，专门学习食品贮运学的基本知识和现代食品贮运技术，这对于培养符合现代食品工业需求的专业人才具有重要的意义。

《食品贮运学》于2022年获得浙江省普通本科高校"十四五"首批新工科重点教材建设项目，2024年入选中国轻工业"十四五"规划教材。2022年，在宁波大学召开了第一次编委会会议，商讨了编写思路和编写大纲。2024年8月9日在宁波召开了《食品贮运学》审定会。

本教材分为三篇，共八章内容，主要围绕食品贮运保鲜的原理、技术和应用展开，原理篇主要介绍动、植物性食品的贮运保鲜原理，技术篇主要介绍食品贮运保鲜所采用的物理、化学和生物技术，应用篇主要介绍植物性食品的采后贮运和动物性食品的贮运保鲜，并且为适应现代食品贮运的发展要求，还特别编制了食品冷链物流的内容。

本教材内容丰富，文字简洁。为实现教学资源的共享，便于教师备课和学生自学，本教材有配套的PPT，并利用在线课堂，将部分内容收入在线课程，读者使用移动终端设备扫描纸质教材中的二维码即可学习相关内容，包括讲课视频、拓展阅读等大量内容丰富的数字资源，有助于突破课堂学时不足的瓶颈，为翻转课堂、线上线下混合式教学提供了资源和平台。

这些内容在编写、修改、定稿过程中，由编写人员分工合作，经多次沟通修改，交换意见，最终成稿，书中每章每节都凝聚了编写人员的心血。宁波大学邵兴锋负责第一章的编写、韦莹莹和陈义负责第二章的编写、孙杨赢负责第三章的编写，福建农林大学范中奇和渤海大学陈敬鑫共同负责第四章的编写，韶关学院邹秀容负责第五章的编写，宁波大学许凤和河南工业大学吕好新负责第六章的编写，宁波大学曾小群负责第七章的编写，福建农林大学林艺芬和四川农业大学秦文负责第八章的编写，在此对每位编写人员和参编院校表示感谢。

特别感谢宁波大学在经费方面给予极大的支持。本教材的编写参阅了国内外出版的有关教材和资料，在此表示感谢。对以不同方式关怀和帮助本书编写和出版的专家、同行表示衷心的感谢。

本教材中存在的不妥之处，恳请兄弟院校及读者在使用后提出宝贵意见，以便再版时予以修订，欢迎您参加下一版教材的修改再版工作。

邵兴锋
2025年1月于宁波大学

目录

第一章 绪论 1

- 第一节 食品贮运学概述 1
- 第二节 食品贮运学的发展历史 3
- 第三节 我国食品贮运现状及发展趋势 4

第一篇 原理篇 / 7

第二章 植物性食品贮运保鲜原理 8

- 第一节 果蔬的采后生理变化 8
- 第二节 果蔬的采后蒸腾作用 18
- 第三节 果蔬的采后成熟与衰老 21
- 第四节 果蔬的采后休眠 26
- 第五节 果蔬的采后病害 27
- 第六节 粮食和油料的陈化 35

第三章 动物性食品贮运保鲜原理 39

- 第一节 肉的僵直 39
- 第二节 成熟和自溶 44
- 第三节 腐败变质 46

第二篇 技术篇 / 63

第四章 食品物理贮运保鲜技术 64

- 第一节 低温贮运保鲜技术 64
- 第二节 气调贮运保鲜技术 75
- 第三节 减压贮藏保鲜技术 91
- 第四节 辐照保鲜技术 96

第五节　超高压保鲜技术 …………………………………… 102
　　第六节　微波保鲜技术 ……………………………………… 106

第五章　食品化学和生物保鲜技术 …………………………………… 110

　　第一节　化学保鲜技术 ……………………………………… 110
　　第二节　生物保鲜技术 ……………………………………… 121

第三篇　应用篇 / 133

第六章　植物性食品的采后贮运 ……………………………………… 134

　　第一节　果蔬采后贮运保鲜 ………………………………… 134
　　第二节　粮食储运技术 ……………………………………… 156
　　第三节　植物油料和油脂储藏 ……………………………… 166

第七章　动物性食品的贮运保鲜 ……………………………………… 175

　　第一节　肉类贮运保鲜 ……………………………………… 175
　　第二节　蛋类贮运保鲜 ……………………………………… 179
　　第三节　乳及乳制品贮运保鲜 ……………………………… 183
　　第四节　水产品贮运保鲜与保活 …………………………… 186

第八章　食品冷链物流 ………………………………………………… 192

　　第一节　食品冷链物流概述 ………………………………… 192
　　第二节　食品冷链物流的组成及设施设备 ………………… 194
　　第三节　我国食品冷链物流的发展状况 …………………… 206

参考文献 …………………………………………………………………… 213

第一章 绪论

> **学习目标**
>
> 1. 掌握食品贮运学的基本概念及意义。
> 2. 熟悉食品贮运学的发展历史。
> 3. 了解我国食品贮运的现状、存在问题及发展趋势。

"民以食为天",食品决定着人类的生存与发展,新鲜优质的食品与国民健康密切相关。食品生产除了农业生产中的种植、养殖和海洋捕捞等产前作业外,还包括产后领域的农副产品贮藏保鲜、加工制造、运输销售等后续关联产业,它们是农业产业化的重要组成部分,也是农民增收、农业发展和市场繁荣的重要途径。食品贮运是指食品在贮藏、运输、销售及消费过程中保鲜、保质、保安全的理论与实践,它既包括生鲜食品的贮运保鲜,也包括食品原辅料、半成品和成品食品的贮运保质。食品的多元化供给和供应链安全保障是构建国家大食物安全观的根本要求,因此,食品贮运是国家安全和民生保障的重要方面,对社会稳定发展起着至关重要的作用。

第一节 食品贮运学概述

一、食品贮运学的研究内容

食品贮运学是研究食品在贮藏和运输过程中物理特性、化学特性和生物特性的变化规律,解析食品品质劣变和腐败发生的机制,研究食品贮运与保鲜技术方法的一门科学。它是一门涉及多学科的应用技术学科,是食品科学的一个重要组成部分,与生物学、生物化学、动植物生理生化、有机化学、食品化学、食品微生物学、食品原料学、食品包装学和食品工艺学等学科均有密切联系。食品贮运学的主要研究内容包括各类食品(生鲜食品为主)的贮藏性能和各种贮运技术的原理、生产可行性和卫生安全性,食品在贮运过程中的品质变化和影响品质变化的主要因素和控制方法，结合食品贮藏性能和贮运技术的原理选择合适的贮运技术和方法等。

食品的物理特性主要是指食品的形态、质地和失重等物理性质；食品的化学特性是指食品中的水分及其水分活度、各种天然物质（碳水化合物、脂类、蛋白质、矿物质、维生素、色素、风味物质和气味物质等）以及食品添加剂在食品中所具有的性质；食品的生物特性主要是指食品中的微生物和酶的特性以及动植物组织的生理特性。食品在贮运过程中，由于受到各种物理、化学和生物因素的影响，品质会发生一系列的变化，造成食品品质的劣变和腐败，影响食品的卫生安全，危害人体健康，并导致经济损失。所以，根据各类食品的特性和贮运要求，进行科学的贮藏和运输管理，不仅可以保持食品的品质和安全，还可以降低食品损耗，减少经济损失。为了保持食品固有的质量，控制品质劣变的发生，食品贮藏和运输中可采用各种物理、化学、生物技术等措施来达到保鲜、保质、保安全的目的。

二、食品贮运学的重要意义

食品根据其是否加工可以分为天然食品和加工食品两大类，这两类食品的贮藏特性不同，贮运要求也不同。

天然食品是指由农、林、牧和渔等生产所提供的初级产品，可以分为植物性食品和动物性食品。其中植物性食品主要包括以谷类、豆类和薯类为主的粮食油料和以水果、蔬菜为主的园艺产品；动物性食品主要包括水产品、畜禽肉、禽蛋和乳品等。水果、蔬菜、粮食和鲜蛋等具有生命活动，故又称为鲜活食品；而畜禽肉、鲜乳、水产品未经熟制且含水量高，为生鲜食品。这些天然食品在贮运过程中极易发生腐败变质，又统称为易腐性食品。对于这些鲜活食品和生鲜食品，在贮藏运输过程中需要保活、保鲜，才能减少损失。此外，这类食品的贮运保鲜还有利于提升农产品的附加值，消除果蔬产品的季节性和区域性的差别，调节市场供给和促进跨区域流通消费。

加工食品是以天然食品为原料再经过不同深度的加工处理而得到的各种加工层次的产品。由于原料、加工工艺和加工深度不同，加工食品的种类繁多，并且随着食品资源的开发利用和新工艺、新技术及新配方的应用，新的加工食品不断出现。根据加工方式的不同，加工食品可分为干制品、腌制品、糖制品、罐藏制品、冷冻制品和焙烤食品等。大多数加工食品由于经过不同的加工处理，其耐贮性一般高于天然食品。对于加工食品而言，在贮藏运输过程中需要保质，才能保证食品的优质、安全。

新鲜优质的食品与国民健康有着非常密切的关系，党的二十大报告指出"把保障人民健康放在优先发展的战略位置"。不管是天然食品，还是加工食品，合适的贮运技术能够保障食品的质量和安全，延长食品的保存期限，保障国民营养健康，确保舌尖上的安全。

第二节 食品贮运学的发展历史

食品贮藏保鲜自古代就有，早在原始社会，人们利用天然洞穴来贮藏剩余食品。我国劳动人民利用缸瓮、井窖、地沟和窑洞等简易设施来贮藏食品也有悠久的历史。随着人类社会的发展和科学技术的进步，食品贮藏保鲜技术水平不断得到提高和完善。历史上有两次重大的贮藏保鲜的技术改革：第一次是19世纪后半期的罐藏、人工干燥和冷冻三大主要贮藏技术的出现和应用；第二次是20世纪以来快速冷冻及解冻、气调贮藏、辐照保鲜和化学保鲜等技术的出现和发展。这些技术的发明与应用，表明食品贮藏技术已由过去的依靠自然气候条件进入人工控制条件阶段，很大程度上克服了人类贮藏食品对自然界的依赖性。

19世纪，冷媒的出现使食品贮藏技术取得了划时代的发展。1872年，美国人David和Boyle发明了以氨为制冷剂的压缩式制冷机，人工冷源逐渐取代了天然冷源，使食品贮藏的技术手段发生了根本性的变革。冷库的诞生是一个食品贮藏技术的飞跃过程，1899年，美国芝加哥的阿姆斯特朗冷库开始运营，它采用了当时最先进的机械制冷技术，通过压缩冷凝循环系统，成功地将冷库内部温度维持在低温状态，实现食品的长期储存。随着技术的进步，现代冷库已经成为食品行业不可或缺的一部分。

气调贮藏是继机械冷藏以后食品贮藏技术的又一重大革新，是当今世界先进的食品贮藏保鲜技术之一。1819年，法国人Berard最早开始研究贮藏环境中的低浓度O_2（以下简称"低O_2"）和高浓度CO_2（以下简称"高CO_2"）对水果后熟的影响。经过100年后，英国科学家Kidd和West总结了环境中气体组分对果实、种子的生理影响，并发展了改变气体组分的商业性贮藏技术，当时称作气体贮藏。20世纪40年代正式改用气调贮藏的名称，后来又发展了极低氧（<1%）贮藏、短期高CO_2贮藏及不同贮藏阶段给以不同O_2和CO_2指标的动态气调贮藏。20世纪50年代，气调贮藏技术开始应用于苹果的贮藏保鲜，随后扩大到多种水果和蔬菜的贮藏保鲜。目前，气调贮藏已推广应用到粮食、鲜肉、禽蛋及许多加工食品的贮藏和流通中的保鲜保质。

20世纪80年代以后，随着生物技术的发展，以基因工程技术为核心的生物保鲜技术成为食品贮藏保鲜研究的新领域。应用基因工程技术改变果实的成熟和贮藏特性，延长贮藏期，已在番茄上取得了成功并在生产中应用。为了最大限度地保持食物的新鲜度，研究人员采用物理、化学、生物的技术和方法"三管齐下"，开发了从包装、冷链、贮运到配送的一系列技术和方法。

随着食品贮运科学技术的发展，食品贮运学也应运而生，并且不断地发展、完善和提高，目前已经发展成为一个比较完整的学科体系。虽然，目前食品贮运技术已有了很大的发展，但从食品贮运保鲜、保活和保安全的目的来看，仍然存在着有待深入开发的领域。

第三节　我国食品贮运现状及发展趋势

一、我国食品贮运现状及存在问题

食品贮运在我国有悠久的历史，在长期的生产实践中，人们创造和积累了丰富的食品贮运经验和方法。然而，食品贮运真正成为一门学科是在新中国成立之后，尤其是党的十一届三中全会以来，我国农业生产步入快速、持续和健康发展的轨道，粮食、油料、水果、蔬菜、畜禽和水产等农产品的产量逐年提高，充足的农产品为食品工业的快速发展奠定了良好的物质基础。

我国是农业生产大国，农产品的产量和数量位居世界前列，并且随着人们消费水平的提高，食品加工企业对农产品原料的品质和安全要求也在提高，广大消费者对农产品及各种加工食品的卫生与质量要求也在逐年提升，国际市场对我国的农产品及加工食品的卫生与质量要求也越来越高，这些都迫使我们重视食品原料及加工食品的贮藏和流通工作。然而，在过去很长一段时间内，由于对农产品和加工食品的贮藏流通重视不够，导致我国食品贮运保鲜的基础设施相对薄弱，尚未建立先进的食品贮运物流技术体系，从而导致的食品腐败变质和损失非常严重。农业农村部食物与营养发展研究所的研究报告显示，2022年我国蔬菜、水果、水产品、粮食、肉类、乳类、蛋类七大类食物按重量加权平均损耗和浪费率合计22.7%，约4.6亿t，其中生产流通环节食物损耗3亿t。农业生产、产后处理、贮藏、加工、流通、消费环节，每一个环节都可能造成损耗和浪费。在众多食物中，蔬菜是损耗浪费率最高的食物，达到34.4%，而收获后处理是蔬菜损耗最严重的环节，占总损失的49.4%。

1991年，在内蒙古自治区包头市建成了世界上第一座千吨级减压保鲜贮藏库，标志着我国的贮藏保鲜在某些方面已达先进水平。此外，各种化学保鲜剂、生物活性调节剂和涂膜类保鲜剂等广泛研制和应用，对减少食品贮运过程中的腐败变质起到明显的辅助作用。2000年前后，"冷链"一词开始在我国出现，2008—2017年我国冷链物流行业步入起步发展阶段，2008年北京奥运会的承办成为冷链物流发展的转折点，国家对食品安全和冷链运输的标准显著提高。2018年至今，我国冷链物流行业发展进入快车道，全民冷链需求爆发，基础设施体系日益完善。但同时，我国冷链物流发展不平衡、不充分、"断链""伪冷链"等问题突出，跨季节、跨区域调节农产品供需的能力不足，农产品产后损失和食品流通浪费较多，与发达国家相比还有较大差距。

冷链产品安全关系到国民身体健康和生活质量，为尽快构建现代化物流体系，2021年11月国务院发布《"十四五"冷链物流发展规划》，规划了明确的发展目标：到2025年，初步形成衔接产地销地、覆盖城市乡村、联通国内国际的冷链物流网络，基本建成符合我国国情和产业特点、适应经济社会发展需要的冷链物流体系，支撑冷链产品跨区域流通的能力和效率显著提高，对国民经济和社会发展的支撑保障作用显著增强。

二、食品贮运学的发展趋势

在我国树立大食物观、构建多元化食物供给体系的今天,开发食品贮藏保鲜新技术新装备、发展现代冷链物流技术对保障粮食、果蔬、肉乳蛋、水产品等各类食物有效供给及质量安全具有重要意义。近年来,大量科学研究集中于贮藏保鲜机制、新技术、装备实施及其工业化应用,如精准控温、电磁场、智能和活性包装等,尤其是电商新业态下的农产品贮运保鲜技术,为农产品在现代贮藏及冷链流通中的质量安全控制提供新技术和保障。

食品供应链主要指在采购、加工、流通等环节,通过资源整合为企业及个人消费者提供安全稳定的原材料,其中冷链物流配送及仓储体系贯穿全程,是保障全程温控、控制食品安全和质量的必备条件。通过完善农产品"产、收、贮、运"和数字化供应链体系,开发新型的食品智能包装技术和新型的贮运技术,最大限度地减少食物损失。随着互联网+和生鲜电商的发展,适宜的贮运技术有效地保证了生鲜食品的"最先一公里"和"最后一公里"。随着《"十四五"冷链物流发展规划》的出台和实施,国家对冷链物流的重视程度不断提升,不仅要完善冷链体系,还要延长食品保鲜期、提高保鲜度、降低保鲜和物流成本。

未来,食品贮运需要多种技术的融合,对于生鲜食品需要保证全程冷链,此外,还需要大力研发生物保鲜技术,开发无污染、无残留、绿色的保鲜技术,并结合智能包装、信息化等技术,完善食品收储运和数字化供应链体系,最大限度地减少食物在贮运中的损耗,推动食品产业的可持续发展。

本章线上学习资源可扫描以下二维码获取。

食品贮运学概述　　　　食品贮运现状及发展趋势

思考题

1. 食品贮运学主要研究哪些内容?
2. 天然食品和加工食品的贮藏特性和贮运要求有哪些不同?
3. 食品贮运的意义有哪些?
4. 食品贮运经历了怎样的发展历史?
5. 未来食品贮运技术包含哪些内容?

第一篇

原理篇

第二章
植物性食品贮运保鲜原理

> **学习目标**
>
> 1. 了解植物性食品呼吸作用的分类与生理意义。
> 2. 熟悉果蔬的采后蒸腾作用、成熟与衰老、休眠等基本概念。
> 3. 掌握呼吸跃变型果实和非跃变型果实的采后生理特性差异。
> 4. 掌握乙烯的生物合成途径及在果蔬成熟衰老中的作用。
> 5. 熟悉果蔬采后常见病害的种类及发生规律。
> 6. 掌握粮食发生陈化的基本原理。

在生鲜食品的供应中,可以根据食品原料简单分为两大类:植物性食品和动物性食品。植物性食品包括果蔬产品和粮食油料,从田间采收后依然在进行着呼吸作用和生命活动,因此深入了解植物性食品的贮运保鲜原理,如果蔬的采后生理变化、采后蒸腾作用、采后成熟与衰老、采后休眠、采后病害与腐烂及粮食和油料的陈化等,有助于更好地认识和控制植物性食品在贮运过程中的品质变化。

第一节 果蔬的采后生理变化

果蔬在采摘后,依然是具有生命活性的有机体。虽然它们与植株脱离,但内部的生理活动并未停止,依然会进行代谢过程,如呼吸作用、蒸腾作用等,这些代谢活动直接影响果蔬的贮运品质。理解果蔬采后的生理变化是实现贮运管理、减少损失的关键。其中,呼吸作用作为基础的生理过程之一,在果蔬采后生理变化中起着至关重要的作用。

一、呼吸作用的分类与生理意义

呼吸作用是所有细胞的基本生理活动过程,在植物生长发育中具有重要的生理作用，它能够为植物细胞提供能量，支持植物的生长发育和新陈代谢。此外，呼吸过程中产生的二氧化碳（carbon dioxide，CO_2）也是植物光合作用的重要原料。植物呼吸可以分为有氧呼吸（aerobic respiration）和无氧呼吸（anaerobic respiration）两种。

1. 有氧呼吸

有氧呼吸又称需氧呼吸，是指细胞在氧气（oxygen，O_2）的参与下，将某些有机物（如糖、脂肪和蛋白质）彻底氧化分解为CO_2和水，并释放能量的过程。以葡萄糖为例，有氧呼吸的总反应式为：

$$C_6H_{12}O_6 + 6H_2O + 6O_2 \longrightarrow 6CO_2 + 12H_2O + 能量 \quad \Delta G' = -2870 kJ/mol \tag{1}$$

植物细胞中的线粒体是有氧呼吸的主要场所，在有氧呼吸过程中，植物细胞的有机物质（如葡萄糖）在O_2的参与下彻底氧化分解，产生CO_2和水，并释放能量。这个过程可以分为三个阶段：糖酵解、三羧酸循环和电子传递链。植物细胞在白天进行光合作用和呼吸作用，但光合作用的速率超过呼吸作用，所以释放O_2；在夜间进行有氧呼吸，消耗O_2。有氧呼吸是高等植物进行呼吸的主要形式，通常所说的呼吸作用实际上就是指有氧呼吸。

2. 无氧呼吸

无氧呼吸又称厌氧呼吸，是指在缺氧条件下，植物细胞将有机物质分解，产生乳酸或乙醇，并释放少量能量的过程。植物的无氧呼吸过程可以分为两个阶段：乳酸发酵和乙醇发酵。在乳酸发酵阶段，植物将糖分解成乳酸和少量能量；在乙醇发酵阶段，植物将糖分解成乙醇和CO_2，并产生少量能量。这两个过程产生的能量也很少，但足够维持植物的生命活动。无氧呼吸方式不需要O_2，但能量产生量较低。反应式如下：

$$C_6H_{12}O_6 \longrightarrow 2C_2H_5OH + 2CO_2 + 能量 \quad \Delta G' = -226 kJ/mol \tag{2}$$

无氧呼吸产生的能量比有氧呼吸少，同时，无氧呼吸产生的呼吸产物也与有氧呼吸不同。因此，植物进行无氧呼吸只是为了维持生命活动，而无法进行其他更高能量的生命活动，例如，生长和繁殖等。

3. 果蔬呼吸作用的生理意义

（1）呼吸作用为果蔬的生命活动提供能量　植物呼吸是植物维持生命所必需的基本生理过程之一，其主要作用是将光合作用中产生的有机物转化为能量，以维持植物生长、发育和代谢活动。呼吸作用不仅对植物本身的生长发育起着重要的作用，同时对果实的发育和采后贮藏保鲜也起着至关重要的作用。果实的发育需要大量的能量供应，而植物呼吸作用正是果实获取能量的主要来源之一。在果实的发育过程中，由于果实自身无法进行光合作用，因此需要从植株中获取能量和营养物质。植物通过呼吸作用将光合产物中的有机物质分解为CO_2和水，并释放出大量的能量，这些能量可以被果实吸收利用，促进果实的发育和成熟。在果实采摘后，其呼吸作用仍然会持续进行，因为果实体内的细胞仍然需要能量来维持正常的代谢活动，而此时果实无法再从植物体中获取光合产物，只能依靠自身的有机物质进行呼吸作用。消耗大量的有机物质，导致果实的品质和营养价值逐渐降低。

（2）植物的呼吸作用对果蔬的发育和采后的抗病性和免疫能力有着重要作用　在植物和病原微生物的相互作用中，植物依靠呼吸作用来氧化分解病原微生物所分泌的毒素，以消除其毒害。果蔬受到机械损伤或病菌侵染时，也通过旺盛的呼吸作用，促进伤口愈合，加速木质化或栓质化，以减少病菌的侵染。此外，呼吸作用的加强还可促进具有抑菌作用的绿原酸、咖啡酸等酚类物质的合成，以增加果蔬的免疫能力。

二、果蔬呼吸作用相关指标

1. 呼吸强度

果蔬呼吸强度（respiration intensity）是指单位时间内植物消耗O_2或释放CO_2的速率，通常用$mg\ CO_2/g·h$表示。果蔬呼吸强度受到多种因素的影响，包括环境因素和植物本身的因素。其中，温度是主要的因素之一，果蔬呼吸强度随温度升高而增加，但同时温度过高也会导致果蔬生理失调。光照、湿度、CO_2浓度等因素也会影响果蔬的呼吸强度。大多数果蔬在后期贮藏过程中，呼吸强度会逐渐降低。这是因为果蔬的细胞呼吸过程所需的能量逐渐减少，同时果蔬的新陈代谢逐渐减缓，导致呼吸强度下降。在果蔬贮藏过程中，可以通过控制温度、湿度、O_2和CO_2浓度等因素，延缓果蔬的老化和降低呼吸强度，从而延长果蔬的贮藏时间。

2. 呼吸商

果蔬呼吸商（respiratory quotient）是指在贮藏和运输过程中，果蔬所需要的O_2，以及产生的CO_2的比率。具体来说，果蔬呼吸商是指每单位时间内果蔬所需要的O_2与产生的CO_2的比值。

在果蔬的生长过程中，它们需要吸收O_2，通过呼吸作用将有机物质转化为能量，同时释放代谢产物CO_2。当果蔬成熟之后，其呼吸速率会减慢，但仍会持续进行呼吸作用。在贮藏和运输过程中，果蔬的呼吸作用仍然会持续进行，因此其需要的O_2和产生的CO_2的比率就成了果蔬呼吸商的关键指标。如果呼吸商过高，就会导致果蔬在贮藏和运输过程中过早地失去新鲜度，从而影响其品质和营养价值。

3. 呼吸温度系数

呼吸温度系数是指在生理温度范围内，温度每升高10℃，果蔬的呼吸速率与原来温度下呼吸速率的比值，用Q_{10}来表示。Q_{10}值通常在1.5~3.0，不同的果蔬品种及其所处的环境条件会影响其Q_{10}值。一般来说，当果蔬贮藏温度较低时，呼吸速率较慢，因此，果蔬的贮藏寿命较长，但如果温度过低，则会引起果蔬的冷害，导致果蔬变质。反之，当果蔬贮藏温度较高时，呼吸速率较快，因此，果蔬的贮藏寿命较短，此时，果蔬容易出现腐烂、变质等现象，严重影响果蔬的质量和口感。不同种类的果蔬对温度的响应是不同的。果蔬呼吸温度系数Q_{10}是一个重要的指标，可以帮助我们了解果蔬的新鲜度和品质如何随温度变化而变化。在果蔬贮藏和运输过程中，控制温度是维持果蔬新鲜度和品质的关键。一些果蔬对高温比较敏感，如芹菜等，而另一些果蔬对高温的适应能力比较强，如西瓜、茄子等。因此，在果蔬的储存和运输过程中，需要根据不同品种的特性来控制温度，以保证果蔬的品质和营养成分的保存。

4. 呼吸热

果蔬呼吸热（respiration heat）是指在果蔬的新陈代谢过程中所产生的热量，也称为生理性热量。在呼吸作用中，植物会产生少量的热能，这种热能在植物的新陈代谢中发挥着重要的作用，帮助维持植物的生命活动，对科学地管理果蔬的生长和贮藏具有重要意义。

果蔬的呼吸热受到多种因素的影响，如温度、光照、湿度、植物种类和发育阶段等。一般来说，呼吸热会随着温度的升高而增加，但当温度过高时，植物的呼吸作用会受到抑制，导致呼吸热的降低。光照和湿度也会对呼吸热产生一定的影响，例如，光照不足时，植物的呼吸作用会受到抑制，呼吸热也会降低；在高湿度的环境中，植物的呼吸作用会减缓，呼吸热也会相应降低。

不同种类的果蔬也会有不同的呼吸热。一般来说，果实的呼吸热会比叶子和根部高，而在果实成熟后，呼吸热会逐渐降低。此外，果蔬的呼吸热还会随着发育阶段的不同而变化，例如，在种子萌发期，呼吸热会比较高。

5. 呼吸跃变与非呼吸跃变

果实成熟是指果实在生长发育过程中，经历了一系列生理生化变化，从而表现出成熟的特征，如颜色、口感、香味等。果实成熟的过程可以分为呼吸跃变（climacteric）和非呼吸跃变（non-climacteric）两种类型。

呼吸跃变是指从果实发育成熟开始，呼吸强度逐渐增加，达到呼吸高峰期，然后逐渐降低至死亡期的过程。呼吸跃变的过程通常在果实成熟阶段发生，是果实重要的成熟类型之一。在果实成熟前期，果实的呼吸量相对较低，呼吸速率较为稳定，呼吸强度并不明显。随着果实的成熟，果实开始积累可溶性糖分和其他有机物质，此时果实的呼吸速率开始逐渐加快，呼吸强度逐渐增大，达到呼吸高峰期。在呼吸高峰期，果实呼吸速率迅速增加，一般为果实成熟前期的5~10倍。呼吸高峰期一般持续1~3天，之后果实呼吸速率开始逐渐降低，呼吸强度逐渐减小，直至果实死亡。常见的呼吸跃变型果实有番茄、苹果、香蕉、桃等（表2-1）。

呼吸跃变对果实的品质和贮藏特性有重要影响。由于呼吸跃变会导致果实内营养物质的快速消耗，因此在采收后，果实的保鲜期会大大缩短。同时，呼吸跃变也会产生大量的热能，这也是果实失去水分、腐烂和变质的重要原因之一。为了延长果实的保鲜期，可以通过控制贮藏温度、湿度和气体组成等方式来减缓呼吸跃变的发生。

非呼吸跃变是指某些果实在成熟过程中不经历呼吸爆发的现象，代表性的果实如草莓、葡萄、荔枝等（表2-1）。这些果实的成熟过程主要依赖于其他信号分子，如植物激素赤霉素（gibberellins，GA）、脱落酸（abscisic acid，ABA）等，这些信号分子的变化会导致果实的颜色、质地、风味等发生变化，促进果实的成熟和营养价值的提高。相比呼吸跃变型果实，非呼吸跃变型果实的成熟过程更加平稳，对于这类果实，需要采取特定的贮运方法来保持其新鲜度和品质，如采后快速降温、适宜的包装等。

表2-1 常见的呼吸跃变型果实与非呼吸跃变型果实

呼吸跃变型果实	非呼吸跃变型果实
番茄	葡萄
苹果	蓝莓
香蕉	柑橘
桃	草莓
榴莲	荔枝
木瓜	龙眼
柿	枇杷
橄榄	石榴

乙烯（ethylene）是一种重要的植物激素，在呼吸跃变型果实的成熟过程中，乙烯生成量也发生了明显变化。果实成熟前期，果实产生的乙烯量相对较低，随着果实的成熟，乙烯合成酶活性逐渐增加，果实产生的乙烯量也逐渐增加。在呼吸高峰期，果实的乙烯生成速率最高，可以达到成熟前期的几倍甚至十几倍；呼吸高峰期之后，乙烯生成速率开始逐渐降低，直至果实死亡。在果实成熟的初期，乙烯生成量的突然增加，是果实成熟跃变的标志之一（图2-1）。

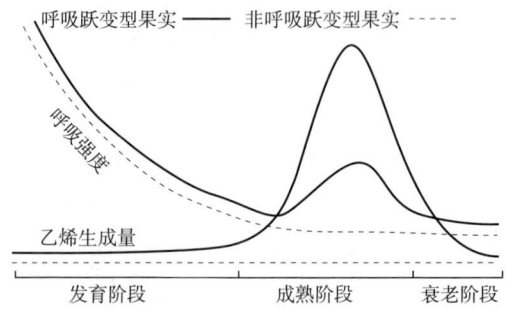

图2-1 呼吸跃变型果实与非呼吸跃变型果实发育、成熟及衰老阶段呼吸及乙烯生成量的变化示意图
（Ji et al., 2021）

三、果蔬呼吸代谢及其调控

植物呼吸主要发生在细胞内的线粒体中，涉及多种代谢途径，可以分为底物氧化途径和呼吸链途径。其中底物氧化途径包括糖酵解、三羧酸循环、磷酸戊糖途径；呼吸链途径包括电子传递链、氧化磷酸化、末端氧化途径等过程。

1. 底物氧化途径

底物氧化途径是指在生物体内，以有机物质如糖、脂肪、蛋白质等作为底物，经过一系列的氧化反应，产生能量和代谢中间产物的途径。根据植物的种类、组织器官的不同，呼吸底物的类型也有所不同。大多数果蔬的主要呼吸底物是糖，在呼吸作用中，糖经过糖酵解途径、三羧酸循环途径、磷酸戊糖途径等降解并释放出能量。

（1）糖酵解（glycolysis） 糖酵解是指淀粉、葡萄糖或果糖转变为丙酮酸的一系列反应，这一系列反应普遍存在于动物、植物、微生物细胞中。糖酵解不仅是一个将复杂碳水化合物转化为简单化合物的过程，更是一个涉及氧化还原和能量转化与释放的代谢途径。具体来说，当细胞中的葡萄糖经过糖酵解后，会分解为丙酮酸，同时生成能量存储分子ATP和关键的还原剂NADH。这个过程发生在细胞质基质中。

糖酵解的化学过程包括以下几个主要步骤：

①糖原阶段：葡萄糖被磷酸化成葡萄糖-6-磷酸，该步骤中需要消耗ATP。

②糖酸化阶段：葡萄糖-6-磷酸被再次磷酸化成果糖-6-磷酸，随后被分解成甘油醛-3-磷酸。

③氧化阶段：甘油醛-3-磷酸被氧化生成丙酮酸，并生成少量ATP和NADH。

糖酵解在无氧条件下会通过发酵途径转化为乳酸或乙醇，同时生成少量ATP；在有氧条件下，丙酮酸将进入线粒体被进一步氧化。

糖酵解反应式为：

$$C_6H_{12}O_6 + 2Pi + 2ADP + 2NAD^+ \longrightarrow 2CH_3COCOOH + 2NADH + 2ATP + 2H^+ + 2H_2O \quad (3)$$

其中，Pi为无机磷酸根，ADP代表腺嘌呤二磷酸，NAD^+代表烟酰胺腺嘌呤二核苷酸。

总之，植物糖酵解途径通过一系列反应将葡萄糖分解为丙酮酸，并产生能量物质。这个过程对于植物细胞的生长、代谢和生存至关重要。糖酵解途径中糖的氧化分解所需要的氧来自组织内的含氧物质（水分子和被氧化的糖分子），因此糖酵解途径又称分子内呼吸。

在果蔬采后保鲜过程中，糖酵解途径对果蔬的生理意义如下：

①促进果蔬呼吸作用：采摘后的果蔬继续进行呼吸作用，消耗自身的营养物质和能量。糖酵解途径可提供更多的能量和底物，促进果蔬呼吸，有助于维持果蔬的活性。

②促进果蔬营养物质合成：糖酵解途径可为果蔬提供新的营养物质所需的底物和能量。这些营养物质包括蛋白质、维生素等，可以增加果蔬的食用价值和营养成分。

③减缓果蔬贮藏过程中品质下降：果蔬在采后容易出现腐烂、变色等现象，糖酵解途径可以提供足够的能量和底物，维持果蔬细胞的正常代谢，减缓果蔬贮藏过程中品质下降的速度。

通过调节氧浓度而调节细胞内柠檬酸、ATP、ADP和Pi的水平，从而调节糖酵解的速度保持在恰当的水平上。当缺乏O_2时，糖酵解旺盛，释放较多的CO_2；O_2渐增时，糖酵解较慢，CO_2释放量较少；O_2过多时，有氧呼吸加强，组织放出较多CO_2，这就是巴斯德效应在不同氧浓度环境中的表现。人们利用这个效应，在贮藏苹果等时，通过调节外部氧浓度使有氧呼吸减至最低限度，但又不刺激糖酵解，这样可以使果实中的糖类等分解得最慢，从而有利于贮藏。

（2）三羧酸循环　植物三羧酸循环也称为柠檬酸循环或克恩循环（tricarboxylic acid cycle，TCA），是一种生物化学过程，是细胞内能量代谢的一个重要环节。它是利用糖酵解产生的丙酮酸，通过一系列酶促反应，最终将其完全氧化为 CO_2，释放出大量的能量。该循环发生在线粒体中，关键的中间代谢产物包括柠檬酸、丙酮酸、草酸等。TCA 循环是生物体内主要的代谢途径之一，不仅能够提供 ATP 合成所需的能量，还可以为其他细胞代谢过程提供底物。其主要反应式如下：

$$CH_3COCOOH + CoA\text{—}SH + NAD^+ \xrightleftharpoons[]{\text{丙酮酸脱氢酶复合体}} CH_3CO\text{—}SCoA + CO_2 + NADH + H^+ \quad (4)$$

在果蔬采后贮运保鲜方面，TCA 循环起着至关重要的作用，对维持果蔬的新陈代谢和质量、延缓果蔬的衰老和腐烂、提高果蔬的食用价值具有重要意义，具体表现在以下几个方面：

①维持细胞呼吸过程：果蔬采后容易发生呼吸强度增加的情况，造成呼吸失衡，从而加速果蔬的衰老和腐烂。TCA 循环是维持细胞呼吸过程的重要途径，能够帮助维持采后果蔬的新陈代谢水平，延缓果蔬的衰老和腐烂过程。

②维持 ATP 能量供应：植物 TCA 循环通过产生 NADH 和 $FADH_2$ 等电子载体，参与线粒体呼吸链，最终产生 ATP。这种能量供应是果蔬维持其新陈代谢和细胞生存所必需的，同时也能帮助果蔬保持质地和口感。

③维持酸碱平衡：采后果蔬细胞代谢发生变化，可能引起细胞内酸碱平衡紊乱，影响生理功能，从而导致果蔬腐烂。TCA 循环产生的柠檬酸可以调节细胞内的酸碱平衡，帮助果蔬保持较好的新鲜度。

④合成新陈代谢产物：TCA 循环中产生的柠檬酸、苹果酸等物质不仅是果蔬维持新陈代谢过程所必需的重要物质，还在果蔬的香味、色泽和营养物质的形成中发挥着关键作用。

（3）磷酸戊糖途径　磷酸戊糖途径（pentose phosphate pathway，PPP），又称戊糖磷酸途径或磷酸葡萄糖酸途径，是细胞质基质中葡萄糖代谢的重要分支途径。该途径通过氧化与非氧化两个阶段，主要生成 NADPH（还原型辅酶Ⅱ）和核糖-5-磷酸，在维持细胞氧化还原稳态、核苷酸合成及次生代谢物质生成中具有关键作用。

磷酸戊糖途径在果蔬采后的生理意义：

①抗氧化防御核心：采后果实在贮藏期间常因低温、缺氧等逆境产生大量活性氧（ROS），磷酸戊糖途径通过氧化阶段反应（6-磷酸葡萄糖→6-磷酸葡萄糖酸内酯→核酮糖-5-磷酸）生成 NADPH，其贡献量占细胞总 NADPH 的 50% 以上。NADPH 作为关键还原力，可维持谷胱甘肽（GSH）的还原状态，有效清除脂质过氧化物，从而延缓细胞膜结构损伤。

②风味物质合成前体：该途径非氧化阶段通过转酮酶和转醛酶的催化作用，生成赤藓糖-4-磷酸和景天庚酮糖-7-磷酸等重要中间产物。这些物质可进一步进入莽草酸途径，参与酯类、萜类等芳香物质的生物合成。例如，草莓果实采后磷酸戊糖途径的活跃程度与其特征香气成分己烯醛的含量呈显著正相关。

③应激响应调节器：在低温、低氧等胁迫环境下，磷酸戊糖途径通过调节NADPH与ATP的比值，影响细胞能量代谢状态。

2. 呼吸链途径

呼吸底物经糖酵解及三羧酸循环等过程分解后释放出的能量，只有少部分直接转化到ATP中，其余绝大部分能量仍存在于NADH、NADPH、$FADH_2$等分子中，需要经过电子传递才能偶联更多ATP生成。这种呼吸作用的电子传递实际上是NAD（P）H和$FADH_2$的电子经过一系列的传递体，最终传递给氧分子并生成水的过程。

（1）电子传递链　呼吸作用的电子传递链通常被称为线粒体呼吸链（respiratory chain），包括多个蛋白质复合物和辅助分子。组成呼吸链的酶复合体主要有4种酶复合体（Ⅰ、Ⅱ、Ⅲ、Ⅳ）及1种ATP合成酶复合体。电子传递链的过程是：NADH经过氧化反应成为NAD^+，同时释放出两个电子和一个质子。这些电子被转移给NADH氧化酶复合物，这个复合物由多个亚单位组成，可以将电子从NADH转移到辅酶Q；辅酶Q带着电子离开NADH氧化酶复合物，转移到色素质氧化酶复合物。在这里，电子被转移给细胞色素C1；细胞色素C1将电子转移到细胞色素C（在这个过程中，还产生一个质子梯度，这个梯度可以用来产生ATP）；细胞色素C将电子传递给ATP合成酶复合体。在这里，电子的能量被用来驱动ATP合成的反应，同时质子梯度也被用来产生ATP。

（2）氧化磷酸化　氧化磷酸化（oxidative phosphorylation）是指NADH或$FADH_2$中的电子，经呼吸链传递给分子氧生成水，伴随ATP合成酶催化，使ADP和Pi合成ATP的过程。它是需氧生物合成ATP的主要途径。

氧化磷酸化对于果实的发育和采后的处理都具有非常重要的生理意义。它提供了果实发育和贮藏所需要的能量，并且能够增强果实的抗逆性，延缓果实的老化和腐烂进程。在果实发育阶段，氧化磷酸化是必需的，果实在发育过程中需要大量的能量来合成和储存各种营养物质，氧化磷酸化提供了这些能量。同时，氧化磷酸化还能促进果实的生长和分化，使得果实能够快速发育并最终成熟。在果实采后的处理过程中，氧化磷酸化也发挥着重要的生理意义。果实采后需要进行贮藏和运输，这个过程中果实受到各种逆境的影响，例如，低氧、低温、高湿等，这些逆境都会导致果实的呼吸作用加剧，消耗更多的O_2和营养物质，从而使得果实易于腐烂和失去品质。氧化磷酸化在这个过程中能够提供更多的能量，使得果实能够更好地适应环境的变化，延缓果实的老化和腐烂进程。

（3）末端氧化途径　末端氧化酶（terminal oxidase）是指能将底物脱下的电子最终传给O_2，使其活化，并形成H_2O或H_2O_2的酶类。植物细胞中有多种末端氧化酶，有的存在于线粒体内，本身就是呼吸链的组成成分，而有的存在于细胞质或其他细胞器中，主要包括细胞色素氧化酶、交替氧化酶、酚氧化酶、抗坏血酸氧化酶、乙醇酸氧化酶等。多种氧化酶的存在能使植物在一定范围内适应各种外部条件,如末端氧化酶参与氧化还原反应,同时也是线粒体内最主要的氧自由基清除酶。在环境胁迫下,植物细胞内的氧自由基含量会增加,末端氧化酶的表达也会增强,从而保护植物细胞免受氧自由基的伤害;末端氧化酶也可以通过调节线粒体内膜的跨膜电势来维持ATP的产生。在环境变化下,植物需要根据不同的需求来调整能量代谢,末端氧化酶的表达水平和活性就会发生相应的变化。末端氧化酶是线粒体呼吸链中的唯一能够使用O_2作为电子受体的酶,在缺氧环境下,末端氧化酶的表达水平和活性都会降低。植物可以通过调节末端氧化酶的表达来适应缺氧环境,从而保证线粒体的正常功能。

在末端氧化途径中,抗氰呼吸受到大量关注,即在氰化物(CN^-)存在下仍运行的呼吸作用。植物在遭受氰化物毒害时,会利用硫代转移酶将CN^-与硫代物(如硫代谷胱甘肽)结合生成硫氰化物(SCN^-);而SCN^-可以与植物体内的亚铁离子(Fe^{2+})结合,生成较为稳定的亚铁氰化物;最后,亚铁氰化物可以在细胞质基质中被O_2氧化,生成铁离子(Fe^{3+})和氰化物。在这个过程中,氰化物被消耗,有助于减轻其对细胞呼吸作用的抑制,同时亚铁离子可以参与线粒体色素氧化酶复合体Ⅳ中的电子传递过程,维持细胞呼吸作用的正常进行。

研究表明,抗氰呼吸能力强的果实在采后处理过程中,呼吸作用下降较慢,果实中的营养物质和味道也能够保持更好的品质。因此,对于果实的采后处理,抗氰呼吸能力对于果实的品质维持和保鲜非常重要。通过提高果实的抗氰呼吸能力,可以减缓果实的呼吸作用下降速度,从而保持果实中的营养物质和味道,延长果实的保鲜期。

四、影响果蔬呼吸速率的因素

果蔬的呼吸强度受到多种因素的影响,如温度、湿度、气体成分和浓度、光照等外部因素,以及果蔬成熟度、种类与品种、贮藏条件等内部因素。通过分析这些因素对果蔬呼吸强度的影响,可以深入了解果蔬的生理生态特性和生长规律,制定相应的种植、储存、运输和加工策略,从而提高果蔬的品质和产量,减少损失和浪费,有助于推动果蔬产业的发展和进步。

1. 外部因素

(1)温度 温度是影响果蔬呼吸强度的主要因素之一,温度变化会直接影响果蔬的代谢速率和呼吸速率。一般来说,果蔬的呼吸速率随温度的升高而增加,但当温度超过某一特定值时,果蔬的呼吸速率会骤降,而温度过低也会导致果蔬呼吸速率减缓。呼吸过程中酶反应速率在一定范围内随温度增高而增强,但温度过高会引起酶变性失活,所以呼吸有其最高、最适和最低温度范围。最适温度是指植物能保持稳定的最高呼吸速率的温度,一般温带植物为25~30℃,如番茄在25℃左右时呼吸速率最高,当温度低于10℃或高于35℃时,番茄呼吸速率会显著下降。低温下的水果呼吸强度降低,苹果在低温环境下呼吸强度会下降,这是因为低温会降低果实内部酶的活性,从而减缓呼吸作用的速率。

（2）湿度　湿度对果蔬的呼吸强度有重要影响。首先，湿度直接影响果蔬的蒸腾作用。蒸腾是植物体内水分往外散失的过程，与果蔬的呼吸密切相关。在高湿度环境下，空气中的水分含量较高，果蔬表面的水分蒸发较慢，导致果蔬内部水分含量难以通过蒸腾排出，从而影响呼吸强度，例如，黄瓜在高湿度环境下容易出现腐烂、霉变等现象。其次，湿度影响果蔬的气孔开合。果蔬表面的气孔能够调节果蔬体内的水分、O_2和CO_2含量，从而影响呼吸强度。在高湿度环境下，果蔬表面的气孔开合程度受到限制，导致果蔬内部CO_2浓度过高，从而抑制呼吸强度。例如，番茄在高湿度环境下容易出现果皮开裂、果实变软等现象。为了保证果蔬的质量和安全，需要根据不同果蔬的特点和贮藏要求，选择适宜的湿度环境进行贮藏。

（3）气体成分和浓度　气体成分和浓度是影响果蔬呼吸强度的重要因素之一。果蔬的呼吸需要O_2作为氧化剂，因此O_2浓度是影响果蔬呼吸强度的关键因素之一。当O_2浓度较高时，果蔬的呼吸强度也相应较高，反之则较低。例如，在苹果贮藏的过程中，果实会不断地消耗O_2进行呼吸，同时产生CO_2和水，如果O_2浓度过低，就会导致苹果无法进行正常呼吸，从而影响其贮藏品质。果蔬的呼吸会产生CO_2，因此CO_2的浓度也会对果蔬呼吸强度产生影响。当CO_2浓度较高时，果蔬的呼吸强度会减弱。在香蕉的贮藏过程中，如果环境中的CO_2浓度过高，就会导致香蕉的呼吸受到抑制，从而影响贮藏品质。除了气体成分外，气体浓度也是影响果蔬呼吸强度的重要因素之一。当气体浓度较高时，果蔬的呼吸强度也相应较高，反之则较低。在番茄的贮藏过程中，如果存放的空气中含有过多的乙烯气体，就会导致番茄的呼吸速度加快，从而加速其成熟和腐烂过程。

（4）光照　光照也会对果蔬的呼吸产生间接影响。较强的光照可以刺激果蔬的呼吸作用，加快果蔬的新陈代谢，导致更高的呼吸强度，在光照强度为5000勒克斯（lx）下生长的白菜、油菜和芹菜，其呼吸强度比在光照强度为2000lx的条件下高出30%左右。光照的持续时间也会影响果蔬的呼吸强度，过长或过短的光照持续时间都可能导致果蔬呼吸强度的降低，在昼夜温差较大的条件下，如果日间光照时间过长，会导致黄瓜和番茄的呼吸强度下降。不同光谱组成的光照也会影响果蔬的呼吸强度，不同波长的光线对果蔬的影响不同，红光可以刺激果蔬的呼吸强度，而蓝光则具有抑制作用，例如，在红光和蓝光交替照射的条件下，青椒的呼吸强度比在单独照射红光或蓝光的条件下更高。

2. 内部因素

（1）成熟度　成熟度是影响果蔬呼吸强度的一个内部因素。果蔬的成熟度通常可以通过观察果蔬的外观和质地来判断。一般来说，果蔬的成熟度越高，呼吸强度也就越弱。例如，刚摘下来的果蔬呼吸强度较高，因为它们的新陈代谢过程仍在进行中。在这个过程中，果蔬会消耗O_2并释放CO_2。而成熟度高的果蔬由于新陈代谢速度减慢，所以呼吸强度会相应降低，即使成熟的果蔬，仍会通过呼吸作用消耗O_2并释放CO_2。此外，过熟的果蔬呼吸强度会再次升高。过熟的果蔬通常会变软、变黑、变臭，这是因为它们释放出了更多的CO_2和乙烯气体。因此，在果蔬贮藏和运输时，要根据成熟度来进行管理，以保持其新鲜度和品质。

（2）种类与品种　种类与品种是影响果蔬呼吸强度的另外一个内部因素。不同的果蔬种类之间呼吸强度的差异较大。一般来说，叶菜类和豆类的呼吸强度相对较高，而根茎类和瓜果类的呼吸强度相对较低。例如，菠菜的呼吸强度比甘蓝高，而甘蓝的呼吸强度比胡萝卜高。同一种类的果蔬中，不同品种之间呼吸强度也有差异。品种的呼吸强度取决于多种因素，包括遗传、环境和生长阶段等，例如，不同品种的甜椒，呼吸强度可以相差两倍以上。

（3）贮藏条件　果蔬的贮藏和处理方式也会影响呼吸强度。一些果蔬在贮藏过程中会释放乙烯，乙烯会促进呼吸过程，导致呼吸强度增强。

第二节　果蔬的采后蒸腾作用

果蔬在采收前，由于蒸发而损失的水分可以通过根系从土壤中得到补偿，采摘后的果蔬由于失去了根部的供水，其蒸腾速率会下降，会导致果蔬细胞内的水分减少，从而使果蔬萎蔫变软，甚至失去口感和营养。采后蒸腾作用对农产品品质和贮藏效果有着重要影响，因此，了解和控制这一过程对于保持果蔬的新鲜度和延长其贮藏寿命至关重要。

一、概述

蒸腾作用（transpiration）是指植物体内的水分以气态形式从植物的表面向外散失的过程。果蔬采后的蒸腾作用是指水分从活的植物体（采后果实、蔬菜和花卉）表面以水蒸气状态散失到大气中的过程。这一过程不仅受外界环境条件的影响，如温度、相对湿度和空气流动速度，而且还受植物体自身的调节和控制，是一种非常复杂的生理过程。

二、蒸腾作用对果蔬采后贮运的影响

1. 失重和失鲜

果蔬采后由于蒸腾作用引起的失重和失鲜是常见的现象。一般果蔬的含水量在80%以上，果蔬组织中含有丰富的水分，使其显现出新鲜饱满和脆嫩的状态，显现出鲜亮的光泽，并具有一定的弹性和硬度。果蔬在采收后失去供给水分的来源，但水分的蒸发仍在继续，随着贮藏期的延长，失水达到一定程度就会造成果实萎蔫、失重、鲜度下降，商品价值大大降低。失重是指果蔬采后由于蒸腾作用失去了水分而导致的重量减轻现象。失水是失重的重要原因，果蔬采后的蒸腾作用导致水分蒸发，使果蔬失去重量。此外，由于果蔬在采摘后会继续进行呼吸作用，也会导致一定程度的失重。

失鲜是指果蔬采后由于蒸腾作用导致的品质下降现象。蒸腾作用会导致果蔬失去水分，从而使果蔬变得干燥，失去脆度和口感。此外，蒸腾作用还会加速果蔬的代谢作用，使果蔬自身的酶系统活性增强，导致果蔬中的营养成分分解和氧化，从而加速果蔬的腐烂和变质。一般情况下，果蔬失鲜表现为形态、结构、色泽、质地、风味等多方面的变化，

会降低产品的食用品质和商品品质。一般失水5%以上为失鲜，失水10%则不能食用。

2. 破坏正常代谢过程

果蔬采后新陈代谢活动与采前有很大的不同，而蒸腾作用对果蔬采后的正常代谢活动具有重要影响。首先，蒸腾作用导致采后果蔬水分流失加剧，影响其正常代谢活动。这种水分流失还会导致果蔬表面失去光泽、外皮变干，影响果蔬的食用品质。其次，采后果蔬中的碳水化合物、脂肪、蛋白质等营养物质会因为蒸腾作用而加速分解代谢，进而影响采后果蔬的品质。例如，果蔬中的蔗糖、淀粉等碳水化合物在蒸腾作用的影响下，会被迅速分解为单糖类，导致果蔬变得黏稠，口感发生变化。如果仅轻度失水，可使冰点降低，从而提高抗冷能力；同时，细胞脱水使细胞膨压下降，使组织较为柔软，韧性增加，有利于减少贮运过程中的机械损伤。如果失水严重，会造成原生质脱水，促使水解酶活性增强，加速大分子水解成小分子。此外，采后果蔬中的维生素、酶等营养物质也会因蒸腾作用而迅速分解，影响果蔬的营养价值；果蔬采后蒸腾作用，导致果蔬体内的温度调节能力下降，容易受到环境因素的影响而加速腐烂。最后，采后果蔬的水分流失会导致气孔关闭，降低气体交换能力。蒸腾作用的减弱也会影响果蔬的呼吸作用，果蔬的呼吸作用需要 O_2 和产生的 CO_2 进行交换，而 O_2 是通过气孔进入果蔬内部的，如果气孔关闭，就会影响到果蔬的呼吸作用，从而影响其新陈代谢和品质。

3. 影响耐贮性和抗病性

采后果蔬的贮藏期与其蒸腾作用的强弱有关。在采后的早期阶段，其蒸腾活动相当旺盛，导致水分迅速流失，使果蔬失去新鲜度和理想的口感。随着时间的流逝，果蔬的呼吸速度逐渐减缓，蒸腾强度降低，从而使其贮藏时间相应地延长。蒸腾作用也能够影响果蔬的抗病性，主要是通过调节植物体内的水分和营养元素的运输，此外，蒸腾作用能够调节植物的叶片温度和湿度，从而影响病原微生物的繁殖和侵染。当果蔬的水分含量过低时，其免疫系统容易受到病原微生物的攻击；而当果蔬的水分含量过高时，也容易导致病原微生物的繁殖和侵染。蒸腾作用能够调节果蔬的水分含量，使其保持在适宜的范围内，从而增强果蔬的抗病能力。

三、蒸腾作用的关键指标

植物的蒸腾部位主要在叶片，包括两种方式：一是通过角质层的蒸腾，称为角质蒸腾；二是通过气孔的蒸腾，称为气孔蒸腾。一般植物成熟叶片的角质蒸腾，仅占全部蒸腾量的3%~5%，气孔蒸腾则是植物蒸腾作用的主要方式。衡量果蔬采后蒸腾作用的度量方式对于保持果蔬品质和延长货架寿命非常重要。

1. 蒸腾速率

蒸腾速率常被用作判断果蔬采后失水的强弱程度。蒸腾速率又称蒸腾强度 [$g/(m^2 \cdot h)$ 或 $mg/(dm^2 \cdot h)$]，指植物在单位时间内、单位叶面积上通过蒸腾作用散失的水量。影响蒸腾速率的关键因素包括饱和差、饱和蒸气压等，它们可以用来判断植物蒸腾速率与水分流动快慢。

2. 饱和差

饱和差是指在一定温度下，空气中所能容纳的水蒸气量与当前实际水蒸气量之间的差值。当空气中的相对湿度低于100%时，空气中的饱和差会随着温度的升高而增大，这意味着在同一温度下，相对湿度越低，空气中的饱和差就越大。此外，果蔬采后蒸腾速率还受到果蔬表面温度的影响，表面的温度较高，其蒸腾速率就会加快。

3. 饱和蒸气压

饱和蒸气压是指在一定温度下，液态物质（如水）蒸发到一定程度时，所达到的气态物质（如水蒸气）的压强。通常情况下，当饱和蒸气压较高时，空气中含有更多的水分子，而果蔬的蒸腾速率也会相应地增加。因此，在相同的环境条件下，饱和蒸气压越高，果蔬采后的蒸腾速率就越大。在蒸腾过程中，当饱和蒸气压与空气中的水蒸气压相等时，植物的蒸腾速率就会变慢。因此，在采后的处理过程中，需要注意控制温度和湿度等环境因素，以减缓果蔬的水分流失，保持其质量和口感。

四、影响果蔬采后蒸腾作用的因素

果蔬采后的水分蒸腾速率受到内部因素和外部因素的影响。内部因素主要包括果蔬表面组织结构、比表面积、细胞持水力、机械伤和病虫害等；外部因素包括温度、湿度、空气流速、气压和光照等。

1. 内部因素

（1）表面组织结构　表面组织结构对果蔬组织的水分蒸腾有很大影响，果蔬水分蒸发主要有两个途径，一是经由自然孔道如气孔、皮孔；二是表皮层。其中经气孔的蒸腾远远大于表皮层，气孔、皮孔是果蔬失水和气体交换的主要通道。表皮层的蒸腾又因表面保护层结构和成分的不同差别很大。幼嫩的果蔬角质层不发达，保护组织发育不完善，极易失水；老熟的果蔬角质层加厚，并有蜡质、果粉，保持水分性能增加。

（2）比表面积　比表面积即单位重量或单位体积果蔬所具有的表面积（cm^2/g），与植物的蒸腾作用密切相关。一般来说，比表面积越大，植物的蒸腾作用越强。这是因为较大的比表面积意味着植物的表面积更大，可以提供更多的蒸发面积。在蒸腾作用过程中，水分子从植物体内向气相转移需要克服一定的阻力，因此蒸腾速率与植物表面积成正比。因此，比表面积越大的植物，在相同的环境条件下，通常会蒸腾更多的水分，消耗更多的水分和营养物质，从而需要更多的水分和养分来维持生长。

（3）细胞持水力　细胞的持水能力与果蔬的水分蒸腾速度密切相关，这一特性受到细胞中可溶物质和亲水性胶体含量的影响。当细胞的原生质亲水胶体和固形物含量较高时，会产生高的渗透压，从而有效地阻止水分向细胞壁和细胞间隙渗透，进一步增强细胞的持水性并抑制水分的蒸腾。如果细胞的持水能力较弱，也就是说细胞内的水压较低，果蔬的蒸腾作用可能会受到限制甚至停止，这将妨碍其正常的生长和发育。反之，当细胞的持水能力过强，即细胞内水压过高时，会加速果蔬的蒸腾作用，导致大量水分流失，最终使果蔬丧失水分、发生萎缩和变形。例如，洋葱的水分含量一般比马铃薯高,但在同样条件下,洋葱的水分损失反较马铃薯少,这与洋葱中细胞原生质的亲水胶体及可溶性固形物含量多,其细胞持水力高密切相关。

(4)机械伤和病虫害 机械伤、病虫害等会破坏产品表皮保护组织的完整性,因此受伤部位的水分蒸发会更明显。当果蔬的表面受机械损伤后,伤口破坏了表面的保护层,使皮下组织暴露在空气中,容易导致失水。表面组织遭到虫害、病害时也会形成伤口,从而增加水分的损失。

2. 外部因素

(1)温度 环境温度从两个方面影响果蔬的蒸腾作用:①温度越高,水分子移动速度越快,蒸腾作用越强,果蔬失水速度增加;同时由于温度高,细胞液黏度下降,使水分子容易自由移动,利于水分的蒸发。②温度越高,空气的饱和湿度越大,从而引起湿度饱和差的增大,水分蒸腾作用就越强。湿度大小与蒸散量成反比,而蒸散量的大小与湿度饱和差成正比。在绝对湿度不变的条件下,随着温度的升高,相对湿度减小,湿度饱和差增大,果蔬失水会增加。

(2)湿度 直接影响蒸腾作用的是空气的湿度饱和差,这也是最主要的影响因素。一定的温度下,一般空气中水蒸气的量小于其所能容纳的量,存在饱和差,也就是其蒸气压小于饱和蒸气压。新鲜的果蔬组织中充满水,其蒸气压一般是接近饱和的,高于周围空气的蒸气压,水分就蒸腾,其快慢程度与饱和差成正比。因此,绝对湿度或相对湿度大时,饱和差小,蒸腾就慢。在果蔬贮藏保鲜环境中,空气相对湿度越大,越不易发生蒸腾作用。

(3)空气流速 贮藏环境中空气流动可把果蔬周围空气中的水汽带走,果蔬贮藏库内的相对湿度通常为85%~95%,低于果蔬组织内部的水蒸气压,果蔬会向周围蒸腾水分。在库内气体处于静止状态时,果蔬蒸腾出的水汽主要集中在自身周围,逐渐形成一个近于饱和的水汽层,蒸腾速度减慢。当库内气体处于流动状态时,果蔬周围的水汽层将不断地被吹散带走,蒸腾失水增加。

(4)气压 气压是影响蒸腾过程的关键因素之一。当气压下降,水的沸点相应降低,使其更易于蒸发。在常规大气压下,果蔬的水分蒸腾受到的影响相对有限。但在使用减压技术进行预冷或贮藏时,由于水的沸点下降,它甚至可能在常温或0℃下蒸发为气态。因此,在低压贮藏环境下,必须确保环境维持高湿度,最好是饱和湿度,以避免果蔬大量失水并导致其商品价值减少。

(5)光照 光照也影响蒸腾作用,光照可使气孔开放,促进蒸腾;光照还能使果蔬体温增高,提高组织内蒸气压而加快蒸腾;光还刺激呼吸和酶的活性,加速蒸腾速率。

第三节 果蔬的采后成熟与衰老

成熟与衰老过程是果蔬采后生理变化的中心问题,处于不同生理阶段的果蔬,其色泽、质地和风味有很大的差异，尤其是许多蔬菜在幼龄阶段就被采摘下来，所以采后的变化是复杂多样的。因此，在果蔬采后生理研究的基础上，有效地控制果蔬的成熟和衰老，就能延长果蔬的贮藏寿命，保持其固有的外观品质、风味和营养成分。

一、概述

成熟一般是指果实（或蔬菜营养贮藏器官）在生长和发育过程中，达到了一定的大小、形态、色泽和化学成分的变化，以至于可以被摘下或自然脱落，并且能够在成熟后维持其完整性，同时具备食用、种植或传播的功能。果蔬成熟的标志包括大小、颜色、纹理、硬度、味道、气味和化学成分等方面的变化。不同种类的果蔬成熟的标志也会不同，例如，有些果蔬在成熟后会变得甜美，而有些则会变得更酸或更柔软。根据生产中的实际情况，果蔬的成熟和衰老可以分为三个阶段：生理成熟、食用成熟（完熟）及衰老。

1. 生理成熟

生理成熟（maturation）是指果蔬发育到最终的大小和形状，细胞和组织结构已经完全形成，但是其口感和营养价值尚未达到最佳状态。此时，有些果蔬通常还不能食用，例如，番茄和苹果在生理成熟时已经发育到充分的大小和形状，但果肉仍然是青涩的。

2. 食用成熟

食用成熟（完熟，ripening）是指果蔬已经达到了最佳口感和营养价值的状态，已完全可以食用。此时，果蔬通常已经发生了多种生理生化反应，如果蔬绿色减退，底色、面色逐渐显现，淀粉转变为可溶性糖，果蔬甜味增加，果蔬质地变软等。

3. 衰老

衰老（senescence）是指果蔬在完熟后，经过一段时间后逐渐失去其质量和食用价值的过程。这个过程通常是由于果蔬内部的化学成分发生变化，导致果蔬软化、失去水分和营养价值等。果蔬衰老的速度取决于多种因素，例如，果蔬种类、气候、贮藏条件和采摘时间等。有些果蔬由于成熟期比较短，同时也很容易受到环境条件的影响，采后极易衰老。因此，适当的采摘时间和贮运环境可以延缓果蔬的衰老过程，保持其食用价值和营养成分。

Watada等将成熟定义为：果实达到生理学和园艺学成熟度的一个发育阶段；完熟定义为：生长发育末期即衰老早期所发生的、导致果实美学特性或食用品质变化的一系列事件；衰老定义为：随着生理学或园艺学成熟度增加而导致组织死亡的过程。因此，成熟和衰老是果蔬发育后期的几个阶段，果蔬成熟和衰老是密切相关的过程，果蔬成熟是衰老的开始。

二、果蔬成熟与衰老的生理生化变化

果蔬成熟与衰老过程中涉及多种生理生化变化，这些变化不仅会影响品质和口感，还与营养成分和贮藏期限等方面密切相关。

1. 颜色变化

果蔬成熟过程中最明显的是颜色变化。叶绿素降解是果蔬颜色变化的第一步，随着果蔬的成熟，叶绿素的含量逐渐降低，类胡萝卜素开始合成和积累。类胡萝卜素是一类红、黄、橙色的天然色素，是果蔬成熟后出现的主要色素。例如，番茄成熟后呈现出鲜红色，就是由于类胡萝卜素的积累导致的。有些果实还会在成熟过程中合成花青素，例如，蓝莓、黑莓等。花青素是一类紫、蓝色的天然色素，与类胡萝卜素一样是果蔬成熟后出现的主要色素。

2. 细胞软化

细胞软化是果蔬成熟过程中的一种普遍现象。果蔬的软化可以通过多种生化反应和细胞壁松弛实现。在果蔬成熟期间，生理和生化变化导致水分、有机酸、糖类、蛋白质、色素、香气成分等化学物质积累，并引起细胞的代谢活动和膨胀。果蔬软化主要由两个过程组成：一是膨胀增长，这个过程是由于细胞内部压力增加，导致细胞壁的松弛和裂解；二是细胞壁松弛，这个过程是由果蔬中特定酶的分泌、细胞壁降解、质子泵的调控等因素所致。

果蔬细胞壁是一个复杂的结构，由纤维素、半纤维素、木质素、蛋白质和多糖等多种组分组成。在果蔬成熟期间，细胞壁中多糖的降解是软化的主要机制之一。多种酶类参与果蔬细胞壁的降解过程，例如，果胶酶、纤维素酶、木质素酶、半纤维素酶等，这些酶类可以降解细胞壁中的多糖，导致细胞壁松弛和裂解，进而导致果蔬的软化。例如，黄瓜贮藏后质地逐渐变得绵软，猕猴桃成熟后果实硬度下降、质地变软。

3. 风味变化

随着果蔬逐渐成熟，其风味特性会发生显著的变化，这些变化涉及甜味、酸味、香味及其整体的口感。果蔬成熟过程中，糖分含量和种类显著变化。未成熟的果蔬含较多淀粉，成熟时淀粉在淀粉酶作用下水解为单糖（如葡萄糖、果糖）和双糖（如蔗糖），使果蔬甜度增加。不同果蔬在成熟过程中糖分的积累模式存在差异，有些果蔬的糖分积累主要发生在成熟后期，而有些则在整个成熟过程中持续积累。有机酸的含量和组成在果蔬成熟过程中变化较为复杂。一般情况下，未成熟的果蔬含有较高的酸度，一些有机酸如柠檬酸、苹果酸等，赋予了果蔬一定的酸味。在成熟过程中，部分有机酸会被代谢或转化为其他物质，使得酸度逐渐降低。糖分和酸度的平衡是决定果蔬成熟综合风味的关键因素，例如，柑橘类水果在成熟过程中，糖分积累增加，有机酸含量逐渐降低，果实的口感从酸涩转变为酸甜适宜。

此外，成熟过程中还伴随着大量挥发性化合物的生成，这些化合物为果蔬带来独特的香味。这些挥发性化合物，如醇类、脂类、香气醛类和烯醇类，主要是通过果实的生物代谢活动和特定酶的催化反应产生的。随着果蔬的进一步成熟，这些化合物的含量会增加，进一步强化果蔬的香气特点。

三、乙烯对果蔬成熟衰老的调控

乙烯作为一种催熟激素，可以加速果蔬的生长成熟。在这个过程中，乙烯的产生和释放逐渐增加，促进了果蔬内部色素的合成、风味物质的积累以及多种营养成分的形成。同时，乙烯还会加速细胞壁的降解，使果蔬变得更加柔软，口感得到改善。但是，乙烯同样是导致果蔬衰老的主要原因。当果蔬成熟至一定阶段后，乙烯的持续释放会加速细胞的衰老，导致果蔬过熟、腐烂。

1. 乙烯的生物合成

乙烯的生物合成是植物中发生的一个复杂过程，包括以下几个步骤（图2-2）。

（1）腺苷基甲硫氨酸（S-adenosyl methionine，SAM）的产生　SAM是乙烯生物合成的起点，由甲硫氨酸和ATP通过S-腺苷基甲硫氨酸合成酶产生。

（2）1-氨基环丙烷-1-羧酸（1-aminocyclopropanecarboxylic acid，ACC）的产生　SAM被ACC合成酶（ACC synthase，ACS）催化分解成ACC。

（3）乙烯的产生　ACC被ACC氧化酶（ACC oxidase，ACO）催化成乙烯。

乙烯的生物合成主要途径可以概括如下：甲硫氨酸→SAM→ACC→乙烯。

其中，甲硫氨酸首先在三磷酸腺苷（adenosine triphosphate，ATP）参与下，转变为SAM，SAM被转化为ACC和5′-甲硫腺苷（5′-methylthioadenosine，MTA），MTA被进一步水解为甲硫核糖，通过甲硫氨酸途径又可重新合成甲硫氨酸，此途径称为杨氏循环（Yang cycle）。

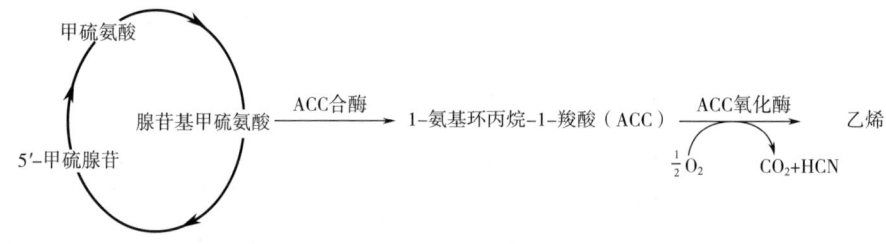

图2-2　乙烯生物合成示意图

由于ACC是乙烯生物合成的直接前体，因此植物体内乙烯合成时从SAM转变为ACC这一过程非常重要，催化这个过程的酶是ACC合成酶，这个过程通常被认为是乙烯合成的限速步骤。

2. 乙烯合成的影响因素

果蔬中影响乙烯生物合成的因素主要包括成熟度、环境因素和机械损伤等。

成熟度对乙烯合成的影响主要体现在果蔬成熟和衰老过程中，具体影响机制因呼吸跃变型和非跃变型而异。果实发育过程中，乙烯合成主要有2个调节系统：系统Ⅰ和系统Ⅱ。系统Ⅰ负责呼吸跃变发生前果实中低速率的基础乙烯生成；当系统Ⅰ产生的乙烯达到一定程度时，系统Ⅱ开始产生乙烯，负责呼吸跃变时成熟过程中乙烯自我催化大量生成。系统Ⅰ乙烯可以启动系统Ⅱ乙烯产生，使果实内的乙烯含量大大增加，产生跃变，只有呼吸跃变型果实才有产生系统Ⅱ乙烯的能力。对于非呼吸跃变型果实，成熟过程中乙烯合成无显著高峰，其成熟过程受其他激素（如脱落酸）调控，但外源乙烯可加速成熟。

环境温度可以影响果蔬中乙烯生物合成酶的活性。温度升高可以增加酶的活性，从而促进乙烯合成；反之，温度降低则会降低酶的活性，从而减缓乙烯合成速度。温度升高会增加果实代谢速率，导致更多的底物进入乙烯生物合成途径，从而促进乙烯的产生；反之，温度降低则会降低果实代谢速率，减缓乙烯的产生。气体环境也会影响乙烯的生物合成。在乙烯的生物合成过程中，乙烯合成酶催化ACC转化成乙烯，这个过程需要O_2参与，O_2的水平可以影响乙烯的产生。当果蔬处于低O_2环境中时，乙烯的合成速率会减慢，因为O_2不足会限制乙烯合成酶的活性和ACC的转化速率。此外，O_2水平也会影响果蔬中的氧化还原状态，从而影响乙烯合成酶的活性。低O_2环境可以导致果蔬中的还原状态增加，抑制乙烯合成酶的活性，从而降低乙烯的产生。

机械损伤可以诱导果蔬中乙烯的产生，损伤会导致果蔬细胞膜的破坏，使得细胞内部的物质与外部环境发生交换。这种细胞膜的破坏可以刺激乙烯生物合成途径中的多个关键酶的活性，从而促进乙烯的合成。同时，机械损伤会导致果蔬内部产生氧化应激，即产生H_2O_2等氧化物质，这些氧化物质可以刺激乙烯合成途径中的多个关键酶的活性，从而促进乙烯的合成。机械损伤还会导致果蔬内部的激素信号传导通路发生变化，从而影响乙烯的生物合成。

3. 乙烯调控果蔬成熟衰老的作用机制

乙烯作为一种植物激素，可以调控果蔬的成熟和衰老过程。对于许多水果，如番茄、香蕉和苹果，乙烯在果实成熟过程中起到了不可或缺的作用，不仅加速了果肉的软化、颜色的变化，还增强了果香和提升了口感。乙烯在促进果实色泽、香味和口感的同时，也参与调节果实中淀粉转化为糖的过程，提升果实的甜味。

乙烯在果蔬生理中发挥着至关重要的作用，对其呼吸代谢和生物膜性质有显著的调节效果。首先，乙烯能显著增强果蔬的呼吸作用，不仅可以提高呼吸速率和强度，导致果蔬释放更多的CO_2和水蒸气，而且还能影响呼吸代谢的产物和通量。这些变化部分归因于乙烯刺激果蔬细胞中线粒体的活性，增强呼吸酶和细胞色素的含量。此外，乙烯还对一些关键的代谢酶产生正向调节作用，如酒精脱氢酶和琥珀酸脱氢酶，进一步促进了乙醛、酒精、CO_2等物质的生成。乙烯还能够提高果蔬中ATP的合成和利用，从而提供更多的能量，加速呼吸作用。

除了对呼吸代谢的影响，乙烯在调控果蔬生物膜透性上也发挥重要作用。其作用机制包括通过调节果蔬的脂质代谢来改变膜脂的组成和结构。例如，乙烯能抑制膜脂酶的活性，增加膜中饱和脂肪酸的含量，导致膜脂酸度降低，从而提高膜透性。此外，乙烯也可通过调节果蔬细胞内的水分和电解质平衡来影响膜透性，乙烯还可以调控果蔬的酸碱平衡，它能够促进酸性磷酸酶和碱性磷酸酶的活性，进而调节细胞内的pH。

四、影响果蔬成熟与衰老的因素

果蔬的成熟与衰老是复杂的生理过程，受到水分、气体成分、温度、植物激素如乙烯及其他环境因素的联合调控。

水分在果蔬的生长和发育中占据核心位置。它不仅是生命活动的介质，还参与到果实的生理代谢和营养物质的合成中。例如，西瓜水分含量丰富，充足的水分有助于果实的生长并促进糖分积累，从而赋予其甜美的味道，但水分的过多或不足都会对果实的品质产生负面效应，如引起果肉变质或质地变硬。

O_2和CO_2是果蔬呼吸和代谢中的主要气体。O_2对果蔬细胞内的代谢活动至关重要，但在储存和运输过程中，过多的O_2可能促进果蔬的衰老和腐烂。适量的CO_2可以抑制果实的呼吸速率，减缓其衰老，但浓度过高则会导致果蔬质地变差。因此，合理调控O_2和CO_2的浓度，已成为现代果蔬贮藏技术的核心。

乙烯对许多果蔬的成熟起到了关键作用。当果实进入成熟阶段，乙烯的产生量会显著增加，促进果实色泽、味道和香味的形成。乙烯还可以加速果实中的淀粉转化为糖，提高果蔬的口感。但在贮运过程中，过量的乙烯会加速果蔬衰老，甚至促进病原微生物的生长。因此，合理控制乙烯的浓度对于延长果蔬贮藏期和保持其优良品质至关重要。

总之，了解并控制影响果实成熟和衰老的各种因素，是保证果蔬品质和延长其贮运期的关键。在现代食品科学与工程中，这些知识被广泛应用于指导果蔬的采收、贮藏和加工。

第四节　果蔬的采后休眠

果蔬采后休眠是指利用果蔬在长期进化过程中为适应其生活条件而形成的休眠特性，来保持果蔬产品的质量、延长贮藏寿命。休眠的调控对于果蔬贮藏至关重要，因为它有助于减少果蔬的呼吸作用，降低代谢率，从而延长其贮藏寿命。

一、概述

休眠是植物对外部环境不利因素的一种应对策略，是为了适应不适宜的外部环境条件而进入的一种暂停活跃状态。在休眠期，植物会显著降低其能量和资源消耗，暂停生长，待到环境有利时再恢复正常生长。这样的策略常在冬季冷冻或干旱季节中展现。休眠时，植物的生理和代谢活动减缓，水分和营养消耗也随之下降，以帮助它们在恶劣条件下生存。一些鳞茎类、块茎类、根茎类蔬菜以及木本植物的种子，坚果类果实，采后贮藏期间都有休眠现象。果蔬休眠一定的时间后就会萌芽，从而使产品的重量减轻，品质下降。因此必须设法控制休眠，防止发芽，延长贮藏期。

不同的果蔬在休眠期间都有类似的特征，如呼吸速率和水分散失率的降低，以及淀粉含量的增加等。苹果的休眠期通常在果实成熟后开始，持续 4~6 周。在休眠期间，苹果果实会逐渐降低呼吸速率和水分散失率，并且果皮的色泽和硬度都会发生变化。当环境温度和湿度逐渐升高时，苹果会逐渐走出休眠期，并开始发芽或生长。马铃薯的休眠期通常发生在收获后，持续 2~3 周。在休眠期间，马铃薯的呼吸速率和水分散失率都会逐渐降低，同时淀粉质含量也会逐渐增加。

果蔬休眠可以帮助植物在季节性环境变化中适应不利的生长条件，如低温、干旱等。在逆境环境下，果蔬通过休眠状态降低新陈代谢的速率，从而减少对能量和营养的需求，避免在恶劣的环境中死亡。例如，马铃薯块茎休眠可以避免低温环境造成的冷害和冻害，洋葱鳞茎休眠可以避免高温和干旱导致的脱水和腐烂。同时，果蔬的休眠状态还可以减少病虫害，保护果蔬的完整性和质量。通过控制果蔬的休眠状态，可以延长果蔬的保存期，从而减少浪费和损失。在休眠期间，果蔬的新陈代谢速率减缓，营养物质得到储存，果蔬在贮藏期间不易腐烂和变质。此外，休眠状态有助于果蔬种子的成熟和萌发。

二、休眠过程中的生理生化变化

植物休眠是一种适应性的生理状态，具有特殊的生理和生化特征。通过这些特征，植物可以在不利的环境条件下保持生命活动，并在适当的时机重新开始生长。植物在休眠期间不再进行生长，包括茎、叶、花和果实等都停止生长。植物在休眠期间的代谢活动降低，包括光合作用、呼吸和物质转运等。植物在休眠期间会积累大量的营养物质，例如，淀粉、脂肪和蛋白质等，以应对生长季节结束后的低温、干旱或其他不良环境条件。植物在休眠期间的生理状态也发生了变化，以适应环境条件包括水分、温度和光照等方面的变化。植物在休眠期间对逆境条件的适应能力增强，以便于在接下来的生长季节中更好地抵御外部的压力。

根据这些生理变化特征，将休眠过程分为三个阶段。

1. 休眠前期

这个阶段是果蔬从生长期转化到休眠期的过渡期，通常发生在采摘或收获后。在这个阶段，果蔬的呼吸代谢逐渐减缓，脱水和淀粉转化逐渐增加，但仍然没有进入真正的休眠状态。果蔬在此期间需要被迅速降温，并且要避免损伤和病原微生物的污染。

2. 生理休眠期

这个阶段是果蔬的代谢减缓期，也是储存期的主要阶段。在低温下，果蔬的呼吸代谢显著降低，而脱水、淀粉转化和乙烯释放等过程逐渐加强。在这个阶段，果蔬需要保持相对恒定的温度和湿度，以避免冷害、湿害等损伤。

3. 脱休眠期

这个阶段是果蔬从休眠状态恢复到正常状态的过渡期，也是果蔬在低温储存后重新恢复活力和呼吸代谢的阶段。在这个阶段，果蔬的呼吸代谢逐渐增强，而淀粉转化和乙烯释放逐渐减少。在果蔬进入脱休眠期前，需要逐渐提高储存温度，使果蔬逐渐恢复生长和代谢的能力。

第五节 果蔬的采后病害

采后病害与腐烂是果蔬在贮藏、运输和销售期间面临的主要问题。这些问题不仅影响果蔬产品的品质和价值，还可能导致大量经济损失。果蔬采后的病害主要包括生理性病害和侵染性病害两大类。

一、生理性病害

生理性病害是指由采前不适宜的生长环境或采后不适宜的贮藏条件而引起的代谢异常、组织衰老以至败坏变质的现象。这类病害没有病原微生物或生物体的介入，所以不具备在植物个体之间的传播性，因此被称为非感染性病害或生理失调。常见的果蔬采后阶段生理性病害包括低温伤害、气体伤害、高温伤害等。

1. 果蔬采后常见的生理性病害

在果蔬的采后贮运过程中，生理性病害是影响其质量和市场价值的关键因素。以下从低温伤害（包括冷害和冻害）和气体伤害（包括氧气伤害、高二氧化碳伤害、二氧化硫伤害）等方面阐述果蔬采后常见的生理性病害。

（1）低温伤害　果蔬在不适宜的低温下贮藏时产生的生理失调，可分为冷害（chilling injury）和冻害（freezing injury）两种。

①冷害：冷藏时，有些水果、蔬菜的品温虽然在冻结点以上，但当贮藏温度低于某一温度界限时，组织不能进行正常的代谢活动，抵抗能力下降，产生多种生理失调现象，称为冷害。其症状主要表现为表面凹陷、水浸斑、组织褐变、内部组织崩溃、着色不均匀、不能正常成熟、产生异味等。

冷敏感的果蔬对温度的细微变化反应尤为强烈，不稳定的温度会造成其生理机能紊乱，从而引发一系列冷害表现。这些症状常常在低温环境下出现，但也可能在转移到常温之后突然爆发，如呼吸速率升高、外观劣变，乃至迅速腐烂。冷害可以进一步细分为三个程度：果蔬所受的生理伤害相对较轻，其症状也不明显；果蔬虽然生理伤害严重，但由于温度过低，症状可能受到抑制，只是在转移到常温后会急速恶化；还有一种是介于这两者之间，其在贮藏过程中的表现往往是最为明显的。例如，贮藏在 1~2℃ 下的黄瓜，外表可能看起来完好，但在转移到室温后不久就可能出现明显腐烂，其货架期也显著缩短。

为减少冷害损失，实际生产中可以采取以下措施尽可能避免冷害的发生：避免在易造成冷害的温度下长时间贮藏；采前受冷害温度影响的果蔬应采后短时间置于温暖处，或逐步降低温度；贮运过程中如果遇到冷害温度，可以采用变温或间歇加温方式来延缓症状的出现。此外，当果蔬已受到严重冷害时，应保持其原有的库温或稍低，并尽快销售，以防止突然的温度上升导致其迅速腐烂。

②冻害：是指果蔬组织冰点以下的低温对果蔬产品造成的伤害。冻害的症状主要表现为组织呈透明或半透明状，有的组织产生褐变，解冻后有异味等，如冻梨。由于新鲜果蔬的可溶性物质含量较高，因而细胞的冰点低于 0℃，一般在 -1.5~-0.7℃。当果蔬放置在低于其冰点的环境中时，组织的温度会直线下降，细胞间隙中的水蒸气和水分就生成冰晶并不断长大，当温度继续下降时，细胞内的水分也会向外扩散而结冰，使原生

质发生脱水，严重时会造成细胞的质壁分离和组织损伤，即发生冻害。

（2）气体伤害　主要由不适宜的氧气（O_2）、二氧化碳（CO_2）、二氧化硫（SO_2）等气体浓度引起。

①O_2浓度过低或过高均会对果蔬造成伤害，通常表现为呼吸作用和乙烯释放的异常。果蔬在气调贮藏时气体调节和控制不当，会造成O_2浓度过低而发生无氧呼吸，导致乙醛和乙醇等挥发性代谢产物的产生和积累，从而毒害细胞组织，使产品风味和品质恶化。低氧伤害的主要症状是果蔬表皮组织局部凹陷、褐变、软化，不能正常成熟，产生酒精味和异味等。过高的氧气会加速果蔬的呼吸作用，导致成熟过快、老化和腐烂。

②高CO_2伤害是由于贮藏环境中CO_2浓度过高而导致果蔬发生的生理失调。高CO_2伤害症状与低氧伤害相似，主要表现为果蔬表面或内部组织或两者都发生褐变，出现褐斑、凹陷或组织脱水萎蔫等，如鸭梨的黑心病。

③SO_2常作为杀菌剂被广泛用于果蔬贮藏时库房的消毒和产品的防腐处理。但在葡萄贮藏时，若SO_2处理浓度过大，会使果皮漂白，并形成坏死斑点，即SO_2伤害。

2. 果蔬常见生理性病害症状

果蔬采后生理性病害的主要症状包括组织褐变（browning）、表皮凹陷（pitting）、水渍状（water soaking）和失去后熟能力（failure to ripen）等。这些病害的发生常与储存和处理条件密切相关，采取适宜的采后管理措施，如控制温度、湿度和气体环境，可以有效减少这些病害的发生，延长果蔬的贮藏寿命。

（1）组织褐变　指果蔬的组织变成褐色，通常由多酚氧化酶（PPO）催化的酚类化合物氧化引起。褐变会降低果蔬的外观和食用品质。如桃果实在采后低温贮藏一段时间后，果肉容易发生酶促褐变；香蕉在低温储存时会出现冷害，导致果皮和果肉褐变。

（2）表皮凹陷　表现为果蔬表皮出现小坑或凹陷，通常是由于细胞失水或组织受损所致。这种病害不仅影响外观，还会增加果蔬感染病原菌的风险。如柑橘在储存过程中常见表皮凹陷现象，尤其是在低湿度条件下。表皮凹陷不仅影响商品价值，还容易进一步引发霉变。如苹果在冷藏过程中若温度波动较大，也会出现表皮凹陷，影响其市场接受度。

（3）水渍状病害　表现为果蔬组织出现水浸状病变，通常伴随透明或暗色斑点。这类病害多发生在高湿度或果蔬受伤后。如番茄贮藏过程中，若环境湿度过高，番茄果实表面容易形成水渍状斑点，影响其商品价值和食用品质。当梨在受到机械损伤后，果实表面容易形成水渍状病斑，进一步发展可能导致腐烂。

（4）失去后熟能力　指果蔬在采后无法正常成熟，表现为硬度过高、风味不足、糖度低等。这通常是由于采摘时机不当或贮藏条件不适引起的，如香蕉在低温环境中贮藏过久，采出后可能失去后熟能力，导致果实无法正常变黄和软化；猕猴桃在低温下贮藏若处理不当，也会导致采出后无法正常软熟，影响其食用品质。

3. 采后果蔬应对不适宜环境条件的机制

果蔬在采后贮运过程中，通过多种适应机制应对不利环境条件。这些机制包括生物膜应变、逆境蛋白表达、抗氧化防御系统和渗透调节，确保细胞结构和功能的稳定性和完整性。

（1）生物膜应变　生物膜是细胞与外部环境之间的重要屏障，其对逆境的反应非常敏感。由于膜脂过氧化、膜蛋白变性及膜脂流动性，造成膜相变和膜结构破坏。在不利环境条件下，生物膜的透性增大、功能会发生变化。因此，生物膜结构和功能的稳定性与果蔬采后抗逆性密切相关。果蔬在低温下会增加膜脂的饱和度，从而增强膜的流动性和稳定性。例如，柑橘在低温储存时，可通过增加磷脂中的不饱和脂肪酸含量来提高耐冷性。

（2）逆境蛋白表达　果蔬在应对不利环境时会表达一系列逆境相关蛋白，如热休克蛋白、冷响应蛋白、病程相关蛋白等，这些逆境蛋白的表达是关键的适应机制之一。逆境蛋白在亚细胞的定位较为复杂，其中，在细胞膜上的逆境蛋白种类丰富，许多逆境蛋白定位于细胞膜上，保护膜结构，维持膜的流动性和功能稳定性。另外，在细胞质和细胞器（如线粒体、叶绿体）中，逆境蛋白帮助稳定蛋白质和酶的构象，防止蛋白质变性和聚集。还有一些逆境蛋白存在于细胞间隙中，参与病原防御和细胞间信号传递。

（3）抗氧化防御系统　果蔬在采后贮藏过程中，还需要应对氧化胁迫，这通常由环境中的活性氧（ROS）引起。正常情况下，果蔬体内存在一个完善的抗氧化防御系统，以维持活性氧的动态平衡。然而，在采后不适应环境条件下，活性氧可能积累，导致细胞氧化损伤。果蔬通过酶促和非酶促两大抗氧化系统来清除过量的活性氧。酶促系统包括超氧化物歧化酶（SOD）、过氧化物酶（POD）、过氧化氢酶（CAT）等，这些酶可以快速分解过量的ROS，防止其对细胞造成损害。非酶促系统则包括抗坏血酸、还原型谷胱甘肽、维生素E和类胡萝卜素等抗氧化剂，这些分子能够通过化学反应中和ROS。例如，在低温贮藏过程中，草莓和番茄会通过增加SOD和CAT的活性来提高抗氧化能力，从而减少冷害和氧化损伤，保持果蔬的品质和营养价值。

（4）渗透调节　是一种通过积累溶质以降低细胞内的水势、提高保水能力的生理机制，从而帮助果蔬适应不利的贮藏条件。多种不利环境，如低湿度、高温，都会导致果蔬细胞失水。为了适应这些胁迫，果蔬细胞会被动地丢失一些水分，同时启动基因表达，主动积累各种有机物质和无机物质以提高细胞液浓度，降低渗透势。这些渗透调节物质包括无机离子（如K^+、Na^+、Cl^-等）和有机溶质（如脯氨酸、甜菜碱、可溶性糖等）。无机离子主要在液泡中累积，而有机溶质则在细胞质中发挥作用，通过保持细胞膨压，确保正常的生理代谢过程。脯氨酸是果蔬中一种重要的亲和性渗透调节物质，在多种逆境条件下均会大量积累。脯氨酸的积累不仅帮助细胞维持渗透平衡、防止失水，还可以与蛋白质结合，增强蛋白质的水合作用，保护蛋白质的结构和功能稳定。

二、侵染性病害

侵染性病害指果蔬采后在贮藏、运送、销售及消费过程中，因为病原微生物入侵而导致果蔬腐烂变质的病害。

1. 侵染性病害的特点

采后侵染性病害是影响果蔬贮藏和运输品质的重要因素，其特点主要体现在病原菌的类型、感染途径以及发病控制的环境因素等方面。

首先，果蔬采后侵染性病害的主要病原菌为真菌和细菌，这些病原菌在果蔬采后处理、贮藏和运输过程中容易繁殖并引发病害。真菌和细菌的快速繁殖能力使它们在适宜的环境条件下，能够迅速侵染果蔬，导致果蔬腐烂、变质。

其次，果蔬采后发生的侵染性病害，相当一部分并非采后感染病原菌所致，而是在田间阶段已经感染或带病，随后在采后环境中表现出来。果蔬在采摘前可能已经被病原菌感染，但由于田间条件（如温度、湿度、光照等）限制，病害未能迅速发展。然而，在果蔬采摘后，由于贮藏和运输环境（如密闭的空间、高湿度、适宜的温度）给病原菌的繁殖提供了良好条件，潜伏的病害会迅速暴发。

最后，与采前的自然环境相比，采后贮运环境对果蔬发病的控制程度更大。采后贮运环境是人为可控的，通过适当的温度、湿度、气体成分调节，可以有效抑制病原菌的繁殖和扩散。例如，低温贮藏能够显著延缓病原菌的代谢活动，减少病害发生的频率；控制贮藏环境中的湿度可以防止真菌孢子的萌发和扩散；使用适当的气调技术可以抑制某些需氧病原菌的生长。

2. 引起果蔬采后腐烂的病原微生物

果蔬采后腐烂主要由真菌和细菌两大类病原微生物引起。真菌病害种类繁多，广泛存在于不同种类的果蔬中，而细菌病害相对较少，但危害严重。

（1）真菌病害（fungi） 真菌是引起果蔬采后腐烂的主要病原微生物，具有多样性和广泛性。

①链格孢属（*Alternaria*）：广泛存在于自然界，常见于土壤、空气和植物表面。它们能在高湿度和适宜温度下迅速生长。这种真菌引起的病害称为链格孢斑病，常见症状包括黑色或褐色斑点，斑点会逐渐扩大，导致组织软化、腐烂。链格孢斑病在苹果、梨、葡萄等多种果蔬中都很常见。

②葡萄孢属（*Botrytis*）：这类真菌在低温高湿环境中生长迅速，孢子通过空气传播，感染力强。葡萄孢引起的灰霉病是果蔬采后贮藏中的常见病害，尤其在草莓、葡萄、番茄等果蔬中。灰霉病导致果实表面出现灰色霉层，随后果肉软化、腐烂。

③青霉属（*Penicillium*）：这类真菌适应性强，能在低温环境中生长。其孢子广泛存在于空气中，易于传播。青霉病是果蔬贮藏中的常见问题，特别是在柑橘、苹果和梨中表现突出。感染果实通常表现为蓝绿色霉斑，随后果实软化、变质。

④盘长孢属（*Gloeoporium*）和刺盘孢属（*Collelotrichum*）：这两类真菌通常在高湿度环境中生长繁殖，主要通过伤口侵染果实。盘长孢属和刺盘孢属真菌引起的病害包括炭疽病，常见于苹果、梨和柑橘类果实。感染部位形成黑色或褐色凹陷斑点，病斑逐渐扩大，导致果实腐烂。

⑤镰刀菌属（*Fusarium*）：这类真菌在温暖潮湿的条件下生长迅速，其孢子通过土

壤、水和植物残体传播。镰刀菌属真菌引起的病害包括镰刀菌腐烂病，常见于番茄、黄瓜和甜瓜等果蔬。病害表现为果实表面出现水渍状斑点，随后变褐、软化。

⑥地霉属（*Geotrichum*）：这类真菌在高湿环境中生长良好，主要通过接触感染果蔬。地霉病通常发生在柑橘和番茄中，感染果实表现为果皮出现白色霉层、果肉软化、腐烂。

（2）细菌病害（bacteria） 细菌也是引起果蔬采后腐烂的重要病原微生物，但其发生率相对较低。

①欧氏杆菌属（*Erwinia*）：这类细菌在温暖潮湿的环境中生长良好，通过伤口快速侵染果蔬。欧氏杆菌属细菌引起的软腐病是果蔬采后最常见的细菌性腐败。软腐病导致果实软化、液化，产生恶臭，常见于马铃薯、胡萝卜、莴苣等。

②假单胞杆菌属（*Pseudomonas*）：这类细菌在潮湿环境中生长迅速，能在较低温度下存活。假单胞杆菌属细菌引起的腐败病在番茄、胡萝卜和青椒等果蔬中较为常见。感染果实出现水渍状斑点，随后变软、腐烂。

3. 病原菌的入侵途径

果蔬在采后阶段容易受到各种病原菌的侵害，这些病原菌可以通过直接侵入、自然孔口侵入和伤口侵入三种途径侵入寄主。

（1）直接侵入 病原菌通过直接穿透果蔬的角质层或细胞壁进行侵染。这一过程通常伴随着病原菌分泌大量的侵染性胞外酶，如角质酶、脂质酶、果胶酶和纤维素酶等。这些酶能够分解果蔬的细胞壁结构，使病原菌得以顺利侵入和扩散。此外，某些病原菌还会产生真菌毒素，进一步破坏果蔬组织。例如，炭疽病菌和灰霉病菌通过这种途径侵入果蔬，导致严重的采后病害。

（2）自然孔口侵入 病原菌还可以通过果蔬的自然孔口侵入，如气孔、皮孔、水孔和花器等部位。这些自然孔口是病原菌的天然入口，尤其在高湿度环境下更易被利用。葡萄霜霉病的病原菌通过气孔侵入葡萄果实，导致果实腐烂。类似地，马铃薯软腐病的病原菌通过皮孔和水孔侵入，而十字花科蔬菜的黑腐病的病原菌则可以通过气孔侵入。这些病害的共同特征是病原菌能够迅速利用自然孔口扩展感染范围。

（3）伤口侵入 机械损伤，如擦伤、碰伤和压伤，以及自然脱蒂、裂果和虫害等，都会在果蔬表面形成伤口，这些伤口是病原菌侵入的重要途径。青霉病、绿霉病、酸腐病和黑腐病等病害常常通过伤口侵入，迅速扩展感染。这些病害的防治难度较大，因为采收、运输和贮藏过程中难免会对果蔬造成机械损伤，从而增加了病原菌侵入的风险。

三、果蔬采后的抗病机制

在植物与环境的持续互动过程中，植物经常遭遇多种病原微生物的攻击，例如，细菌、真菌和病毒。这些病原体不仅影响果蔬的贮藏寿命，还对后期的食品加工和品质造成负面影响。因此，在食品科学与工程的背景下，理解和提高植物的采后抗病性显得尤为重要。果蔬采后抗病机制主要体现在以下四个方面。

1. 植物形态结构屏障

果蔬在采后依靠其自身的形态结构屏障来抵御病原菌的侵袭。多数果蔬表面覆盖有蜡被或叶毛，这些结构可以有效阻止病原菌到达角质层，减少病菌侵染的可能。同样，果实表面的角质层和表皮细胞的紧密排列也能形成物理屏障，阻止病原微生物的侵入。

2. 氧化酶活性增强

果蔬在采后遇到病原菌侵染时，会通过增强氧化酶活性来提高抗病能力。氧化酶（如过氧化物酶和抗坏血酸氧化酶）活性增强，可以通过几种机制来减轻病害。一方面，旺盛的呼吸作用能够将病原菌产生的毒素氧化分解成无害物质，如将黄萎病菌的多酚类毒素和枯萎病菌的镰孢菌酸转化为二氧化碳和水。另一方面，呼吸作用的增强还可以促进伤口附近形成木栓层，加快伤口愈合，阻止病菌进一步侵染。此外，增强的呼吸作用还能够抑制病原菌的水解酶活性，限制其分解宿主有机物的能力，从而减少病原菌的生长和扩展。

3. 组织局部坏死

果蔬在受到病原菌侵染时，会通过组织局部坏死来限制病原菌的扩展，这种现象被称为广谱的过敏响应（hypersensitive response，HR）。果蔬细胞与病原菌接触后会迅速发生局部坏死，形成坏死斑，阻止病原菌在活细胞中繁殖。在过敏响应之前，受侵染细胞附近会产生大量ROS，这些ROS能启动自由基链反应，导致脂质过氧化、酶钝化和核酸降解，从而直接杀死病原体或通过促进细胞死亡来防止病原菌扩展。

4. 抑菌物质产生

果蔬在采后还会通过产生一系列抑菌物质来增强抗病能力，如植保素、木质素、抗病蛋白和酚类化合物等。

（1）植保素 是果蔬受侵染后产生的一类低分子质量的抗病原微生物的化合物。植保素能抑制病原微生物的生长，局限在受侵染细胞周围积累，形成坏死斑，限制病菌进一步侵染。

（2）木质素 果蔬细胞壁在感染病原菌后会发生木质化作用（lignification），形成对抗病原体进一步侵染的保护屏障，增强抗病原菌的酶溶解作用，同时限制水和营养物质向病原菌的扩散，从而限制病原菌的生长和繁殖。

（3）抗病蛋白 果蔬在受到病原菌侵染后，会生成一系列抗病蛋白和酶，如病程相关蛋白、几丁质酶和β-1,3-葡聚糖酶等。这些抗病蛋白和酶能够直接破坏病原菌的细胞结构或通过诱导其他防卫反应来增强抗病能力。

（4）酚类化合物 果蔬含有大量的酚类化合物，如绿原酸、单宁酸等，具有一定的抑菌作用，在病原菌侵染后，酚类化合物会在酶的催化下氧化成醌类物质，对病原菌产生更强的抑制作用。

四、果蔬采后抗病性的诱导及其信号调控

在果蔬采后病害的防控管理中，诱导抗病性（induced resistance）是一种有效的方

法。通过生物、物理和化学因子的处理，可以改变果蔬对病原体的反应，产生局部或系统的抗性，这些因子被称为激发子（elicitor）。常见的激发子包括病原菌的代谢产物、乙烯、水杨酸（salicylic acid，SA）、茉莉酸（jasmonic acid，JA）及低聚糖等。激发子作用于果蔬后，其抗病基因被激活，抗病物质和相关酶快速形成并大量积累，从而增强抗病性。果蔬中关键的抗病相关信号调控方式如下。

1. SA信号转导途径

SA在果蔬抗病性反应中起着核心作用，尤其在对抗活体营养型和半活体营养型病原菌时。SA的主要受体是NPR1、NPR3和NPR4。SA通过激活与之关联的PR蛋白基因（如*PR1*、*PR2*和*PR5*）来展现其抗病性。*PR2*可以催化β-1,3-葡聚糖的水解，有效攻击真菌菌丝壁。此外，SA还能抑制过氧化氢酶的活性，导致H_2O_2水平升高，从而诱导抗病性酶的活性并增加果蔬组织中的木质素含量。

2. JA信号传导途径

JA是植物细胞内一种关键的激素类调节物质，其在植物生长、发育以及对生物与非生物应激反应中都扮演着至关重要的角色。茉莉酸甲酯（methyl jasmonate，MeJA）在食品科学领域引起了广泛关注，因为它不仅直接对抗多种微生物，还能通过激活多种抗性酶和诱导抗病性基因的表达，从而增强植物的抗病能力。MeJA能够显著提高富士苹果的超氧化物歧化酶的活性，并抑制过氧化氢酶的活性，从而使苹果具备更强的抗青霉病能力。MeJA也能显著提高葡萄的多种抗病防御酶的活性，进而有效降低葡萄灰霉病的感染率。

3. 乙烯信号转导途径

当果蔬受到病原菌的侵染时，乙烯的产量会明显增加，进而激活一系列的抗病基因或蛋白的表达。乙烯的合成途径中，ACC合成酶所催化的反应被认为是乙烯合成的限速步骤，在乙烯的生物合成中起着至关重要的角色。乙烯的信号转导通路启动于内质网上的乙烯受体对乙烯的识别，该信号进一步通过EIN3蛋白，传递到细胞核中，最终由乙烯响应因子（ethylene responsive factor，ERF）来激活或抑制相关基因的表达。从乙烯诱导的抗病效应基因角度来看，大致可以将其分为三类：第一类涉及加强细胞壁、增强对病原菌阻挡作用的物理屏障蛋白，如增加细胞壁中富含羟脯氨酸的蛋白质的积累，从而增强细胞壁的强度和稳定性；第二类涉及合成具有抗微生物活性的次级代谢产物的酶，如诱导增强苯丙烷途径，增加植保素的积累；第三类是病程相关（pathogenesis-related，PR）蛋白，在已知的17个PR蛋白家族中，例如，β-1,3-葡聚糖酶（PR-2）、碱性几丁质酶（PR-3）、酸性类橡胶蛋白（PR-4）等能分解真菌细胞壁的成分，直接抑制病原菌。

果蔬不论是抗病的还是感病的，都拥有潜在的抗病能力，可以通过诱导基因或蛋白的表达来发挥抗病能力。使用外源激素物质调控，如SA、JA和乙烯来处理果实，可以诱导果实的抗病性，促使果实在感染病原菌时产生更强的抗病反应，从而有效地防止病原菌进一步侵害。

第六节　粮食和油料的陈化

粮食和油料作物的籽粒在脱离植株以后，在很长的一段时间内，仍然是一个有生命的有机体，会进行生命活动，这些活动包括呼吸、后熟、陈化、衰老，直至最后丧失生命力。因此，了解粮食和油料储藏品质的变化规律，对于保持储粮品质、延缓陈化具有重要意义。

一、概述

后熟作用指粮油籽粒在形态成熟（收获入仓）后，仍需通过储藏完成内部生理成熟的过程。粮油种子在后熟阶段，种子发芽率从初始较低水平逐渐提升，呼吸作用由强烈转为平缓，耗氧量下降，代谢活动减弱，籽粒体积缩小，硬度增大，容重降低，散落性提高，种皮结构由紧密变为疏松多孔，透气性改善。这一阶段表现为发芽率、加工品质（如出粉率、出油率）及耐储性的逐步提升，直至种子达到生理完全成熟，后熟作用的完成标志通常以种子发芽率达80%以上为准。不同的粮油种子后熟时间差异较大，如小麦、大麦等后熟期长达2~3个月，玉米仅需10~20天，油菜等油料作物的种子后熟期更短（部分在田间即可完成）。

从生物学和食品科学角度来说，粮食和油料的陈化过程是其在储藏中因生理、化学及物理性质改变导致的不可逆的品质劣变。通常，"陈化"被用于描述粮食（如稻谷、小麦）的品质劣变，而油料的品质变化更多被称为"酸败"或"氧化变质"。本质上，二者均属于储藏过程中的自然劣变，均符合"陈化"的广义定义。O_2、水分、温度等环境因子，以及虫害、霉菌等生物因子都可能对粮食和油料的品质造成负面的影响。随着陈化，粮食中的淀粉可能遭到降解，油料中的油脂发生氧化酸败，从而使口感、色泽和风味改变。此外，粮食和油料中的维生素、微量元素和氨基酸等营养物质也会减少，进一步降低其营养价值。为了维持粮食和油料的原始品质和营养成分，生产中需要采取一系列精细化的贮运措施。其中，控制温度、湿度、通风以及采用适当的防护措施如防虫、防霉和专业的包装材料，都有助于提高粮食和油料在贮运过程中的稳定性。

二、陈化过程中的生理生化变化

粮食和油料在储藏过程中，随着时间的推移，其品质和营养价值逐渐降低，其中水分、蛋白质、碳水化合物、脂质和维生素等多个方面发生变化。

1. 水分的变化

刚收获的粮油作物籽粒因细胞代谢尚未完全停止，谷物籽粒（如稻谷、小麦）处于高含水量的吸湿平衡态，而油料种子（如大豆、花生）则含有较高比例的不饱和脂肪酸，此时粮油内部水分及脂类物质通过维管束及细胞间隙缓慢迁移，形成复杂的多相体系分布。随着环境温湿度的作用，粮油堆的整体水分活动及脂肪酸状态逐渐趋于动态平衡。这种特殊的多相迁移规律具有双重效应：在谷物籽粒中，水分梯度导致胚乳内部结合水减少，结构变得疏松易碎；在油料中，不饱和脂肪酸在高水分活度和光、热、氧作用下发生自动氧化，产生过氧化值和游离脂肪酸。当粮油含水量超过安全阈值（禾谷类粮食>14%，油料类>8%）或储藏温度超过25℃时，这种劣变过程呈指数级加速。因此，水分含量过高或者储藏环境不适宜是造成粮食和油料陈化的主要原因。

2. 蛋白质的变化

粮食和油料在陈化过程中，受到微生物和酶的作用，部分蛋白质会被分解成小分子氨基酸和肽。此外，蛋白质也受到氧化反应的影响，从而发生蛋白质氧化，这一过程可细分为酶促水解、氧化修饰及结构重组三个阶段。

（1）酶促水解阶段　粮油中的内源蛋白酶（如羧肽酶、内切蛋白酶）在储藏湿度>70%时被激活，其活性随温度升高呈指数增长。这些酶选择性切割肽键，将高分子质量谷蛋白（分子质量>100ku）分解为短肽（分子质量<1ku）及游离氨基酸。此过程显著改变了蛋白质溶解性，水解产物中的酸性氨基酸（谷氨酸、天冬氨酸）积累使粮堆pH下降0.3~0.5，形成利于微生物繁殖的酸性微环境。

（2）氧化修饰阶段　脂质氧化产物（丙二醛、4-羟基壬烯醛）与蛋白质发生迈克尔加成反应，导致侧链氨基氧化为羰基衍生物（蛋白质羰基含量增加20%~40%），疏基氧化形成二硫键（—S—S—键密度提升15%~30%），酪氨酸残基硝化生成3-硝基酪氨酸（含量增加5~10倍）。这些修饰使蛋白质三维结构塌陷，暴露疏水内核，导致功能特性（乳化性、起泡性）丧失>60%。

（3）结构重组阶段　氧化修饰诱导蛋白质分子间发生非共价交联（氢键、疏水作用），形成可溶性聚集体（分子质量>500ku）。这些聚集体在蒸煮过程中无法充分展开，导致米饭硬度增加30%~50%，黏弹性下降40%~60%。同时，变性的醇溶蛋白与直链淀粉形成复合物，进一步降低淀粉糊化度（快速黏度分析仪峰值黏度下降15%~25%）。

3. 碳水化合物的变化

碳水化合物是谷物粮食的主要成分，在储藏期间，由于新收获粮食的后熟作用，粮食籽粒中的淀粉、戊聚糖含量逐渐增加，可溶性糖逐渐减少。后熟完成后，受到淀粉酶的作用，淀粉水解成麦芽糖，又经酶分解成葡萄糖，从而造成总的淀粉含量降低，可溶性糖（还原糖）含量逐渐增加。但是，随着时间的推移，还原糖可能会继续氧化，转化成CO_2和水，氧气不足时产生乙醇或乙酸，此时粮食带有酸味，品质劣变，还原糖含量随之减少。

然而，在禾谷类粮食中，由于淀粉含量基数大，总的变化百分比并不明显。淀粉的主要变化表现为淀粉组成中直链淀粉含量增加，如大米，黏性随储藏时间延长而下降，米汤的固形物减少，糊化温度增高。这些变化显著影响着粮食的加工和食用品质。

4. 脂质的变化

粮食和油料在储藏过程中，脂质会发生复杂的生物化学变化，导致脂质的氧化和分解,进而降低油脂含量,降低了营养价值。脂质氧化作为核心反应机制,遵循典型的链式反应规律:初始阶段甘油三酯双键 α 位 C—H 键均裂产生自由基,引发链式传递;过氧自由基通过夺取氢原子形成氢过氧化物中间体;最终阶段过氧化物分解产生醛、酮等挥发性化合物,同时伴随双键结构的破坏与重排。脂肪酸组成在陈化过程中呈现定向演变特征:饱和脂肪酸(如棕榈酸)和单不饱和脂肪酸(如油酸)含量显著下降,而多不饱和脂肪酸(如亚油酸)比例相对上升。这种由饱和到不饱和的转化趋势,源于不同脂肪酸对氧化应激的敏感性差异——饱和脂肪酸因缺乏双键保护更易经 β 氧化分解,而多不饱和脂肪酸的双键重排能力使其能部分抵御氧化攻击。

此外,粮食和油料陈化过程中脂质的变化还会影响其品质和口感。例如,脂质氧化产物与色素反应导致小麦麸皮亮度 L^* 值下降,使其色泽变暗;脂质氧化产物与蛋白反应导致大米硬度下降,口感变得粗糙;脂肪酸氧化产生的醛酮类物质如己醛、2-壬烯醛含量升高,导致大米产生"陈米味"以及油料产生"哈败味"。

5. 维生素的变化

水溶性维生素如维生素 C、维生素 B_1、维生素 B_2 等,容易在加热、光照、氧化等条件下被破坏,因此在粮食陈化过程中,这些维生素的含量会逐渐降低。特别是在潮湿的环境下,这些维生素的流失速度更快。脂溶性维生素如维生素 A、维生素 D、维生素 E、维生素 K 等,在粮食中一般以脂肪酸酯的形式存在,相对比较稳定,但是在长时间的储藏过程中,它们的含量也会有所下降。

本章线上学习资源可扫描以下二维码获取。

果蔬采后生理——
呼吸作用

果蔬采后生理——
蒸腾作用

果蔬采后生理——
成熟与衰老

果蔬采后生理——
乙烯

果蔬采后病害——
生理性病害

果蔬采后病害——
侵染性病害

果蔬采后生理——
休眠与发芽

果蔬采后生理——
粮食的后熟与陈化

思考题

1. 呼吸跃变型果实和非呼吸跃变型果实的区别是什么?举例说明。
2. 果蔬的采后蒸腾作用会产生哪些影响?
3. 请简述乙烯的生物合成途径。

4. 请简述休眠的定义。哪些果蔬会发生休眠？休眠对果蔬贮藏有哪些作用？
5. 请简述粮食陈化的定义。
6. 果蔬采后的病害有哪两大类？
7. 请简述冷害的定义。
8. 常见果蔬采后的侵染性病害有哪些？
9. 以生活中常见的果蔬为例，分析其采后贮运品质变化的规律及原因。
10. 不同种类果蔬的采后贮藏性差异很大，哪些原因造成了这些差异？

第三章
动物性食品贮运保鲜原理

> **学习目标**
>
> 1. 学习肌肉成熟对动物性食品品质的影响。
> 2. 重点掌握肌肉宰后变化的原因及过程。
> 3. 熟悉动物性食品腐败变质的原因。

动物性食品主要包括畜禽肉、蛋类、水产品、乳及其制品等,可以为人体提供蛋白质、脂肪、矿物质、维生素A和B族维生素,是日常膳食中重要的营养组成部分。学习了解动物性食品的贮运保鲜原理,如肉的僵直、成熟与自溶、腐败变质等,有助于更好地认识和控制动物性食品在贮运过程中的品质变化。

第一节 肉的僵直

肉的僵直是指动物胴体在宰后一定时间内,肉的弹性和伸展性消失,肉变得紧张,胴体变硬的过程。刚刚宰后的肌肉以及各种细胞内的生物化学反应仍在继续进行,体液平衡受到破坏,供氧停止,整个细胞处于无氧状态,从而使葡萄糖及糖原通过无氧酵解产生乳酸。僵直是宰后肌肉生化变化的重要阶段,此时的肉加热食用,其质地较硬,持水性较差,加热后重量损失大,为尸僵肉,不适于加工成肉制品。宰后僵直的机制如下所述。

一、肌肉收缩原理

活体动物中的骨骼肌是一种高度分化的、具有将化学能转化为动能的组织。肌肉的组成构架能够决定它的收缩与舒张功能。但是,动物屠宰后,肌肉转化为营养美味的可食肉时，这种收缩、舒张的能力也随之消失，然而在这一肌肉收缩与舒张功能逐渐消失的过程中，肌肉的理化变化对最终可食肉品质的影响巨大。动物宰后一段时间内代谢物质的累积过程与活体动物的正常代谢活动是一致的。

肌原纤维是肌肉细胞内的基本结构，主要由肌动蛋白和肌球蛋白构成，肌肉收缩主要是由构成肌原纤维的两种蛋白质的粗丝和细丝的相对滑动引起，即所谓滑动学说。图3-1为肌肉的微观结构示意图，肌肉收缩和松弛，并不是肌球蛋白粗丝在A带位置上的长度变化，而是I带在A带中伸缩，所以肌球蛋白粗丝的长度不变，只是F-肌动蛋白细丝产生滑动。

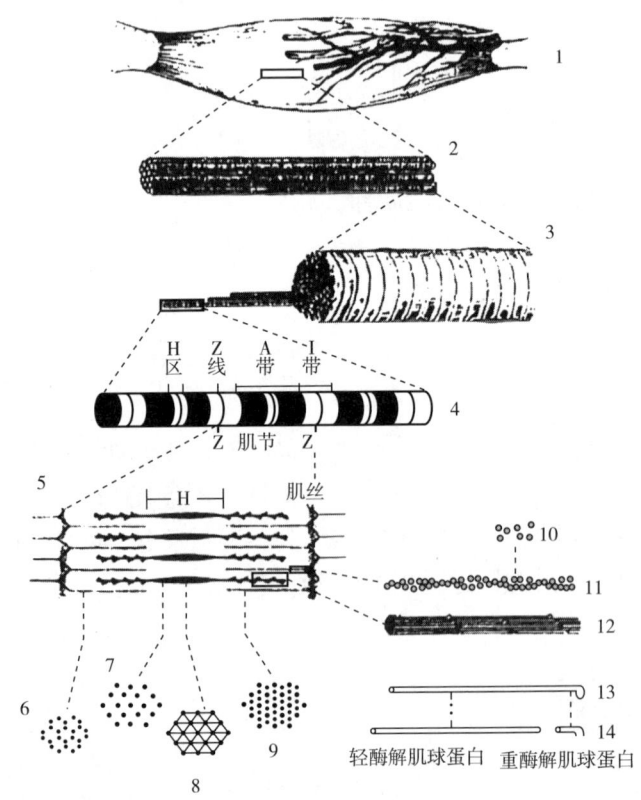

1—肌肉　2—肌束　3—肌纤维　4—肌原纤维　5—肌节
6—肌节除Z线外的I带（由F-肌动蛋白细丝组成）横截面　7—肌节除H区中心外的H区
（由肌球蛋白细丝组成）横截面　8—H区中心横截面　9—肌节H区外的A带
（由F-肌动蛋白细丝和肌球蛋白细丝组成）横截面　10—G-肌动蛋白分子
11—F-肌动蛋白分子　12—肌球蛋白细丝　13—肌球蛋白分子
14—轻酶解肌球蛋白和重酶解肌球蛋白

图3-1　肌肉的微观结构示意图

二、畜产原料宰后僵直的机制和过程

刚刚宰后的肌肉以及各种细胞内的生物化学等反应仍在继续进行，但是由于放血会导致体液平衡的破坏、供氧的停止，整个细胞内很快变成无氧状态，从而使葡萄糖及糖原的有氧分解很快变成无氧酵解而产生乳酸。ATP的供应从有氧呼吸的39分子降低到无氧酵解的3分子。与此同时，由于糖原的酵解，乳酸增加，ATP分解产生磷酸根离子，乳酸与磷酸的累积导致肌肉pH迅速下降，一般pH降低到5.4左右，就不再下降。因为肌糖原无氧酵解过程中的酶会被酸的累积所抑制而失活，使肌糖原不能再继续分解，乳酸也不能再产生。这时的pH是宰后肌肉的最低pH，称为极限pH。由于ATP水平的下降和pH的降低，肌浆网钙泵的功能丧失，使肌浆网中Ca^{2+}逐渐释放而得不到回收。Ca^{2+}浓度升高，引起肌动蛋白沿着肌球蛋白的滑动收缩；另一方面引起肌球蛋白头部的ATP酶活化，加快ATP的分解，同时由于ATP的丧失又促使肌动蛋白细丝和肌球蛋白细丝之间交联结合形成不可逆性的肌动球蛋白，从而引起肌肉的连续且不可逆的收缩，收缩达到最大程度时即形成肌肉的宰后僵直，也称尸僵。宰后肌肉最显著的变化之一是宰后僵直。僵直发生时，肌肉收缩为不可逆的收缩。当尸僵完成时，肌肉因肌动蛋白、肌球蛋白间形成横桥，而导致其不能缩短或伸长。

  动物宰后僵直的过程大体可分为三个阶段。①迟滞期：从屠宰后到开始出现僵直现象为止，即肌肉的弹性以非常缓慢的速度变化，此阶段中肌肉内ATP的含量虽然减少，但在一定时间内几乎恒定，因为肌肉中还含有另一种高能磷酸化合物——肌酸磷酸，在磷酸激酶的作用下，肌酸磷酸将其能量转给ADP再合成ATP，以补充减少的ATP。正是由于ATP的存在，使肌动蛋白细丝在一定程度上还能沿着肌球蛋白粗丝进行可逆性的收缩与松弛，从而使这一阶段的肌肉还保持一定的伸缩性和弹性。②尸僵急速期：随着宰后时间的延长，肌酸磷酸的能量耗尽，肌肉ATP的来源主要依靠葡萄糖的无氧酵解，致使ATP的水平下降，同时乳酸浓度增加，肌浆网中的Ca^{2+}离子被释放，从而快速引起肌肉的不可逆性收缩，使肌肉的弹性逐渐消失，肌肉的僵直进入急速形成期。③尸僵后期：当肌肉内的ATP的含量降到原含量的15%~20%时，肌肉的伸缩性几乎丧失，从而进入僵直后期，此时肉的硬度要比僵直前增加10~40倍。

  肌肉宰后的收缩因动物种类、环境温度、胴体pH的不同而不同。刚刚屠宰的离体肌肉会顺着肌纤维的方向缩短，而横向变粗。如果肌肉仍连接在骨骼上，肌肉只能发生等长收缩，肌肉内部产生拉力。宰后肌肉的缩短，在15℃时，收缩程度最小；在15℃以上，与温度呈正相关，温度越高，ATP的消耗越大，肌肉收缩越剧烈；如果胴体pH降低到6.0以下时，温度低于12℃，肌肉尤其是红肉会发生极度收缩，也称为冷收缩。冷收缩不同于发生在中温时的正常收缩，而是收缩更强烈，可逆性更小，这种肉甚至在成熟后，在烹调中仍然是坚韧的。目前冷收缩的机制还不十分明确，为了防止冷收缩带来的不良效果，可采用电刺激的方法，使肌肉中ATP迅速消失，pH迅速下降，使尸僵迅速完成，从而改善肉的质量和外观色泽。刚屠宰后热剔骨的肌肉易发生冷收缩，硬度较大，带骨肉由于只发生等长收缩，则可在一定程度上抑制冷收缩。如果肌肉在僵直未完成时进行冻结，容易发生解冻收缩，这是由于此时肌肉仍含有较多的ATP，在解冻时

ATP发生强烈而迅速的分解而产生僵直，称为解冻僵直。解冻收缩的强度较正常的僵直剧烈得多，并有大量的肉汁流出。解冻僵直发生的收缩急剧有力，可缩短50%，这种收缩可破坏肌肉纤维的微结构，而且沿肌纤维方向收缩不够均匀。在尸僵发生的任意阶段进行冷冻，解冻时都会发生解冻僵直，但随着肌肉中ATP浓度的下降，肌肉收缩力也下降。在刚屠宰后立刻冻结而后再解冻，这种现象最明显。因此要在形成最大僵直之后再进行冻结，以避免这种现象的发生。

尸僵开始和持续时间因动物的种类、品种、宰前状况、宰后肉的变化及不同部位而异。一般鸡肉、猪肉、牛肉开始时间分别为宰后3h、8h、10h，持续时间依次增长，分别为8h、20h、72h。不放血致死较放血致死的动物尸僵发生得早。温度高发生得早，持续时间短；温度低则发生得晚，持续时间长。肉在达到最大尸僵以后，即开始解僵软化进入成熟阶段。

三、水产原料死后僵硬的机制和过程

刚捕获的新鲜鱼，具有明亮的外表，清晰的色泽，表面覆盖着一层透明均匀的稀黏液层。眼球明亮突出，为鲜红色，没有任何黏液覆盖，肌肉组织柔软且富有弹性。鱼类死亡后，发生一系列的物理和化学变化，其最终结果是鱼体逐渐变得柔软，蛋白质、脂肪和糖原等高分子化合物逐渐降解成易被微生物利用的低分子化合物。随着贮藏期的延长，会由于微生物的作用导致腐败，同时由于内源酶作用而使蛋白质自溶分解，产生不良风味。鱼体死后肌肉中会发生一系列与活体时不同的生物化学变化，整个过程可分为僵硬、解僵和自溶、细菌腐败三个阶段。

1. 鱼体死后初期的生化变化

鱼在死后保藏中由于自身酶和外源细菌的作用，会发生各种生化变化，从而导致鱼肉品质的下降，这些变化主要包括pH、糖原、乳酸、腺苷三磷酸水解酶（ATPase）、ATP及其分解产物等的变化。

鱼体死后肌肉中糖原发生酵解生成乳酸，同时与鲜度相关的ATP、糖原和肌酸磷酸发生了较大的生化变化，pH也随之发生较大的变化。以鱼类为代表的脊椎动物，ATP最主要的一条分解路线是：

ATP→腺苷二磷酸（ADP）→腺苷一磷酸（AMP）→肌苷酸（IMP）→次黄嘌呤核苷（HxR）→次黄嘌呤（Hx）

在无脊椎动物中，由于AMP脱氨酶活性很低或几乎不存在，因而ATP的主要降解途径为ATP→ADP→AMP→腺嘌呤核苷（AdR）→HxR→Hx。但在鱼肌肉中含量比ATP高数倍的肌酸磷酸，在肌酸激酶的催化作用下，可将由ATP分解产生的ADP重新再生成ATP。

此外，糖原酵解的过程中，1mol的葡萄糖能产生2mol ATP。通过这样的补给机制，动物即使死亡，在短时间内其肌肉中ATP含量仍能维持不变。但是随着肌酸磷酸和糖原的消失，肌肉中ATP含量显著下降，肌原纤维中的肌球蛋白粗丝和肌动蛋白细丝产

生滑动，两者牢固结合使肌肉紧缩，肌肉开始变硬。

活鱼肌肉的pH一般为7.2~7.4，鱼体死后，随着糖原酵解生成葡萄糖-2-磷酸，最后生成乳酸，pH下降。pH下降的程度与肌肉中糖原的含量有关，洄游性的红肉鱼类糖原含量为0.4%~1.0%，极限pH达5.6~6.0；底栖性的白肉鱼类糖原含量为0.4%左右，极限pH在6.0~6.4。

虾、蟹、贝类等无脊椎动物，其肌肉中不存在肌酸磷酸，而含有磷酸精氨酸。磷酸精氨酸是无脊椎动物体内一种最主要的磷酸原，能够将磷酸盐交换给ADP，因而保持了稳定的ATP浓度。在死后进行糖原酵解时葡萄糖被分解，最终产物为丙酮酸。

2. 僵硬

死后僵硬是指鱼体死后随着肌肉中ATP的降解、消失，肌球蛋白粗丝和肌动蛋白细丝之间发生滑动，肌节缩短，肌肉发生收缩的现象。死后僵硬是肌肉向食用肉转化的第一步。僵硬开始时间和僵硬程度取决于肌肉中ATP、肌酸磷酸和糖原含量的多少，以及ATP酶、激酶和糖酵解酶的活力。活体肌肉收缩是由神经刺激引起的，而且是可逆的。鱼体死后，肌细胞的正常功能消失。肌球蛋白和肌动蛋白形成的肌动球蛋白质产物不能解离，肌细胞发生不可逆收缩。

刚死的鱼体，肌肉柔软而富有弹性。放置一段时间后，肌肉收缩变硬，失去伸展性或弹性，如用手指压，指印不易凹下；手握鱼头，鱼尾不会下弯；口紧闭，鳃盖紧合，整个躯体僵直，鱼体进入僵硬状态。当僵硬进入最盛期时，肌肉收缩剧烈，持水性下降。一些不带骨的鱼肉片，长度会缩短，甚至产生裂口，并有液汁向外渗出。鱼贝类死后肌肉僵硬受到较多条件影响，一般发生在死后数分钟至数十小时，其持续时间为5~22h。

死后僵硬是鱼类死后的早期变化。鱼体进入僵硬期的迟早和持续时间的长短，受鱼的种类、死前生理状态、致死方法和贮藏温度等各种因素的影响。一般来讲，扁体鱼类较圆体鱼类僵硬开始得迟，因为体内酶的活性较弱，但进入僵硬后其肌肉的硬度更大。不同大小、年龄的鱼也表现出很大的差别，小鱼、喜动的鱼比大鱼更快进入僵硬期，持续时间也短。死后僵硬还与鱼体死前生活的环境温度有关，环境水温越低，其死后僵硬所需的时间越长，越有利于保鲜；环境水温越高，其死后僵硬所需的时间越短，越不利于保鲜。在不同的季节由于水温的不同，鱼死后开始僵硬时间和持续僵硬时间都发生较大的变化。

僵硬期还与鱼捕获时的状态、致死的方法有关。一般来讲，春、夏饵料丰富季节的鱼比秋、冬饵料匮乏季节的鱼体，僵硬开始得迟，僵硬持续时间长。捕获后迅速致死的鱼，因体内糖原消耗少，比剧烈挣扎、疲劳而死的鱼进入僵硬期迟，持续时间也长，因而有利于保藏。贮藏温度对死后僵硬也有很大的影响，鱼宰杀后的僵硬指数随僵硬期的出现而上升，直至达到100%，然后随着解僵而下降。当贮藏温度较高（20℃）时，鱼体的僵硬迅速到来，僵硬指数达到100%后，其值会立即下降；当温度较低（5~10℃）时，僵硬指数在100%附近能维持较长一段时间。

第二节　成熟和自溶

　　肌肉成熟（aging 或 conditioning）是指肉经过死后僵直后一段时间的贮藏，内部发生一系列变化，其僵直情况缓解，肉变得柔软、多汁，并产生特殊滋味和气味的过程。在水产品中，肌肉成熟则指鱼贝类死后进入僵硬期，并达到最大程度僵硬后，其僵硬又缓慢地解除，肌肉重新变得柔软，但失去弹性的过程，又称自溶（autolysis）或解僵。肌肉成熟包括尸僵的解除及在组织蛋白酶作用下进一步成熟的过程。在实际中，成熟过程中所发生的各种变化，在解僵期已经开始了。

一、僵直的解除

　　死后肌肉收缩表现出的肉尸僵硬达到顶点后，保持一定时间，到成熟时又恢复伸长而变得柔软，解除僵直状态。解除僵直所需时间因动物的种类、肌肉的部位以及其他外界条件不同而异。在 2~4℃ 条件储存的肉类，鸡肉需 3~4h 达到僵直的顶点，而解除僵直需 2d；其他牲畜完成僵直需 1~2d，而解除僵直猪肉需 3~5d，牛肉需 7~10d。成熟时间越长，肉越柔软，但风味并不相应地增强。牛肉以 1℃、11d 成熟为最佳；猪肉由于不饱和脂肪较多，时间长易氧化使风味变劣；羊肉因自然硬度（结缔组织含量）小，通常采用 2~3d 成熟。

　　未经解僵的肉类肉质欠佳，咀嚼时有硬橡胶感，不仅风味差且保水性也低，黏着性差。经过充分解僵的肌肉质地变软，加工产品风味也好，保水性提高，适于作为加工各种肉类制品的原料。

二、成熟的基本机制

1. 肌原纤维小片化

　　刚宰后的肌原纤维和活体肌肉一样，是由数十到数百个肌节沿长轴方向构成的纤维，而在肉成熟时则断裂成 1~4 个肌节相连的小片状。由于宰后僵直肌原纤维产生收缩的张力，使 Z 线发生断裂，张力的作用越大，小片化的程度越大。此外，由于宰后肌浆网的崩裂，大量 Ca^{2+} 释放到肌浆中，使 Ca^{2+} 浓度从 1×10^{-6} mol/L 增加至 1×10^{-4} mol/L，增高 100 倍。高浓度的 Ca^{2+} 长时间作用于 Z 线，使 Z 线蛋白变性而脆弱，会因冲击和牵引而发生断裂。

2. 结缔组织的变化

　　肌肉中结缔组织的含量虽然很低（占总蛋白质的 5% 以下），但是由于其性质稳定、结构特殊，在维持肉的弹性和强度上起着非常重要的作用。在肌肉成熟过程中，胶原纤维的网状结构变得松弛，由规则、致密的结构变成松散、无序的状态。造成胶原纤维蛋白结构变化的主要原因是存在于胶原纤维间以及胶原纤维上的黏多糖被分解。此外，结缔组织的胶原蛋白水解也会导致嫩度增加，直接引起胶原纤维剪切力下降，从而使整个肌肉的嫩度得以改善。

3. 肌细胞骨架及有关蛋白质的水解

宰后成熟过程中部分肌肉蛋白质的水解对肉的嫩度的改善起重要作用，这些蛋白质主要包括：肌钙蛋白T、伴肌球蛋白、伴肌动蛋白和肌间线蛋白。

4. 蛋白酶说

肌纤维中关键蛋白质水解的程度决定了最终肉的成熟。目前较为认可的为钙激活酶系统，钙激活酶是一种中性蛋白酶，主要存在于肌纤维Z线附近及肌质网膜上。动物被屠宰后，随着ATP的消耗，肌质网内积蓄的Ca^{2+}被释放出来，激活钙激活酶，分解肌肉纤维蛋白，促进肉的嫩化。肉中的钙激活酶系统包括μ-钙激活酶、m-钙激活酶和钙激活酶的专一抑制蛋白。μ-钙激活酶和m-钙激活酶都是细胞内部的蛋白酶，这些蛋白酶分布在原生质膜和细胞器上，同时以一定的形式作用于底物，产生大的多肽片段，来促进肉的成熟。

三、肌肉成熟对肉品质的影响

1. 嫩度的改善

嫩度随着成熟时间的延长逐渐升高，刚屠宰之后的肉柔软性最好，达到极限pH后嫩度下降，成熟期间热鲜肉的柔软性平均值为74%，在8~10℃的条件下使其成熟，2天内随着成熟的进行，肌纤维的剪切力增加，而后则逐渐减小。

2. 保水性的变化

肉在成熟时保水性发生回升，保水性的回升和pH变化有关，随着肉的解僵，pH逐渐增高，偏离蛋白质等电点，肌球蛋白解离，蛋白质静电荷增加，结构变得疏松，因而肉的持水性增高，肉汁流失减少。

3. 蛋白质的变化

肉成熟时，肌肉中许多酶类对某些蛋白质有一定的分解作用，从而促使成熟过程中水溶性非蛋白质含氮化合物增加。成熟过程中，肌肉中盐溶性蛋白质的浸出性增加，随着肉的成熟，蛋白质在酶的作用下，肽链解离，游离的氨基增多，肉的水合性增强，变得柔嫩多汁。牛背最长肌在2℃条件下贮藏30天，其非蛋白态氮增长到45μmol/g，家兔背最长肌在3~4℃条件下贮藏7天，增长到55μmol/g。

4. 风味的变化

肉在成熟过程中由于蛋白质受到蛋白酶的作用，游离的氨基酸含量有所增加，主要表现在浸出物质中。新鲜肉中酪氨酸和苯丙氨酸等含量很少，而成熟后的浸出物有酪氨酸、苯丙氨酸、苏氨酸、色氨酸等存在，其中含量最多的是谷氨酸、精氨酸、亮氨酸、缬氨酸和甘氨酸，这些氨基酸都具有增强肉的滋味和香气的作用。此外，肉在成熟过程中，ATP分解会产生肌核苷酸，它是一种风味增强剂。

四、水产品肌肉组织的变化

鱼贝类的肌肉组织在经过一定时间的僵硬期后就会解僵变软，在鱼体内的组织蛋白酶作用下，肌肉中的成分逐渐发生变化，蛋白质分解成肽，肽进一步分解成氨基酸。所以，非蛋白氮含量明显增加，游离氨基酸可增加8倍左右，此时，肌肉组织变软，失去弹性，pH比僵硬期有所上升。

鱼贝类死后肌肉的软化与活体肌肉的松弛不同，鱼贝类的肌肉在伴随着解僵软化时，会发生迅速的生物化学变化和物理变化，一般认为其与肌肉中组织蛋白酶类对蛋白质分解的自溶作用有关。组织蛋白酶主要有酸性肽链内切酶和中性肽链内切酶。鱼类存活时，鱼体肌肉中的组织酶类常相互制约或受到抑制，而鱼死亡后这种抑制作用随之消失。鱼体经僵硬阶段后，pH一般为5.0~5.5，而肌肉中的组织蛋白酶类的最适pH在5.0左右，能够催化肌肉蛋白质的水解，生成更多的小分子物质，进而为腐败微生物的生长繁殖创造良好的条件。参与鱼类死后蛋白质分解作用的酶类中，除了自溶酶类外，还可能有来自消化道的胃蛋白酶、胰蛋白酶等消化酶类，以及细菌繁殖过程产生的胞外酶的作用。因此，由酶类导致的自溶作用引起的蛋白质分解不同于纯蛋白质由特定蛋白酶分解的情况。鱼类死后的解僵和自溶阶段，在各种蛋白酶的作用下，一方面造成肌原纤维中Z线脆弱、断裂，组织中胶原分子结构改变，结缔组织发生变化，胶原纤维变得脆弱，使肌肉组织变软和解僵；另一方面也使肌肉中的蛋白质分解产物和游离氨基酸含量增加。

鱼体进入自溶阶段后，肌肉组织逐渐变软，失去固有弹性，自溶阶段鱼肉蛋白质被分解，解僵和自溶会给鱼体鲜度质量带来各种感官和风味上的变化，同时其分解产物氨基酸和低分子的含氮化合物为细菌的生长繁殖创造了有利条件，加速了鱼体的解僵自溶过程，成为由良好鲜度逐步过渡到细菌腐败的中间阶段。

第三节 腐败变质

食品腐败是指食品发生化学或物理性质的变化，从而使食品失去原有的营养价值、组织性状及色、香、味。动物性食品如肉类、乳类、蛋类及水产品等在收获、运输、加工和贮藏过程中，会受到微生物的污染，造成腐败变质。

一、微生物腐败

1. 微生物引起食品腐败变质的基本条件

（1）动物性食品的基质特性　作为食品原料的动物体在生活和生长过程中及后来的食品生产加工、运输、贮藏、销售、食用过程都有可能受到微生物的污染，其污染的途径可分为内源性污染和外源性污染。内源性污染是指作为食品原料的动物体在生活过程中，由于本身带有的微生物而造成食品的污染。外源性污染是指食品在生产加工、运输、贮藏、销售、食用过程中，通过水、空气、人、动物、机械设备及用具等使食品发生的微生物污染。

动物性食品中丰富的营养成分是微生物的良好培养基，因而微生物污染后很容易迅速生长繁殖,造成腐败变质。然而,来自不同种类动物原料的食品,各类营养成分含量差异很大,并且由于不同微生物分解各类营养物质的能力不同,只有当微生物所能分解的物质与食品营养成分一致时,微生物才可以引起食品迅速的腐败变质。因此,引发不同食品腐败的微生物类群不同,如肉、鱼等富含蛋白质,容易受到对蛋白质分解能力很强的变形杆菌、青霉等微生物的污染,进而发生腐败;而脂肪含量较高的食品,易受到黄曲霉和假单胞杆菌等分解脂肪能力很强的微生物的污染而发生酸败变质。

根据食品pH范围,可将食品划分为酸性食品和非酸性食品。一般规定pH在4.5以上者,属于非酸性食品;pH在4.5以下者为酸性食品。几乎所有的动物性食品都属于非酸性食品。食品的酸度不同,引起食品腐败变质的微生物类群也不同。各类微生物都有其最适生长的pH范围,绝大多数细菌最适生长pH在7.0左右,所以非酸性食品适合于大多数细菌的生长。此外,微生物在食品中生长繁殖也会引起食品pH改变,当微生物生长在含糖与蛋白质的食品基质中,微生物首先分解糖产酸,使食品pH下降;当糖不足时,蛋白质被分解,pH又回升。微生物的活动使食品基质的pH发生很大变化,当酸或碱积累到一定量时,反过来又会抑制微生物的继续活动。

微生物的生命活动离不开水,食品中水分以游离水和结合水两种形式存在。微生物在食品中生长繁殖,能利用的水是游离水,因而微生物在食品中的生长繁殖所需水不是取决于总含水量,而是取决于水分活度(A_W)。一般来说,含水分较多的食品,细菌容易繁殖;含水分少的食品,霉菌和酵母容易繁殖。新鲜的动物性食品原料如鱼、肉等含有较多的水分,A_W值一般在0.98~0.99,适合多数微生物的生长,如果不及时加以处理,很容易腐败变质。

(2)微生物种类　能引起食品发生腐败变质的微生物种类有很多,主要有细菌、酵母和霉菌,一般情况下,细菌常比酵母占优势。在这些微生物中,有病原菌和非病原菌,有芽孢菌和非芽孢菌,有嗜热性菌、嗜温性菌和嗜冷性菌,有好氧菌和厌氧菌,有分解蛋白质、糖类、脂肪能力强的微生物。表3-1所示为引起不同动物性食品腐败变质的微生物。

表3-1　引起不同动物性食品腐败变质的微生物

食品	腐败类型	微生物
新鲜肉	腐败	产碱菌属(*Alcaligenes*)、梭菌属(*Clostridium*)、普通变形菌(*Proteus vulgaris*)
	变黑	荧光假单胞菌(*Pseudomonas fluorescens*)、腐败假单胞菌(*Pseudomonas putrefaciens*)
	发霉	曲霉属(*Aspergillus*)、根霉属(*Rhizopus*)、青霉属(*Penicillium*)
	变酸	假单胞菌属(*Pseudomonas*)、微球菌属(*Micrococcus*)、乳杆菌属(*Lactobacillus*)
	变绿、变黏	明串珠菌属(*Leuconostoc*)

续表

食品	腐败类型	微生物
水产品	变色	假单胞菌属、产碱菌属（Alcaligenes）、黄杆菌属（Flavobacterium）
	腐败	腐败希瓦拉菌（Shewanella putrefaciens）
蛋	绿色腐败、褪色腐败、黑色腐败	荧光假单胞菌（Pseudomonas fluorescens）、假单胞菌属、产碱菌属、变形菌属（Proteus）
家禽	变黏、有气味	假单胞菌属、产碱菌属

（3）贮藏环境条件　污染的微生物能否生长繁殖造成动物性食品的腐败变质，除了与食品的基质条件有关外，还与贮藏环境条件密切相关，影响动物性食品腐败变质的最重要的环境因素有温度、气体和湿度。

①温度：根据微生物生长的最适温度，可将微生物分为嗜冷、嗜温、嗜热3个生理类群。每一类群微生物都有适宜生长的温度范围，但这群微生物又都可以在20～30℃条件下生长繁殖，当食品处于这种温度的环境中，各种微生物都可生长繁殖而引起食品的腐败变质。

低温对微生物生长极为不利，但低温微生物在5℃左右或更低的温度（甚至-20℃以下）下仍能生长繁殖，使食品腐败变质。低温微生物是引起冷藏、冷冻食品变质的主要微生物。在低温下生长的微生物主要有：假单孢杆菌属、产碱菌属、变形菌属、黄杆菌属、无色杆菌属等革兰阴性无芽孢杆菌；小球菌属、乳杆菌属、小杆菌属、芽孢杆菌属和梭状芽孢杆菌属等革兰阳性细菌；假丝酵母属、隐球酵母属、圆酵母属、丝孢酵母属等酵母；青霉属、芽枝霉属、葡萄孢属和毛霉属等霉菌。这些微生物虽然能在低温条件下生长，但其新陈代谢活动极为缓慢，生长繁殖的速度也非常迟缓，因而它们引起冷藏食品变质的速度也比较缓慢。

当温度在45℃以上时，对大多数微生物的生长十分不利。在高温条件下，微生物体内的酶、蛋白质、脂质体很容易变性失活，细胞膜也易受到破坏，这样会加速细胞的死亡。温度愈高，死亡率也愈高。在高温条件下，仍然有少数微生物能够生长，通常把能在45℃以上条件下进行代谢活动的微生物，称为嗜热微生物。和其他微生物相比，嗜热微生物的生长曲线独特，延滞期、对数期都非常短，进入稳定期后，迅速死亡。在高温条件下，嗜热微生物的新陈代谢活动加快，所产生的酶对蛋白质和糖类等物质的分解速度也比其他微生物快，因而使食品变质的时间缩短，比一般嗜温细菌快7～14倍。由于它们在食品中经过旺盛的生长繁殖后很容易死亡，所以在实际中，若不及时进行分离培养，就会失去检出的机会。

②气体：微生物生长与O_2有着十分密切的关系。在有氧的环境中，微生物进行有氧呼吸，生长、代谢速度快，食品变质速度也快；缺氧条件下，由厌氧微生物引起的食品变质速度较慢。O_2存在与否决定着兼性厌氧微生物是否生长和生长速度的快慢，兼

性厌氧微生物在有氧环境中引起的食品变质也要比在缺氧环境中快得多。在食品原料内部生长的微生物绝大部分是厌氧微生物,而在原料表面生长的则是好氧微生物。CO_2 对微生物的生长也有一定的影响,它可防止好氧细菌和霉菌所引起的食品变质,但乳酸菌和酵母等对 CO_2 有较大耐受力,实际应用中可通过控制它们的浓度来防止食品变质。

③湿度:空气中的湿度对于微生物生长和食品变质起着重要的作用,尤其是未经包装的食品,例如,把含水量少的脱水食品放在湿度大的地方,食品则易吸潮,表面水分迅速增加。长江流域梅雨季节,食物容易发霉,就是因为空气湿度太大(相对湿度70%以上)。

2. 微生物引起食品腐败变质的过程

(1) 肉类的微生物腐败变质过程　肉类的腐败是成熟过程的继续,动物经屠宰后,由于血液循环停止,细菌有可能繁殖和传播。因此,把肉类受外界因素作用产生大量人体所不需要或有害物质的过程,称为肉的腐败,包括蛋白质腐败、脂肪腐败和糖的发酵作用等。

由于在屠宰、加工、流通等过程中,受到外界微生物的污染,这些污染不仅逐渐改变肉的感官性质,如颜色、弹性、气味等,而且破坏肉的营养成分,严重时由微生物生命活动代谢产生的有毒物质可引起人们的食物中毒。屠宰后污染的微生物,随着血管、淋巴管侵入肌肉,随着时间的延长,微生物不断增长繁殖,特别是表面的微生物繁殖很快。因而,肉类的腐败常由外界环境中的好氧微生物首先污染肉的表面开始,然后又沿着结缔组织向深层扩散,特别是在邻近关节、骨骼、血管的地方,好氧微生物最易生长繁殖,最终导致肉类的腐败。但表面好氧微生物在动物被屠宰后10h内、温度逐渐下降到20℃左右时不会繁殖,一般在24h后繁殖很快。

在屠宰后2h内,肌肉组织是活的,组织中含有氧,这时,厌氧菌不能生长。但屠宰之后肌肉组织的呼吸活动很强,消耗组织中的 O_2,释放出 CO_2。随着 O_2 的耗尽,厌氧菌开始活动,厌氧菌繁殖的最适温度在20℃以上,在屠宰后2~6h内,如果肉温较高,就为厌氧菌生长和繁殖提供了条件。厌氧菌的繁殖不仅同宰后时间、肉温有关,而且也同畜禽宰前状态有关,如果畜禽宰前激烈活动、惊恐等,肌肉呈疲劳状态,含氧量少,厌氧菌有可能在宰后2~3h就快速繁殖。此外,厌氧菌的繁殖同肌肉的厚度有关,屠体肌肉越厚,厌氧菌越易繁殖。所以,屠宰后的肉必须快速冷却,但必须避开寒冷收缩区,以防由于冷却太快产生寒冷收缩而影响肉的质量。

刚屠宰不久的新鲜肉一般呈酸性,这种酸性环境有助于抑制腐败细菌的生长。即使有少量腐败细菌生长,腐败细菌分泌物中的蛋白分解酶在酸性介质中也不能起作用,腐败细菌在酸性介质中使得不到同化所需要的营养物质。然而,酵母和霉菌对酸性环境具有强耐受性,其生长过程中通过分解蛋白质产生氨类等碱性产物,使肉的pH提高,逐步为腐败细菌的繁殖提供了条件。这两类微生物的生长繁殖,分解肉中的蛋白质,产生氨类等产物,加速了肉的腐败。霉菌虽然不直接引起肉的腐败,但能引起肉的色泽、气味发生严重的恶化,使肉失去食用价值,同时为腐败细菌生长繁殖提供条件。因此,

pH 高达 6.8～6.9 的病畜肉和宰前十分疲劳的畜肉最容易腐败。

肉类及肉制品的腐败还受空气中的氧、光线、温度、金属离子等影响，这些因素共同作用，加速肉品的腐败。肉类腐败后，除理化成分发生改变外，其外观特征也会发生明显变化，如出现色泽、气味的恶化和表面发黏等现象。气味是鉴别肉的腐败程度很灵敏的感官指标，气味的恶化主要是肉中蛋白质和脂肪分解产生腐败物质的结果。随着肉的腐败加剧，腐败气味会更加严重。

（2）乳及乳制品的微生物腐败变质过程　牛乳刚从健康的乳牛乳房挤出时，其中微生物数量较少。但是，挤乳操作、接触盛乳容器和贮藏运输环境条件以及牛体患有乳房疾病等各种因素，均能导致大量微生物的污染甚至产生病原菌从而降低原料乳的贮藏性能，影响加工处理的效果和最终成品的质量，而且可能危及人类健康。

在通常情况下，新鲜牛乳中的微生物污染可分为内源性与外源性两类。内源性污染源于乳牛机体内部，当乳腺患病或感染时，布鲁氏杆菌（*Brucella*）、结核分枝杆菌（*Mycobacterium tuberculosis*）等病原菌会随乳汁排出造成污染；外源性污染则来自乳牛体表、挤乳器具、空气、运输设备及操作人员等外部环境。生鲜乳初始微生物数量受多重因素影响，包括乳牛机体清洁度、挤乳设备卫生状况、操作规范程度、饲料质量、季节变化及乳牛健康状况等。其中，健康乳牛乳汁中的优势菌群通常为乳头部位附着的耐热微球菌和链球菌，这类菌群不具备低温增殖特性；而患病乳牛乳汁可能携带特定病原菌。微生物的种类与数量受季节温度波动、牛体生理状态、饲养管理水平和挤乳卫生条件等因素共同调控，这些变量最终决定了原料乳的微生物组成特征。

刚挤出的鲜乳中含细菌量较多，随着牛乳的不断被挤出，乳中细菌含量逐渐减少。挤出的牛乳在进入奶罐车或储奶缸时经过了多次的转运，其间又会因接触相关设备、人员手部暴露在空气而多次污染，并且在此过程中若没有及时冷却还会导致细菌大量增殖。鲜乳中细菌数量为 10^4～10^5 个 /mL，运到工厂时可升到 10^5～10^6 个 /mL。在不同条件下牛乳中微生物的变化规律是不同的，主要取决于其中含有的微生物种类和牛乳固有的性质。

（3）禽蛋的微生物腐败变质过程　在蛋的形成过程中，也可能污染微生物。健康母鸡产的蛋内容物里没有微生物，但生病母鸡在蛋的形成过程中就可能污染微生物。其污染渠道，一方面是由于饲料中含有沙门氏菌，其通过消化道进入血液并传播到卵巢，给蛋带来潜在的染菌风险；另一方面是通过卵巢和输卵管进入，使鸡蛋有可能污染各种病原菌。禽蛋含有丰富的有机物质、无机物质和维生素，当微生物侵入蛋内后，在适当的环境条件下迅速生长和繁殖，禽蛋中复杂的有机物被分解为简单的有机物和无机物，导致禽蛋腐败变质。

禽蛋的腐败变质大致可分为细菌性腐败变质和霉菌性腐败变质两类。细菌性腐败变质是指以细菌为主的微生物繁殖引起的腐败变质。由于细菌种类不同，蛋的变质情况也非常复杂。细菌侵入蛋清后，会使蛋清液化而产生不正常的色泽，一般多为灰绿色，并产生具有强烈的刺激性和臭味的硫化氢，这主要是由产生硫化氢的细菌所致。荧光假单胞菌会使腐败蛋产生类似人粪气味的红色物质；绿脓杆菌污染使蛋清呈现绿色，其他如大肠杆菌、副大肠杆菌、产气杆菌、产碱杆菌、葡萄球菌、链球菌等，均能使蛋腐败产生各式各样的腐败物质。

霉菌性的腐败变质是指以霉菌为主的微生物引起的腐败变质。腐败变质蛋中常出现褐色或其他色的丝状物，这主要是由腊叶芽孢霉菌和褐霉菌所引起的。其他如青霉菌、曲霉菌和白霉菌，均能导致禽蛋发生各种不同的腐败变质。霉菌最初主要生长在蛋壳表面，通常肉眼可以看到，菌丝由气孔侵入蛋内并存在于内蛋壳膜上，在靠近气室处迅速繁殖形成稠密分枝的菌丝体，然后破坏蛋白膜而进入蛋内形成小霉斑点，霉菌菌落扩大而连成片，最终导致整个蛋腐败变质。禽蛋受霉菌侵害的腐败变质，具有特有的霉味以及酸败气味。

（4）水产品的微生物腐败变质过程　水产品由于水分多、营养丰富，为微生物的繁殖提供了良好的环境。微生物对水产品品质的影响，与其种类、成分及贮藏环境有关。水产品捕捞致死后，由于体内各种酶及外部细菌的作用，会发生一系列的物理、化学及生理上的变化，整个过程可以分为4个阶段：僵直、解僵、自溶、腐败。在这个过程中，水产品的组织逐渐分解成为低级的化合物，腐败由此开始。自溶后期，鱼体内部和表面的微生物迅速

拓展阅读：水产品鲜度评价方法及影响因素

繁殖，肌肉中的蛋白质、氨基酸等含氮化合物进一步分解成氨、三甲胺、硫化氢、硫醇、吲哚、尸胺及组胺等化合物，鱼体腐败变质，并产生异味。进入腐败阶段时间的长短主要取决于水产品种类、体型大小、捕捞季节、贮藏温度和最初染菌程度。因此，水产品保鲜所采取的根本措施在于抑制水产品微生物的生长繁殖和酶的活性。

引起水产品腐败变质的微生物种类很多，主要有细菌、酵母和霉菌三大类，以细菌引起的最为显著。一般将引起食品腐败的微生物称作腐败微生物。健康新鲜的鱼贝类肌肉及血液等是无菌的，但鱼皮、黏液、鳃部及消化器官等是带菌的。海水鱼中常见的腐败微生物有假单胞菌、无色杆菌、摩氏杆菌、黄色杆菌、小球菌、棒状杆菌及葡萄球菌等。海水鱼中的腐败微生物种类随渔获海域、渔期及渔获后处理方法的不同而不同；虾等甲壳类中的腐败微生物主要有假单胞菌、不动细菌、摩氏杆菌、黄色杆菌及小球菌等；而牡蛎、蛤、乌贼及扇贝等软体动物中常见的腐败微生物包括假单胞菌、无色杆菌、不动细菌、摩氏杆菌等；淡水鱼中带有的腐败微生物除海水中常见的那些细菌以外，还有产碱杆菌属、产气单胞杆菌属、短杆菌属等细菌。污染鱼贝类的腐败微生物首先在鱼贝类体表及消化道等处生长繁殖，使其体表黏液及眼球变得混浊，失去光泽，鳃部颜色变灰暗，表皮组织也因细菌的分解而变得疏松，鱼鳞脱落。同时，消化道组织溃烂，细菌扩散进入体腔壁，并通过毛细血管进入肌肉组织内部，使整个鱼体组织分解，产生氨、硫化氢、吲哚、粪臭素、硫醇等腐败特征物质。一般当细菌总数达到或超过10^6个/g时，从感官上即可判断鱼体已进入腐败期。

二、蛋白质分解

1. 蛋白质分解的途径

蛋白质变性是肉类、乳类、蛋类、水产类等富含蛋白质的食品在贮藏或加工过程中发生的一种变质现象。食品中的蛋白质以多种氨基酸为基本单位，通过主键（肽键）和副键（二硫键、离子键、酯键、氢键等）相互连接形成各种螺旋卷曲或折叠的四级立体构型。在贮藏或加工过程中，蛋白质的水解和变性对食品质量有很大影响。蛋白质的二级、三级、四级结构的变化导致蛋白质变性，若仅三级和四级结构发生变化，可以通过复性恢复功能，而二级结构改变，通常伴随共价键断裂或不可逆聚集，使蛋白质发生不可逆变性。蛋白质分解变性主要包括由微生物引起的、由食品中内源性蛋白酶引起的以及在贮运保鲜过程中的氧化而引起的。但是在肉制品、乳制品、蛋制品以及水产品中具体的蛋白质分解变性机制还需进行具体分析，同时蛋白质的不同变性机制对食品腐败变质的影响也需进一步探讨。

（1）微生物分解蛋白质　微生物分解蛋白质，主要通过微生物生长代谢过程中产生的蛋白酶（胞外蛋白酶、胞内蛋白酶），将蛋白质分解为多肽，在氨肽酶等作用下，进一步分解为小肽和氨基酸。这些小分子物质能够继续发生脱羧、脱氨及转胺等降解作用。但是，不同的微生物由于其产蛋白酶的能力不同，在分解蛋白质过程中也有不同的影响。蛋白质在梭状芽孢杆菌、变形杆菌、假单胞菌属等产生的蛋白酶和肽链内切酶的作用下，首先分解为肽，并经断链形成氨基酸，氨基酸以及其他低分子含氮物质在相应酶的作用下进一步发生分解而使动物性食品出现腐败特征。蛋白质水解产生的各种氨基酸经脱氨基、脱羟基、水解、氧化还原作用，生成肽、有机酸、吲哚、氨、硫化氢、二氧化碳、氢气、甲烷等分解产物。这些产物会产生各种强烈臭味，并且其中的一些胺类物质是有毒物质，这一系列反应最终导致不同程度的食品腐败变质。

一般能够分泌胞外蛋白酶的细菌对蛋白质的分解能力特别强，而不分泌胞外蛋白酶的细菌对蛋白质分解能力较为微弱。蛋白质分解能力强的有芽孢杆菌属、假单胞菌属、变形杆菌属、梭状芽孢杆菌属等；分解能力较弱的有小球菌属、葡萄球菌属、八叠球菌属、无色杆菌属、产碱杆菌属、黄杆菌属、赛氏杆菌属、肠细菌属、埃希氏杆菌属等。许多霉菌都具有分解蛋白质的能力，且其比细菌分解蛋白质的能力更强，其中包括青霉属、曲霉属、根霉属、毛霉属、木霉属等。多数酵母对蛋白质分解能力极为微弱，如红棕色拿逊氏酵母、白拟内孢霉、越南酵母、活跃酵母、巴氏酵母、啤酒酵母等。

表面发黏是微生物腐败的主要标志。当肉表面细菌数达到5000万个/cm^2时，就开始出现黏液，并伴有不良的气味。肉类表面发黏的程度与肉品最初细菌污染数、环境温湿度等有关。肉表面黏液中的细菌多数为革兰阴性嗜氧性假单胞菌属（*Pseudomonas*）和海水无色杆菌属（*Achromobacter*）。这些细菌不产生色素，但能分泌细胞外蛋白水解酶，能迅速将蛋白质水解成水溶性的肽类和氨基酸。

肌肉组织的腐败，是蛋白质被微生物分解的结果。天然蛋白质通常不能被微生物所同化，因为天然的蛋白质是高分子的胶体粒子，它不能通过细胞膜而扩散，因而大多数微生物都是在蛋白质分解产物上获得营养物质从而生长繁殖。所以，肉的成熟或自溶为微生物的生长提供了条件。对鱼类而言，一般不希望其经历成熟的自溶过程，而是尽可能保持僵硬阶段，就是这个原因。

微生物引起的蛋白质腐败过程是复杂的生物化学反应过程，所进行的变化与微生物的种类、外界条件、蛋白质的结构等因素有关。微生物引起的蛋白质腐败过程如图3-2所示。

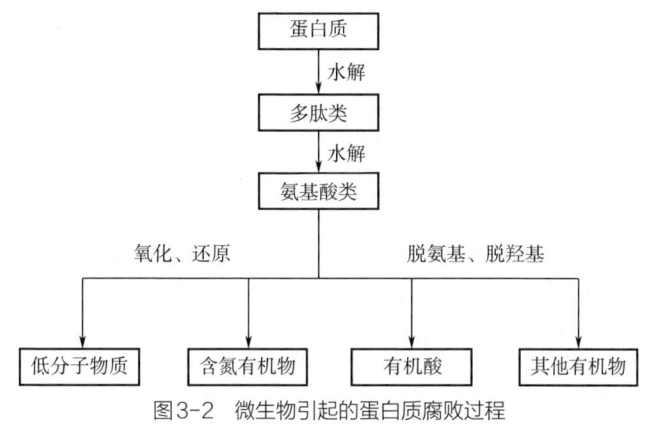

图3-2 微生物引起的蛋白质腐败过程

由此可见，微生物对蛋白质的分解是先形成蛋白质的水解初级产物——多肽，再水解成氨基酸。氨基酸在微生物分泌的酶的作用下，发生复杂的生物化学变化，产生多种物质，如有机酸、有机碱、醇以及其他各种有机物等，最终产物为 CO_2、H_2O、NH_3、H_2S、P等。在分解的初期，蛋白质分解成多肽，能与水形成黏液，附在肉的表面，煮制时能转入肉汤中，使肉汤变得黏滞混浊，利用这点可以鉴别肉的新鲜程度。

肉中蛋白质分解产生的组氨酸、酪氨酸、色氨酸等氨基酸，经过脱羧基作用，生成大量的脂肪族、芳香族、杂环族等有机挥发碱，如组胺、酪胺、色胺等，使肉呈碱性。肉中蛋白质分解产生的某些氨基酸，经脱氨基和发酵作用生成有机酸，再在酶和好氧微生物作用下，经还原脱氨基产生氨和挥发性脂肪酸。

肉中的蛋白质分解产生的部分氨基酸，例如，酪氨酸、苯丙氨酸、色氨酸等有环状结构的氨基酸，在分解时侧链断裂生成吲哚、甲基吲哚、粪臭素等有毒物质。这些物质都是严重腐败的后期产物，有非常难闻的臭味，是腐败肉类发出的腐烂气味的主要成分。肉类腐败时还产生挥发性盐基氮，随着腐败的发展，挥发性盐基氮量呈现有规律的增加。所以，挥发性盐基氮是肉品卫生鲜度的分级标准，当其≤15mg/100g时，为一级鲜度；≤25mg/100g时，为二级鲜度。肉类腐败时，产生的可溶性氮、挥发酸、挥发性盐基氮和pH的变化均有一定的规律。

（2）内源性蛋白酶分解蛋白质　内源性肌肉蛋白酶，主要包括钙蛋白酶、组织蛋白酶、二肽基肽酶和氨基肽酶等，这些酶根据其对蛋白质和多肽的切割位点可以分为内肽酶和外肽酶。内肽酶主要是钙蛋白酶和组织蛋白酶，它们有很大的能力分解大部分蛋白质结构，产生大的多肽，大的多肽被外肽酶进一步降解为小肽和游离氨基酸，这些小肽和游离氨基酸是动物性食品口感的关键组成部分。但是当内源性蛋白酶水解蛋白质过度时，会积累大量苦味肽和氨基酸，产生强烈的苦味及增加食品的黏附性和糊状质地，从而影响食品的品质。

蛋在贮藏过程中发生的卵清蛋白变性主要表现为浓厚蛋清变稀，稀薄蛋清比例增加，同时蛋清的发泡性增强。鲜蛋的浓厚蛋清由液态和凝胶态两部分组成。贮藏过程中，凝胶态蛋清中高度糖基化的卵黏蛋白发生酶促水解，破坏蛋白网络结构，其水解产物 N-乙酰氨基葡萄糖、己糖等可溶性组分与不可溶性蛋白聚集体的比例随之改变，导致浓厚蛋清液化，引发鲜蛋品质劣变。根据鲜蛋的结构、成分和理化特性，通过封闭蛋壳气孔（防止微生物侵入）、低温贮藏（抑制酶活性）、控制适宜湿度及保持清洁环境等措施，可有效延缓变质，这是鲜蛋贮藏的根本原则和基本要求。

（3）蛋白质氧化变性　蛋白质的共价修饰是通过化学基团的引入或去除从而使蛋白质共价结构发生改变的现象。蛋白质氧化是蛋白质共价修饰的一种模式，由反应物直接诱导产生或由氧化应激的次级副产物间接诱导产生。这些共价修饰不仅对肉品的感官、营养特性至关重要，而且对肉品的生产、加工以及对人体健康和安全产生影响。蛋白质氧化为在活性氧（ROS）诱导下的蛋白质共价修饰反应，通过自由基的连锁反应发生，如同肉中脂质的氧化过程一样。蛋白质氧化始于ROS从蛋白质夺取氢原子形成蛋白质碳中心自由基的引发过程，然后在氧气存在的情况下形成过氧烷基自由基，其后通过从另一个蛋白质分子中夺取氢原子，在氧存在的情况下转化为氧化烷基，随后转化为烷氧基自由基，最后再与ROS反应生成烷氧基及其羟基衍生物。此外，蛋白质氧化的另一种方式是通过蛋白质与脂质之间的相互作用而发生，脂质氧化形成的自由基反应链被蛋白质分子中的氢原子吸收，形成蛋白质自由基，这些自由基被转化为烷基过氧化物，进而产生烷氧基和羟基衍生物，例如，脂质氢过氧化物中氨基酸残基的氮或硫中心与蛋白质进行的氧化反应生成烷氧基及其衍生物。蛋白质氧化会导致肉类蛋白质产生多种物理化学变化和营养价值变化，包括氨基酸蛋白质的生物利用度下降、氨基酸组成变化、蛋白质溶解度下降、蛋白水解酶活性降低、蛋白质消化率降低等。

2. 蛋白质分解的影响因素

食品在不同的贮藏环境中（如水分、温度、氧气含量等）蛋白质发生变性的程度不同。

（1）水分　水能使蛋白质膨胀，暴露更多可能被氧化的基团，氧就容易转移到反应位置。水分活度增大，加速蛋白质氧化，破坏保持蛋白质高级结构的次级键，导致蛋白质变性。此外，在低水分活度下，微生物的生长状态受到抑制，且内源性蛋白酶活性降低，蛋白质变性程度可以得到明显缓解。

（2）温度　随着温度的变化，蛋白质的性质也随之变化。一般说来，在低温时蛋白质的活性较弱，并且温度越低、活性越弱，但在低温时蛋白质一般不发生变性作用；在较高的温度时，蛋白质的活性增强，并且在一定温度范围内，温度越高、活性越强，在加热（或高温）时，发生变性作用，蛋白质失活。此外，在一定温度范围内，随着温度的升高，氧化反应更加剧烈，内源性蛋白酶活性增强，酶的反应速度加快，微生物生长速度加快。一般来说，每一种微生物都有各自不同的最适、最低、最高生长温度即三基点温度，即微生物生长速度最快并最适合生长的温度、微生物不能再生长的最低温度界点以及不能再生长的最高温度界点。温度对微生物的生长繁殖影响很大。微生物对低温的抵抗能力较高温抵抗能力强。大部分微生物在低温条件下处于休眠状态，代谢活动几乎全部停止，生长繁殖受到抑制，但仍能存活，一旦遇到合适的环境就可以生长繁殖。但有少数微生物在低于最低温度生长时会迅速死亡。另有少数微生物能在一定的低温范围内缓慢生长。当环境温度超过微生物的最高生长温度时，会引起细菌内核酸、蛋白质等物质的变性和酶的失活，最终导致微生物死亡，温度越高，微生物死亡越快。因此，可通过控制温度来控制蛋白质的性质。

（3）氧气含量 环境中食品能够直接接触到的氧气含量，直接决定了食品在保鲜过程中发生蛋白质氧化的程度。氧气含量对微生物的生长代谢过程也有较大的影响。各种菌对氧的要求是不同的，根据它们对氧的要求或所能耐受的量可将细菌分为四个类型：专性好氧菌必须在有氧的情况下生存，例如，枯草芽孢杆菌；专性厌氧菌则要求在完全无氧的条件下生长繁殖，分子氧对它们有害，例如，破伤风梭菌、丙酮丁醇梭菌等；兼性厌氧菌无论在有氧或无氧的情况下均能生长，一般在有氧情况下生长快，例如，酵母、肠道杆菌等；微好氧菌适宜在氧浓度较低的环境中生长，如霍乱弧菌。这意味环境中氧气含量能够直接影响食品中微生物的生长代谢活性，从而进一步影响食品中蛋白质的分解变性等。但是，氧对酶活性没有太大的影响。

肉的颜色常常是评定肉的质量变化的标志之一。肌肉中颜色的变化主要是肌肉中肌红蛋白受空气中的氧作用的结果，生成不同浓度的氧化肌红蛋白而呈现不同的颜色。当氧化肌红蛋白的生成率达50%～70%时，肉就从鲜红色→暗红色→褐色。此外，微生物的繁殖也可能改变肉的颜色，某些微生物生长时会产生硫化氢（H_2S），H_2S与肌红蛋白结合会生成硫化肌红蛋白，使肉呈绿色。

三、脂质氧化

1. 脂质氧化的途径

脂质是生物体内一大类不溶于水而溶于大部分有机溶剂的物质，是食品中重要的营养成分。脂质中还包括少量的非酰基甘油化合物，如磷脂、甾醇、糖脂、类胡萝卜素等。脂质氧化是食品变质的主要原因之一，它能导致油脂及油基食品产生各种不良风味和气味，一般称为酸败。酸败会降低食品的营养价值，有些氧化产物还具有毒性。食品中脂类物质的氧化情况十分复杂，主要可分为酶促氧化和非酶氧化（包括自动氧化和光氧化）两种方式。酶促氧化是指由酶引起的脂质氧化，而非酶氧化主要是在光和金属离子作用下发生的氧化。在动物性食品中常常是多种氧化反应同时发生并相互影响，其中主要的反应机制是自动氧化。

（1）自动氧化　脂质自动氧化是不饱和脂肪酸在诱变剂的作用下和氧发生的自由基链式反应，包括链启动、链延伸和链终止3个阶段。①链启动阶段：脂类（RH）在肌肉中由呼吸代谢作用产生的活性氧和自由基等诱发剂的作用下，脱去氢离子（H^+）生成烷基自由基（R·）。②链延伸阶段：R·与三线态氧（$^3O_2$）反应形成过氧化脂质自由基（ROO·），ROO·十分活泼，能与附近的脂肪酸发生反应并夺取其一个H^+，生成新的R·和初级氧化产物氢过氧化物（ROOH），从而形成自由基链式反应。其中，ROOH不稳定，易裂解形成多种小分子物质。③链终止阶段：当前两个阶段中形成的各种自由基相互间发生反应，生成非自由基化合物时链式反应终止。

$$\text{链的启动：} RH+O_2 \longrightarrow R·+·OOH \tag{1}$$

$$\text{链的延伸：} R·+^3O_2 \longrightarrow ROO· \tag{2}$$

$$ROO·+RH \longrightarrow R·+ROOH \tag{3}$$

$$ROOH \longrightarrow RO·+·OH \tag{4}$$

$$\text{链的终止：} R·+R· \longrightarrow R—R \tag{5}$$

$$R·+ROO· \longrightarrow ROOR \tag{6}$$

$$ROO·+ROO· \longrightarrow ROOR+O_2 \tag{7}$$

（2）光氧化　光会引起脂质的自动氧化，而少量光敏剂的存在可以加速这一过程。光敏剂是指那些容易接受光能的物质，食品中具有大共轭体系的物质，如叶绿素、核黄素、血红蛋白等天然色素都可以起光敏剂的作用。研究发现光敏氧化存在两种形式：①光敏剂被光激发后直接与底物反应生成相应的自由基，随后引发自动氧化反应；②光敏剂被光激发后与氧作用，将氧从三线态$^3O_2$（基态）激发到单线态$^1O_2$（激发态），$^1O_2$通过"环加成"机制与不饱和油脂的双键直接反应。由于单线态氧的活性较高，光敏氧化比自动氧化的速度要快1500倍以上，且对单烯类和多烯类等不同底物没有突出的选择差异性。

光敏氧化和自动氧化虽然有一些相似之处，但也有一些重要的区别：

①光敏氧化是亲电的单线态氧和富电子双键之间的烯烃反应，而自动氧化是自由基的链式反应；

②与自动氧化相比，光敏氧化无诱导期；

③与自动氧化相比，光敏氧化不受抗氧化剂的影响，但受单线态氧淬灭剂（如胡萝卜素）的抑制；

④光敏氧化中烯烃碳原子发生反应时伴有双键的迁移和立体构型的转变（由顺式到反式）；

⑤光敏氧化与自动氧化反应的氢过氧化物相似却不同，具有自身独特的味道和气味；

⑥光敏氧化的反应速度远快于自动氧化反应，特别是对于单烯酯。光敏氧化速率与烯键的数量有关，但与1,4-戊二烯单元的数量无关；

⑦一旦形成氢过氧化物，可以促进自动氧化反应。

（3）酶促氧化 脂氧合酶是一类广泛存在于动物体内的非血红素铁蛋白，可将部分不饱和脂肪酸催化氧化为单氢过氧化物，其产物与经自动氧化所得产物具有相同的结构。这种脂肪在酶参与下发生的氧化反应，又被称为酶促氧化。

脂氧合酶发生的酶促氧化符合所有酶催化反应的特点：反应底物的特异性、温和的反应条件（pH和温度）和高反应速率。脂氧合酶只氧化含有1-顺式-4-顺式戊二烯结构的脂肪酸，因此亚油酸和亚麻酸是植物脂氧合酶的首选底物，花生四烯酸是动物脂氧合酶的首选底物，而油酸不被氧化。

脂氧合酶是一种金属结合蛋白，其活性中心有一个Fe^{2+}，当其被激活后，Fe^{2+}被氧化为Fe^{3+}。脂氧合酶在催化氧化时，底物的1,4-戊二烯体系中的亚甲基首先脱氢生成戊二烯亚甲基自由基中间体；然后，戊二烯自由基发生重排，生成稳定的共轭二烯自由基结构（C-9和C-13），并与反应生成相应的过氧化自由基。最后，酶氧化生成的过氧化自由基，与质子结合后生成相应的氢过氧化物。

与自动氧化和光敏氧化不同，酶促氧化具有立体选择性，其产物为旋光化合物，但常成对出现为外消旋体，不同的酶又对底物具有不同的选择性。脂氧合酶具有三种不同形态：无色酶、黄色酶和紫色酶，可同时发生有氧和无氧两种条件下的反应。有氧时，其反应机制与自动氧化类似，为自由基反应；无氧时，酶促反应的产物非常复杂，可生成戊烷、二聚体等多种产物。

2. 脂质氧化的影响因素

（1）脂肪酸种类 构成油脂的脂肪酸种类不同，则氧化速率不同。油脂的氧化通常发生在不饱和键（烯键）上，不饱和键越多，越易发生氧化反应；顺式双键比反式双键氧化速度快；共轭双键反应速度快。此外，游离脂肪酸更容易被氧化。

（2）温度 脂质自动氧化的速度随温度升高而加快，在常温时，温度每升高10℃，氧化速度增加2.5~3倍。因为温度升高会加速碳链上的衍生反应，促进自由基的生成，并加速过氧化物的分解。因此，含脂肪的动物性食品应尽可能保持较低的贮藏温度。

（3）光照和放射线辐照 光照会促进脂肪的氧化，导致动物性食品产生哈喇味，甚至变质。脂肪是食品中对放射线辐照敏感的成分之一，放射线的能量可使脂肪中活性亚甲基脱氢，引发一连串的氧化连锁反应，产生自由基，促进脂肪的酸败变质。因此，用高能量放射线辐照脂肪含量高的食品，会引起酸败和过氧化物积累。

（4）氧气 脂肪自动氧化的速度随大气中氧气的增加而增加，但氧气含量达到一定数值后，自动氧化速度基本保持不变。实际上，含脂肪的动物性食品和空气相接触的表面积对氧化速度的影响更大，比表面积大的食品，氧化速度快。为阻止含脂肪的动物性食品的氧化变质，有效的办法是改进食品的包装技术，实际生产中常用的有真空包装、气调包装或者在包装中用小包除氧剂除去游离氧。

（5）水分　水分含量和水分活度对脂肪的自动氧化速度有显著影响。在水分活度很低（$A_W<0.1$）的干燥食品中，脂类氧化反应很迅速；随着水分活度的增加，氧化速率降低，当水分含量增加到相当于水分活度0.3时，可阻止脂类氧化，使氧化速率变得最小；随着水分活度的继续增加（$A_W=0.3\sim0.7$），氧化速率又加快进行；水分活度（如$A_W>0.8$）过高时，由于催化剂、反应物被稀释，脂肪的氧化反应速度降低。

（6）金属离子　金属离子，特别是重金属离子，在动物性食品中即使含量极微，对脂肪自动氧化也具有强力的催化作用。这是因为金属离子能缩短脂肪氧化诱导期和提高反应速度，尤以铜、铁、锰等高价离子的作用最大，不同形式的铁离子（如硫酸亚铁、富马酸亚铁和甘氨酸铁）都能够促进脂肪的氧化。在动物性食品中，金属离子含量往往都超过催化所需要的临界量，因此，近年来，许多国家在动物性食品贮运方面，逐渐采用不锈钢代替一般铜铁部件。

（7）生物体内的金属化合物　动物体内的细胞色素、血红蛋白、肌红蛋白中都含有亚铁血红素等化合物，这也是非常强的促进氧化的物质，因此它对肉类、水产品等的保藏性有重要影响。

（8）脂氧合酶　脂氧合酶广泛存在于动物性食品中。在动物性食品中，脂氧合酶能够破坏亚油酸、亚麻酸和花生四烯酸等必需脂肪酸，使之生成氢过氧化物。另外，氧化过程中所产生的自由基将损伤维生素和蛋白质等其他成分。由于脂氧合酶在低温下仍然有活力，因此动物性食品在贮运过程中应控制其酶活力，否则在保存过程中会造成动物性食品的严重劣变。

3. 动物性食品的脂质氧化腐败

（1）畜禽肉类　畜禽宰杀后，肉的成熟主要依赖糖酵解作用，肉腐败变质时的变化主要是蛋白质和脂肪的分解。肉在自溶酶作用下的蛋白质分解过程称为肉的自溶，由微生物作用引起的蛋白质分解过程称为肉的腐败，肉中脂肪的分解过程称为酸败。屠宰后的肉在贮藏中，脂肪易发生氧化，首先为脂肪组织本身所含酶类的作用，其次是细菌导致的酸败，此外，空气中的氧也会引起脂肪氧化。脂肪腐败变化分两个过程（图3-3）：一是脂肪氧化，脂肪氧化形成过氧化物、醛、酮等酸败产物，使脂肪呈现涩味，俗称"哈喇味"；二是脂肪水解，脂肪水解形成甘油和脂肪酸等，游离脂肪酸蓄积时酸值增高。

能产生脂肪酶的细菌可使脂肪分解为脂肪酸和甘油，一般来说，有强力分解蛋白质能力的需氧细菌大多都能分解脂肪。分解能力最强的细菌是荧光假单胞菌，其他如黄杆菌属、无色杆菌属、产碱杆菌属、赛氏杆菌属、小球菌属、葡萄球菌属、芽孢杆菌属等次之。能分解脂肪的霉菌种类很多，常见的有黄曲霉、黑曲霉、灰绿青霉等。

①脂肪的氧化：畜禽肉中脂肪含有20多种脂肪酸，最主要的有4种，即棕榈酸和硬脂酸两种饱和脂肪酸及油酸和亚油酸两种不饱和脂肪酸。动物脂肪中有较高比例的油酸和亚油酸，如猪脂肪中含有48.1%油酸和7.8%亚油酸，鸡脂肪中含34.2%油酸和17.1%

亚油酸,这些不饱和脂肪酸在光、热、催化剂作用下,被氧化成过氧化物。这些过氧化物很不稳定,它们会进一步分解成具有刺鼻的不良异味的低级脂肪酸、醛、酮等,如庚醛和十一烷酮。

畜禽肉中的脂肪氧化酸败主要有两种途径:一是由于微生物分泌的脂肪酶分解肉中的类脂和脂蛋白,促使卵磷脂发生酶解,生成游离脂肪酸、甘油、磷酸及胆碱。胆碱在微生物作用下进一步降解为三甲胺、二甲胺、甲胺和神经碱等物质。其中,三甲胺经氧化后生成具有鱼腥味的三甲胺氧化物,导致肉质劣变。二是在氧气、水分或光照条件下,脂肪(尤其是不饱和脂肪酸)发生水解和自氧化反应,生成醛、酮等小分子挥发性物质,产生哈喇味等异味。这两种过程可能同时进行,也可能因脂肪组成或贮藏条件的差异而以某一种途径为主导。

②脂肪的水解:脂肪水解就是在水、高温、脂肪酶、酸或碱作用下脂肪发生水解反应,生成3分子脂肪酸和1分子甘油。脂肪酸的产生使油脂的酸度和熔点增高,产生不良气味使之不能食用。由于脂肪水解产生甘油,甘油溶于水,导致油脂质量减轻。游离脂肪酸的形成使脂肪酸值提高,脂肪酸值可作为水解度的指标,在贮藏条件下,可作为酸败的指标。脂肪中游离脂肪酸含量的多少影响脂肪酸败的速度,含量多则加速酸败。脂肪分解的速度与水分、微生物污染程度有关。水分多,微生物污染严重,特别是霉菌和分枝杆菌繁殖时,会产生大量的解脂酶,在较高的温度下会加速脂肪水解。通常脂肪水解产生低分子有机酸和醛类,如甲酸、醋酸、醛酸、辛酸、壬酸、壬二酸等,并有不良的气味。

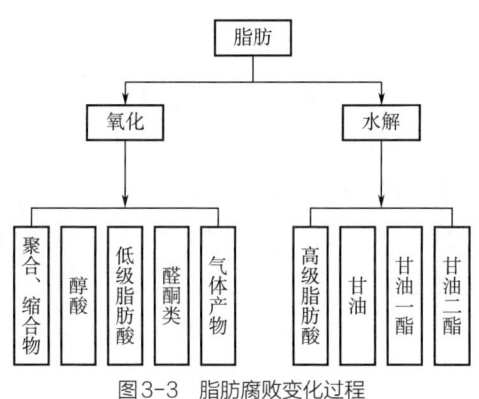

图3-3 脂肪腐败变化过程

(2)乳类 牛乳成分十分复杂,至少有上百种化学成分,牛乳中的脂肪是乳中主要的能量物质和重要营养成分,是迄今为止已知的组成和结构最复杂的脂质,其主要成分是多种饱和脂肪酸和不饱和脂肪酸。牛乳中几乎所有的脂肪都以脂肪球的形式存在于乳中。

乳品中脂肪的腐败变质主要是由微生物引起的,牛乳被微生物污染后如不及时处理,乳中的微生物会大量繁殖,分解糖、蛋白质和脂肪等物质,产生酸性物质、色素、气体等小分子产物及毒素,从而导致乳制品出现酸凝固、色泽异常、风味异常等腐败变质现象，降低乳制品的品质与卫生状况，甚至使其失去食用价值。微生物的来源主要为外界环境和乳房，其中，环境中的微生物污染既可发生在挤奶过程中也可发生在挤奶后。因此，在乳制品工艺生产中要严格控制微生物的污染和繁殖。

（3）蛋类　禽蛋含有丰富的脂肪，脂肪中含有大量的磷脂和胆固醇，其中磷脂含量较高。蛋中脂肪的含量为12%左右，这些脂肪几乎都在蛋黄里，约占蛋黄的30%，其中20%为真脂类，10%为磷脂类。禽蛋的脂质氧化主要由能够分解脂肪的微生物（如荧光假单胞菌、产碱杆菌、沙门氏菌属）作用下，使蛋内的营养成分被分解而引起禽蛋品质下降。当微生物侵入蛋内，脂肪主要经过水解和氧化，产生相应分解产物。蛋黄中还含有丰富的磷脂，主要为卵磷脂、脑磷脂和神经磷脂，它们可以被细菌分解成含氮的碱性有机物，主要为胆碱，胆碱可被细菌进一步作用生成二甲胺（DMA）、乙醛等小分子物质。

（4）水产类　鱼贝类在贮藏过程中发生的脂肪劣化有氧化和水解两种，这些反应变化包括两方面的因素：一种是纯粹的化学反应；另一种是酶的作用。在-14～-10℃温度条件下可以抑制水解反应，但某些水解酶在低温下仍然有一定的活性，依然可以引起脂质的水解和品质劣化。

①脂肪的氧化：海产品的脂肪比淡水产品和陆生动物的脂肪不饱和度更高，特别容易氧化。脂质氧化后，鱼贝类会产生不愉快的刺激性臭味、涩味和酸味等。多脂鱼类在长期贮藏时，随着脂质的氧化，内部也强烈褐变，引起油烧。

一般来说，食品中脂质的氧化速度在水分极度缺少的条件下最快，真空冻结干燥的水产品由于水分含量少，而且肉质呈多孔质，表面积很大，所以脂质的氧化特别快。干制品越是干燥，脂质越易氧化。盐渍品中的食盐也能促进脂质氧化，因此更加容易油烧。虽然干制品的水分活度较低，磷脂酶及脂肪氧化酶的活性受到抑制，但是由于缺乏水分的保护作用，极易发生脂质的自动氧化作用，导致变质。脂质的氧化不仅会影响干制品的色泽、风味，而且还会促进蛋白质的变性。

②脂肪的水解：鱼贝类的肌肉和内脏器官中含有脂肪水解酶和磷脂水解酶，在贮藏过程中这些酶会引起脂质的水解。在低脂鱼中主要发生以磷脂为主的水解，而多脂鱼多发生以甘油三酯为主的水解。脂质水解后造成鱼贝类品质降低，水解产生的不稳定游离脂肪酸能够促进蛋白质的变性。鱼类的脂肪酸多为不饱和脂肪酸，多脂鱼如鲱、鲭等含不饱和脂肪酸更多，因此很容易氧化。氧化反应使脂肪酸中的双键打开生成醛、酮等物质，这些第二级氧化产物与鱼体的蛋白质等成分发生反应，使弹性降低，进一步作用还会使其褐变（包括胶化、聚合等），产生有毒物质，使水产品的色香味及营养劣化。即使低温贮藏，酶的活力仍然很强，脂肪分解酶在-20℃下仍能引起脂肪分解。另外，鱼贝类的干制品和盐渍品在贮藏过程中，脂肪的劣化随贮藏时间的增加而加重，游离脂肪酸和过氧化值上升，甘油三酯和磷脂含量下降。

本章线上学习资源可扫描以下二维码获取。

动物性食品腐败变质——脂肪氧化

动物性食品腐败变质——微生物

水产品自溶与鲜度变化

肉的成熟

畜禽宰后品质劣变

动物性食品腐败变质——蛋白质分解

思考题

1. 请说明肌肉收缩和死后僵直之间的差异。
2. 简述成熟对肉品品质的影响。
3. 简述水产品自溶的概念及发生自溶的机制。
4. 微生物引起动物性食品腐败变质的条件有哪些?
5. 简述微生物引起动物性食品腐败变质的机制。
6. 简述动物性食品腐败变质过程中蛋白质的分解和氧化途径。
7. 简述动物性食品腐败变质过程中脂肪的分解和氧化途径及其影响因素。

第二篇

技术篇

第四章
食品物理贮运保鲜技术

> **学习目标**
>
> 1. 掌握食品的冷却和冷藏、冻结和冻藏的基本概念。
> 2. 掌握常见的食品低温贮运保鲜技术。
> 3. 掌握气调贮运保鲜技术的基本概念和分类。
> 4. 熟悉减压贮藏保鲜技术的基本概念、应用方式及其与气调贮藏的区别。
> 5. 掌握食品辐照保鲜技术的基本概念,科学认识辐照食品的安全性。
> 6. 掌握食品超高压保鲜技术和微波保鲜技术。

食品尤其是鲜活农产品在贮藏、运输、加工过程中,会受到物理、化学和微生物等因素的影响,使其失去原有的色、香、味、形而腐烂变质,从而影响食品的安全性、营养性和感官品质。以水果蔬菜为例,每年的采后损失率高达20%~35%,经济损失巨大。采取合适的食品贮运保鲜技术至关重要,贮藏作为贮运流通中的重要环节,通过对贮藏环境进行合理的温度、湿度控制,并采用相应的贮藏保鲜技术,可以有效减少食品尤其是农产品的腐败和损耗,保持产品的新鲜度和品质。目前国内外应用的贮运保鲜技术主要归结为物理贮运保鲜技术、化学保鲜技术、生物保鲜技术和综合保鲜技术。本章内容主要介绍常见的食品物理贮运保鲜技术,如低温贮运保鲜技术、气调贮运保鲜技术、减压贮藏保鲜技术、辐照保鲜技术、超高压保鲜技术和微波保鲜技术。

第一节 低温贮运保鲜技术

食品低温贮运保鲜技术是指用低温设备将食品降温至不易腐败的低温状态,再通过特定的运输手段进行运输的一种技术，它以科学的方法，有效地保持食品的新鲜度和营养成分，确保食品质量的稳定。食品低温贮运保鲜技术有冷却、冷藏、冷冻、冻藏、冰温贮藏和微冻保鲜等。

一、食品的冷却

1. 冷却的定义

食品冷却也称为预冷，是将食品的品温降低到冰点以上的某一温度而不冻结的一种方法。食品的冷却一般在食品的产地进行，易腐食品在刚采后或屠宰后即开始冷却最为理想，在贮藏、运输和销售期间始终保持在低温的环境中，能有效阻止微生物造成的腐败，保持食品的原有品质。

食品冷却的目的就是在尽可能短的时间内（一般数小时）快速排出食品内部的热量，使食品温度降低到接近冰点（一般为0~8℃），从而能及时地减缓食品中微生物的生长繁殖和生化反应速度，抑制食品中酶的分解作用，使食品的良好品质及新鲜度得以很好地保持，延长食品的贮藏期。

食品冷却的实质是食品与冷却介质进行热交换的过程，食品本身的热量传递给冷却介质，再利用制冷系统把这部分热量移走，使冷却过程得以进行下去，直至食品的温度降低到所预定的温度为止。食品形态主要有固体形态、液体形态或二者混合体，因此，食品冷却过程中的热传递主要有传导和对流两种方式。

2. 食品冷却的方法

常用的食品冷却方法有冷风冷却、冷水冷却、冰冷却、真空冷却等，根据食品的种类及冷却要求的不同而选择合适的冷却方法。冷却方法的选择主要取决于下列因素：食品大小和形状、食品的初温、冷却的成本、食品的生理特性和期望的保质期。

（1）冷风冷却　冷风冷却指的是利用低温冷空气作为冷却介质，用冷风机将已冷却的空气从风道中吹出，在通往冷却间或冷藏间的循环过程中，吸收食品中的热量，使食品温度下降的一种冷却方法。空气降温的方法有机械制冷和冰冷，常用的是机械制冷法，它的使用范围较广，常被用于冷却脂肪、乳制品、冷饮半成品及糖果等，以及水果、蔬菜、鲜蛋乳品和肉类、家禽等的冷却或冻结前的预冷处理。冷却分为自然通风冷却和强制通风冷却两种方法。

①自然通风冷却：常用于采收后的果蔬冷却，即将采收后的果蔬放置于阴凉的地方，使产品所带的田间热散去。该方法简单易行，但冷却时间长，难以达到产品所需的冷却温度。

②强制通风冷却：让低温空气强制流经包装食品或未包装食品的表面，将产品散发的热量带走，以达到冷却的目的。适用于果蔬在冷库的高温库房中的冷却贮藏。缺点是冷却未包装的食品时，会产生较大的干耗。

空气冷却法的冷却效果主要取决于空气的温度、流速和相对湿度。其工艺条件的选择要根据食品的种类、有无包装、是否需快速冷却来确定。空气冷却法的优点是冷却均匀快速，适用于大批量连续化生产，可广泛用于不能用水冷却的食品，但该法最大的缺点是当室内湿度低的时候，被冷却食品的干耗较大。

（2）冷水冷却 冷水冷却是用降温后的冷水喷淋在食品上或将产品浸泡在冷水中进行冷却，是使产品降温的一种冷却方式。低温水一般由机械制冷或冰块降温所得，冷水温度应控制在0~5℃。机械制冷水的温度可由设备控制，冰块降温法的水温由冰块加入量所决定。主要适用于鲜度下降快的食品，例如，禽类、鱼类、某些水果和蔬菜（甜瓜、甜玉米、胡萝卜、菜豆、番茄、茄子、黄瓜等）等包装食品的冷却。

冷水与冷空气相比有较高的传热系数，优点是可以极大缩短冷却时间，而不会产生干耗，冷却过程对食品有一定的清洗作用，冷却速度快，需要的空间小。冷水冷却法最大的缺点是冷却水循环使用，容易滋长微生物，增加被冷却食品的带菌量，也可能会损害外观，不利于后续贮藏；不同种类食品用同一批冷却水还容易使食品受到交叉污染。因此，为了减少食品被二次污染的程度，需不断补充清洁水。冰块冷却时，水可以从冰的融化中不断得到补充，并且过量的水会自动外溢，水中的微生物可以通过加杀菌剂（如含氧化合物）的方法进行控制。

鱼类或海产品可以采用冷海水冷却，冷却速度快，鱼体冷却均匀，也可降低成本。但是海水流速不能过大，否则会起泡，影响冷却效果。此外，海水与无包装的食品直接接触时，会有盐分渗入食品内，给食品带来咸味和苦味。因此，海水只适宜在海产品冷却中使用。

冷水冷却设备包括浸泡式、喷淋式和混合式3种，常用的是喷淋式水冷却装置，由水冷却器、冷却仓、水泵及管路组成。

（3）冰冷却 冰冷却是依靠冰的融解潜热（约334.9kJ/kg）带走食品中的热量而达到冷却目的的一种方法。一般采用碎冰和水冰两种方式。碎冰冷却主要是利用碎冰和食品直接接触，从食品中吸取热量而达到冷却的目的。水冰冷却是先用水冷却，然后加入食品和冰块，继而再降低温度，适用于与冰接触后不会产生伤害的产品，如鱼类，也可用于某些蔬菜和水果。冰冷却成本较低且能保持产品表面湿润有光泽，可以有效防止干耗，冷却速度也较快。

冰冷却时用冰量和冰块的大小对食品冷却速度有影响，用冰量大，食品冷却速度快；冰块越小，冰与食品的接触面积越大，冷却越迅速，冰块大小最好不超过2cm。用碎冰机可得到细小而均匀的冰块，冷却时可以获得较好的冷却效果，细小的冰块对食品的损伤也较小。此外，食品的种类与大小、冷却前食品的原始温度也对食品冷却的速度有影响。

（4）真空冷却 真空冷却也称减压冷却，根据水在不同的压力下沸点不同的特点，把食品物料放在可以调节空气压力的密闭容器中，使产品表面水分在真空下迅速蒸发，带走大量的汽化潜热，使食品本身的温度降低，达到快速冷却的目的。适用于叶类蔬菜、蘑菇和高温杀菌牛乳等食物的瞬间冷却，还可以对熟肉制品、烘焙食品、水产品等进行快速冷却。

真空冷却是一种快速冷却的方法，与常规冷却方法如冷风冷却、冷水冷却和冰冷却相比，真空冷却的优点和特点表现如下：

①冷却速度快：真空冷却的冷却速率是冷风冷却、冷水冷却或冰冷却速率的8~16倍。将70℃的肉品降温到10℃，真空冷却仅需30min，而采用冷风冷却则需400min；刚烘焙结束的糕点，在空气中冷却需要几个小时，采用真空冷却只需4min。

②效果好：真空冷却是一个批量处理过程，处理量大，能量利用系数高，经济性好。经真空冷却的果蔬，表面干爽，新鲜碧绿，显著优于冷风冷却的果蔬。表面积大的蔬菜，如白菜、菠菜、韭菜等叶菜类蔬菜特别适合采用真空冷却法。

③均匀性好：由于冷却箱内各点的压力均衡，果蔬体内的水分能够同时蒸发吸收体内蓄存的田间热，使得箱内果蔬的温降非常均匀，冷却时物料中心与表面的温度差很小。

④卫生清洁：因冷却的果蔬处于真空密封环境，而真空环境对好氧微生物生长繁殖有抑制作用，可减少霉菌污染，保证果蔬的清洁。

⑤干耗少：真空冷却可通过对真空度的控制，控制果蔬中水分的蒸发量，或在冷却前向果蔬喷洒适量的水，果蔬干耗可控制在2%~3%，而普通冷却干耗在10%以上。

⑥不受包装的限制：用纸箱、塑料袋（非密封）等包装的果蔬，其真空冷却速度与未包装的无显著差异，在生产中极为方便。

虽然真空冷却具有上述优点，但是也有一定的限制和不足，主要表现在：①初期设备投资大，成本高；②目前只能是间歇式操作，还不能实现连续化生产，生产效率低；③冷却过程中水分损耗是不可避免的。

二、食品的冷藏

1. 冷藏的定义

冷藏又称低温贮藏，是指将易腐食品先冷却，然后在略高于冰点的温度下贮藏的食品保藏方法。冷藏是通过低温降低食品内部生化反应速率和微生物导致的变化的速率，冷藏可以延长新鲜食品和加工制品的货架寿命。对大多数食品而言，冷藏并非像罐藏、脱水或者冻藏那样具有阻止食品腐败变质的效果，而仅能减缓变质速度，因此实际上是一种相对较弱的保藏技术。然而，并非所有食品在冷藏条件下都能延长保质期，如热带和亚热带水果以及某些蔬菜，如果在它们的冰点以上3~10℃内贮藏，会发生冷害现象。

（1）非活性食品低温冷藏原理　非活性食品腐败变质的主要原因是微生物的作用和酶的作用。变质过程中产生的主要矛盾是微生物侵入和食品抗病性的矛盾。因为非活性食品没有生命力，它们的生物体与细胞都死亡了，故不能控制引起食品变质的酶的作用，也不能抵抗引起食品变质的微生物的作用，因此对微生物的抵抗力不强。微生物一旦侵入，很快就会繁殖起来，最后引起食品变质。因此，降低温度可以减弱生物体内酶的活性，延缓其自身的生化降解反应过程，并抑制微生物的繁殖。

（2）活性食品低温冷藏原理　活性食品主要是指新鲜的水果、蔬菜及动物性食品中的各种禽蛋。影响活性食品变质的因素很多，如植物性食品在采收之后脱离了母体，失去了水分和无机物的供应，同化作用基本停止，并且无法进行正常的光合作用，但合成的有机物质仍然是有生理机能的有机体，其利用自身的有机物进行呼吸，在贮藏过程中继续进行一系列复杂的生理活动，包括呼吸、酶催化代谢、蒸发、成熟与衰老、低温伤害和休眠，这些生理活动影响着植物性食品的贮藏性和抗病性。另外，还有外源性因素，如微生物的污染与繁殖。降低温度可以减弱生物体内的各种生理作用，延缓其自身的消耗，并抑制微生物在其表面的繁殖。

2. 食品冷藏的方法

空气冷藏法是用空气作为冷却介质来维持冷藏库的低温，在食品冷藏过程中，冷空气以自然对流或强制对流的方式与食品换热，保持食品的低温水平。常用的方法有自然空气冷藏法和机械空气冷藏法。

（1）自然空气冷藏法　自然空气冷藏法是利用自然的低温空气来贮藏食品的一种低温贮藏方法。建立通风贮藏库，借内外空气的互换使室内保持一定的低温，在寒冷季节容易达到这个要求，温暖季节则难以达到。一般当每年深秋气温下降后，将贮藏库的门窗打开，放入冷空气，等到室温降到所需要的温度时，又将门窗关闭，即可装入果蔬进行贮藏。虽然通风库效果不如冷库，但费用较低。我国许多地方采用地下式通风库，库身1/3露于地面上，2/3处于地面之下，用于贮藏苹果等果蔬。通风贮藏库的四周墙壁和库顶，具有良好的隔热效果，可削弱库外过高或过低温度的影响，有利于保持库内温度的稳定，通风库的门窗以泡沫塑料填充，隔热性能较好。

（2）机械空气冷藏法　大多数食品冷藏库采用机械空气冷藏法。制冷剂有氨、氟利昂、二氧化碳、甲烷等。用机械空气冷藏法时需有一套制冷系统，以压缩式氨制冷为例，其主要组成部分有压缩机、冷凝器和蒸发器。用氨压缩机将氨压缩为高压液态，经管道输送进入冷库，在鼓风机排管内蒸发成为气态氨过程中，便会大量吸热而使库内降温，将低压氨气输送返回氨压缩机，加压使之恢复为液态氨，并采用水冷法移去氨液化过程所释放的热量，反复循环，便能将库房内热量移至库外。

3. 空气冷藏工艺的控制

食品冷藏的工艺效果主要取决于贮藏温度、空气相对湿度和空气流速等因素。这些工艺条件则随食品种类、贮藏期的长短和有无包装而异。

贮藏温度是冷藏工艺条件中最重要的因素，对冷藏效果有重要影响。贮藏温度不仅是指冷藏库内空气温度，更是指食品温度。在保证食品不冻结的情况下，冷藏温度越接近冻结温度，贮藏期越长。因此，选择各种食品的冷藏温度时，食品的冻结温度极其重要。在冷藏过程中，冷藏库温度的稳定也很重要，果蔬贮藏的冷库温度波动应小于±1℃。温度的波动会对食品本身及微生物的新陈代谢起促进作用，同时也会引起空气湿度的波动。冷藏室的温度波动，会造成食品表面出现冷凝水，严重时会导致霉菌滋生。为尽可能控制好温度变化，冷藏库应具有良好的绝热层，配置合适的制冷设备，并要保持冷藏室和冷却排管间的最小温差。

贮藏环境的空气中水蒸气压与该温度下饱和水蒸气压的百分比为该环境的空气相对湿度。冷藏室内空气的相对湿度对食品的耐贮性有直接的影响。冷藏室内空气既不宜过于潮湿也不宜过于干燥。低温的食品表面如与高湿空气相遇，就会有水分冷凝在其表面上。冷凝水分过多，食品容易发霉、腐烂。空气相对湿度过低，食品则会失水萎缩。大多数水果适宜的相对湿度为85%～90%；绿叶蔬菜和根菜类蔬菜适宜的相对湿度可提高至90%～95%；而坚果在70%相对湿度下比较合适。干态颗粒食品如乳粉、蛋粉及吸湿性强的食品如果干等，宜在非常干燥的空气中贮藏。

冷藏室内的空气流速也非常重要，空气流速越大，食品和空气间的蒸气压差就随之增大，食品水分的蒸发率也就相应增大。在空气湿度较低的情况下，空气流速将对食品的干耗产生严重影响。只有相对湿度较高和空气流速较低时，才会使水分的损耗降到最低程度。空气流速越大，食品水分的蒸发率也越高，过高的相对湿度对食品品质不利。空气流速确定的原则是及时将食品所产生的热量，如生化反应热或呼吸热及从外界渗入室内的热量带走，并保证室内温度均匀分布，冷藏室内仍应保持速度最低的空气循环，使冷藏食品干耗现象降到最低程度。对于有密封包装或者表面有保护层的食品，冷藏室的相对湿度和空气流速对贮藏效果影响甚微，如分割肉冷藏时常用塑料袋包装，或在其表面上喷涂不透蒸气的保护层；番茄、柑橘等果蔬也可浸涂石蜡，以减少水分蒸发及增添光泽。

此外，冷藏室的通风换气、包装及堆码以及产品的相容性会对冷藏效果产生影响。堆码不能太厚且不能超过规定层数，与空气接触面积越大越好，堆码之间留适当的空隙以便于人员进入检查。存放在同一冷藏室中的食品，相互之间不能产生不利的影响。

4. 食品在冷藏过程中发生的变化

在冷藏过程中，各类食品会经历一系列的变化，其中包括物理变化、化学变化和微生物变化。以下是不同类型的生鲜食品在冷藏过程中可能发生的一些变化。

（1）蔬菜和水果

①脱水：在低温下，水分会从蔬菜和水果中蒸发，导致质地变得柔软。

②色泽变化：某些蔬菜和水果在冷藏过程中可能会出现色素变化，如变黄或变褐。

③营养流失：部分维生素和其他营养物质会在冷藏过程中流失，尤其是在长时间和高湿度的冷藏条件下。

（2）肉类和禽类

①脂肪氧化：长时间冷藏会导致肉类中脂肪的氧化，产生异味和质量变差。

②色泽变化：肉类和禽类在冷藏过程中可能由于色素变化而出现褐色或暗色。

③蛋白质变性：冷藏可能导致肉类蛋白质变性，影响口感和咀嚼性。

（3）海鲜和水产品

①鱼类血液凝固：在冷藏过程中，鱼类的血液可能会凝固，导致鱼肉变得更加僵硬。

②质地变化：部分海鲜和水产品在冷藏过程中可能会因为水分流失而导致质地变得

更加柔软。

③细菌生长：海鲜和水产品容易受到细菌污染，冷藏过程中细菌的生长速度会相对较慢，但仍然需要严格地控制温度和卫生条件。

（4）乳制品

①质地改变：乳制品在冷藏过程中可能会变得更加凝固和坚硬。

②细菌生长：乳制品是细菌生长的理想环境，因此需要确保在冷藏温度低于细菌生长的临界点，以控制细菌的生长。

三、食品冷冻和冻藏

1. 食品的冷冻

食品冷冻又称为冻结，是指将食品中所含的水分，部分或全部转变为冰的过程。冷冻是一种通过降低温度将食品如鱼和肉等的液态水分转变为固态的过程。这种保存方式既安全又健康，能有效阻止食品中微生物的生长繁殖以及抑制食品变质，同时也方便食品恢复到原始状态。然而，冷冻方法并不适合鸡蛋、生菜、罐头食品以及某些酱制品的保存。食品冷冻是有效的食品保存方法之一，可以大大减少食品的损耗，维持食品的营养价值和口感。但是，由于食品冷冻过程中可能改变食品的结构等特性，如形状、颜色、口感和营养成分等，因此冷冻过程必须慎重选择和控制。

冷冻技术可以应用于各种食品，如肉类、水产品、冰淇淋等。以肉类为例，冷冻技术可以有效地抑制细菌和酶的活性，从而避免食品的变质和腐败。通过冷冻技术，食品可以长期保存，并在需要时保持其新鲜度和风味。冷冻技术在食品领域有广泛的应用，包括但不限于以下几个方面。

（1）保鲜和延长保质期　冷冻是一种常见的食品保鲜方法。通过将食物冷冻可以减慢微生物的生长速度，延长食品的保质期。蔬菜、水果、肉类、海鲜等食品都可以通过冷冻来保持它们的品质和新鲜度。

（2）方便食品的制备和储存　冷冻技术可以用于制备各种方便食品，例如，速冻食品、冷冻点心和预包装冷冻餐。这些食品可以长时间保存，方便快捷地使用，是现代生活中常用的食品选择。

（3）保持食品的品质　对于某些食品，如水果和蔬菜，通过冷冻，可以保持它们的口感、颜色和营养价值。冷冻可以减少食品酶的活性，延缓食品的后熟和氧化，从而保持食品的品质和营养成分。

（4）制备冷冻饮品　冷冻技术广泛应用于制备冷冻饮品，如冰淇淋、冰棍、冷冻果汁和冷冻酸乳等。冷冻饮品通常在低温下制备，以保持它们的口感和冰凉感。

（5）食品加工和保存　冷冻技术在许多食品加工过程中起着关键作用。例如，冷冻可以用于面团的制备、肉类和海鲜的提前切割、蔬菜的热处理等。在食品保存方面，冷冻可以用于保存酱汁、汤料和调味品等。

（6）食品运输和国际贸易　冷冻技术使得远距离和长途的食品运输成为可能。通过将食品冷冻,可以减少食品在运输过程中的腐败和质量损失,使得食品可以远距离跨国运输,支持国际食品贸易。

2. 食品冷冻的方法

根据冻结速度的快慢,食品冷冻的方法大致分为两类:缓冻和速冻。

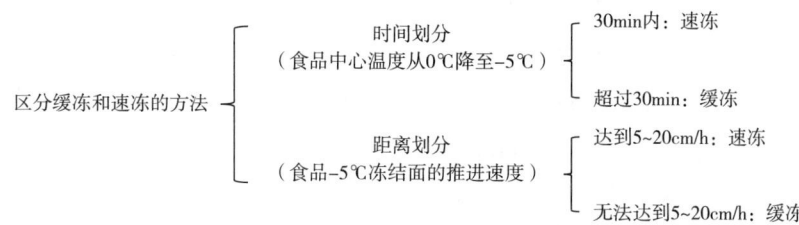

食品在冻结过程中会发生各种物理和化学变化,这些变化主要是由冰晶的生成引起的。冰晶的形成和生长会使食品体积膨胀,从而造成细胞或组织的机械损伤,严重时食品将发生断裂。食品中大部分水分结冰后,剩余的组织液浓度增大,将引起蛋白质冻结变性、食品褐变等化学变化。

速冻是指在30min或更短时间内物料迅速通过$-5 \sim -1$℃的最大冰晶生成带,使其中心温度迅速降低到-18℃以下,并在-18℃以下的低温中贮藏和流通的方便食品。纯水结冰时,体积增大约9%,冰晶的体积越大,对细胞的机械损伤越严重,冰晶形成的大小与晶核的数目有关,晶核的数目多少与冷冻速度有关,速冻使原料细胞组织内外的自由水和结合水能同时析出大量的核晶,形成大量分布均匀、颗粒细小的冰晶体,使细胞内外的压力保持均衡,对细胞膜和原生质的损害极微。速冻是当前农产品加工保藏技术中能最大限度地保存其原有风味和营养成分较理想的方法。

液氮冷冻是一种采用液态氮(-196℃)进行冷冻的技术,具有快速冷冻和均匀冷冻的优势。液氮冷冻广泛应用于速冻食品的生产,如速冻水饺、速冻海鲜产品等。冷冻食品在液氮的作用下迅速冷冻,从而减少了结冰时间,保留了食品的质量和口感。

用液氮速冻食品,一般可分为液氮浸渍冻结、液氮蒸气吹风冻结和液氮喷淋冻结三种方法。液氮浸渍冻结是使食品与液态氮浸渍接触,液氮吸收食品的显热和潜热而被蒸发,借以达到速冻食品的目的。液氮蒸气吹风冻结则是让液氮(利用食品热量)在特殊的蒸发器中蒸发,然后以很高的流速强制吹送至食品表面,从而使食品快速冻结。液氮喷淋冻结,则是将液氮喷淋到食品上,液氮吸收潜热气化,液氮的蒸气吸收显热,使食品迅速冻结。

液氮速冻可较好地保持冷冻原料的品质,由于液氮本身温度极低,水分子来不及移动便形成了细小的冰晶,数量多且分布均匀,对组织结构破坏程度大大降低,解冻后的食品基本能保持原有的色香味。

3. 食品的冻藏

食品冻藏是指采用缓冻或速冻方法先将食品冻结,再在能保持食品冻结状态的温度下贮藏和流通的方法。常用的贮藏温度为$-23 \sim -12$℃,而以-18℃最为适用。冻藏食品的冷库常称之为低温冷库或冻库。

冻藏可以显著延长食品的保质期，防止食品腐败和变质；对大多数食品的质量影响相对较小，能够保持食品的口感、颜色和营养成分；冷冻后的食品可以长时间保存，可以根据需要取出并加工或食用；冷冻食品可以方便地贮运和分销，便于快速配送和销售。然而，冻结和冻藏过程需要耗费大量的能源来维持低温环境，某些食品在冷冻过程中可能会出现质量变化，如质地变硬或解冻后产生的水分流失。

冻藏只能延缓而不能完全阻止食品的腐败和品质劣变。适当的包装和储存条件对冻藏的效果起着重要作用。冻藏是一种常见且有效的食品保鲜方法，但在实际应用中需要根据具体的食材和情况来进行操作，以获得最佳的效果和口感。

四、冰温贮藏保鲜

1. 冰温贮藏

冰温贮藏是继冷藏和冻藏后新兴的一种保鲜方法，起源于20世纪70年代的日本，将食品贮藏于接近冰点（又称冻结点）的低温环境中，能有效地保持果蔬的色、香、味和营养成分以及延长其保质期和保持食品品质。同时，冰温贮藏还可以减少食品水分的蒸发和与氧气的接触，有助于保持食品的湿度和新鲜度。冰温贮藏适用于许多食品，如肉类、鱼类、乳制品、水果和蔬菜等。食品通常在适当的包装中进行冰温贮藏，以防止外界的污染和氧气、水分的渗入。

食品的冰点均低于0℃，当食物温度高于冰点时，细胞始终处于活体状态；当食物的冰点较高时，可加入冰点调节剂（如盐、糖等）使其冰点降低。把0℃以下至冰点以上的温度区域定义为该食品的"冰温带"，简称"冰温"。冰温保鲜的机制主要涉及两个方面：一是食品温度在冰温范围内时，组织细胞保持活动状态；二是对于冰点较高的食品，可以加入有机物或无机物，使冰点降低，扩大其冰温带。食品冷却过程中，组织分泌出无机盐，使细胞一直存活。若冷却温度接近冻结点，食品便会休眠，组织消耗很少，新陈代谢减缓，从而起到食品保鲜的作用。常见的食品冰点如表4-1所示。

表4-1 食品的冰点

食品名称	冰点/℃	食品名称	冰点/℃	食品名称	冰点/℃
生菜	-0.4	牛奶	-0.5	柿子	-2.1
菜花	-1.1	蛋黄	-0.65	香蕉	-3.4
橙子	-2.2	洋白菜	-2.0~-1.3	鱼肉	-2.0~-0.6
柠檬	-2.2	番茄	-0.9	鸡蛋清	-0.45
牛肉	-1.7~-0.6	洋梨	-2~-1	奶酪	-8.3
奶油	-2.2	草莓	-0.8		

（于学军，张国治，2007）

2. 冰温效应

食品在冰温带保存，不仅可以有效地降低冷藏设备的能耗，还可以克服冻结食品因冰结晶带来的蛋白质变性、组织结构损伤、液汁流失等现象，与冷藏相比其贮藏期得到显著延长。

（1）生物细胞的冻结障碍　生物细胞中含有糖、酸、盐类、多糖、氨基酸、肽类、可溶性蛋白质等许多成分，因而细胞液不同于纯水，冰点一般在-3.5～-0.5℃，这是冰温贮藏的基础。

（2）生物细胞的抗冻效应　细胞膜脂质流动性是生物膜最重要的生理功能，而膜的流动性又取决于膜脂中脂肪酸的不饱和度。为了抗冷，细胞膜必须防止在低温下固化，保持正常的流动性。不饱和脂肪酸易被代谢中产生的自由基氧化。在正常生理状态下，过量自由基将被抗氧化物酶和维生素C、维生素E、β-胡萝卜素等非酶物质清除，两者维持相对平衡，成为生物膜不被破坏的保障。适应冰温贮藏的果蔬在低温下自由基清除系统仍具有较高的活力，能有效地防止膜脂过氧化和丙二醛的积累，保护膜结构不受损伤。

耐寒性强、成熟度较高、组织冰点较低的产品采用冰温贮藏效果优于冷藏和冷冻（表4-2）。由于冰温带与冰点的区间差别很小，温度稍微失控，组织就开始结冰，因此冰温贮藏技术要求非常严格。

表4-2　冰温贮藏与冷藏、冷冻的比较

类别	冰温贮藏	冷藏	冷冻
温度领域	0℃到冻结点的冰温与超冰温领域	0～10℃的温度领域	-18℃以下的温度领域
贮藏期限	与冷藏相比可增加2～10倍贮藏期限，并可长期活体保存	生鲜食品的保存期为2～7天，且无法做活体保存	可长期保存，但因结冰冻结，致使生物细胞坏死
品质差异	利用冰温生物科技使生鲜产品更美味、营养增加且有害微生物减少	品质因冷藏时间增加而降低，有害微生物逐渐增加	生物细胞冻结破坏，解冻后营养流失，风味降低最多

（于学军，张国治，2007）

五、微冻保鲜

1. 微冻保鲜的定义

微冻保鲜是指在生物体冰点（冻结点）和冰点以下1～2℃的温度轻度冷冻贮藏，也称部分冷冻和过冷却冷藏。微冻保鲜是利用低温来抑制微生物的繁殖和酶活力的方法。在微冻条件下，生物体内的部分水分发生冻结，微生物体内的部分水分也发生冻结；生物细胞中因部分水冻结，其细胞液浓度增大，结果改变了微生物细胞的生理生化反应，某些细菌开始死亡，其他一些细菌虽未死亡，但其活动也受到了抑制，几乎不能繁殖，能使动物性食品在较长时间内保持鲜度而不发生腐败变质。

微冻技术最开始用于渔船上的水产品保鲜，随着研究的深入，现已逐渐应用于禽畜肉及果蔬保鲜中，如猪肉微冻保鲜。动物性食品的微冻贮藏温度因其种类、微冻方式、工艺条件差异而有所不同，大部分水产品微冻温度在-3℃，畜禽产品微冻温度为-3~-2℃。

2. 微冻保鲜的方法

（1）冰盐混合微冻　冰盐混合物是一种有效的制冷剂，当盐掺在碎冰中时，盐就会在冰中溶解而产生吸热作用，使冰的温度降低。冰盐混合在一起，在同一时间内会发生两种吸热现象：一种是冰融化而吸收融化热，另一种是盐溶解而吸收溶解热，因此，在短时间内能吸收大量的热，从而使冰盐混合物的温度迅速下降，比单纯冰的温度要低得多。

使用食盐和冰混合，混合物的温度可通过控制食盐的质量浓度来调节，盐水的质量浓度越高，冻结温度就越低。当食盐的质量浓度为3%时，冻结温度可达-3℃；浓度为29%时，冻结温度可达到-21℃。但若食盐加入过多，就会渗入食品中，导致食品偏咸，影响食品原有风味。为达到最好的微冻效果，应确保冰盐混合均匀。另外，在冰盐微冻过程中，由于冰融化速度快，在冰融化后，冰水吸热，会使食品温度回升。因此，在冰盐微冻过程中需要适时适量补充冰和盐，以达到稳定温度的目的。

（2）低温盐水微冻　由于盐水的传热系数大，一般为350~580W/（$m^2·K$），而空气仅为11.6~58W/（$m^2·K$），因此低温盐水微冻的速度很快。

盐水微冻船的主要装置有盐水微冻舱、保温鱼舱和制冷系统。我国南海拖网渔船上对渔获物进行低温盐水微冻保鲜，其操作工艺是在船舱内预制浓度为10~12℃的盐水，用制冷机降温至-5℃。渔获物经冲洗后装入盐水舱内的网袋中进行微冻，盐水温度会有所回升，继续冷却到盐水温度-5℃时微冻结束，此时鱼体中心温度为-2~-1.5℃。将微冻鱼移入冷却到-3℃左右的鱼舱，并维持鱼舱温度在-3℃±1℃。每次微冻后的盐水要测定浓度，以便补充盐分。盐水污染严重时，要及时更换清洁的盐水。采用此方法，鱼体含盐量总体是增加的，增加量与浸泡时间及盐水浓度有关。

（3）吹风冷却微冻　吹风冷却微冻的速度较慢，但国内外都有应用实例。例如，将鱼放入吹风式速冻装置中，吹风冷却的时间与空气温度、鱼体大小和品种有关，当鱼体表面微冻层达5~10mm厚时即可停止冷却，此时，表面微冻层的温度为-5~-3℃，鱼体深厚处的温度为-1~0℃，尚未形成冰晶。然后将微冻鱼装箱，置于-3~-2℃的冷藏室内微冻保藏。还可以将鱼类装箱后用冷风冷却至-2℃，然后在-2℃的舱温下微冻保藏。

食品低温贮运保鲜技术通过冷却与冷藏、冷冻与冻藏、冰温贮藏保鲜、微冻保鲜等方式，有效减少了食品的腐败、变质和营养损失，确保食品在贮藏和运输过程中保持良好的质量和安全。低温贮运技术在现代食品供应链中发挥着至关重要的作用，尤其是对于鲜活食品和需要高效流通的食品，低温贮运保证了消费者能够享受到新鲜、安全、美味的食品。近年来迅速发展起来的食品冷链物流是食品低温贮运的一种具体实现和应用方式，列在第八章进行详细介绍。

本节线上学习资源可扫描以下二维码获取。

冷却与冷藏　　　　冷冻与冷藏　　　　冰温保鲜　　　　微冻和超低温冷冻

第二节　气调贮运保鲜技术

我国古代劳动人民充满智慧，早在一千多年前就将气调贮藏用于生鲜农产品的保鲜。《大唐久典》曾记载，负责运鲜荔枝的驿使把采摘下的荔枝带叶密封于竹筒中，日夜兼程、紧鞭急蹄，保证在七天内把鲜荔枝从涪州送到长安。该方法既可起到保鲜作用，也可防止路途中受到挤压，其中蕴含的科学原理就是气调贮运。

英国剑桥大学学者富兰克林·基德（Franklin Kidd）和西里尔·韦斯特（Cyril West）是现代气调贮藏保鲜技术的奠基人，他们在1925—1949年对苹果、梨等果实的气调贮藏进行了系统研究，确立了现代气调贮藏的理论基础。目前，我国气调贮藏占果品保鲜的5%～10%，在陕西、山东、河北、甘肃、新疆等地已经建成了规模达千吨至万吨级的气调库，并成功应用于苹果、梨、猕猴桃、板栗、葡萄、荔枝等果品的长期贮藏，为减少果蔬等生鲜食品的采后损失提供了技术保障。

一、气调贮运保鲜的基本原理

气调贮运保鲜技术是根据对贮运环境里温度、湿度、氧气、二氧化碳和乙烯含量等因素的把控，降低果蔬呼吸作用以减少营养物质的消耗，使水果蔬菜在收获后仍具有生命力。其原理是在一定的封闭体系内，通过改变贮藏环境中的气体组分及浓度，来抑制食品本身的生理生化过程和病原/腐败菌生长与繁殖，以防止其品质劣变，进而达到延长贮藏期的目的。气调贮运保鲜技术应用的范围极为广阔，不仅可用于水果、蔬菜、粮食、茶叶、中药材等植物源产品，其在畜禽肉和水产品等方面的应用也具有较好的发展前景。

二、气调贮运保鲜技术的分类

气调贮运保鲜技术可以简单分成两大类：自发气调（modified atmosphere，MA）和人工气调（controlled atmosphere，CA）。随着技术的发展，人工气调可以细分为通风气调、传统气调、低氧气调、超低氧气调和动态气调。气调贮藏技术的分类及气体组成如表4-3所示，贮藏方法从传统气调（2%～5% O_2，2%～5% CO_2）到低氧气调（1.5%～2% O_2，1%～3% CO_2）和超低氧气调（0.8%～1.2% O_2，0.5%～2% CO_2），再到动态气调（<0.8% O_2，<1.5% CO_2），人工气调贮藏技术的发展主要致力于降低果蔬产品的呼吸消耗进而减少其贮运损耗。适宜的温度、相对湿度、O_2和CO_2水平仍是现代贮运技术的关键技术问题。

表4-3 气调贮藏技术分类及气体组成

气调方式	英文名称	O_2/%	CO_2/%	N_2/%
自发气调	modified atmosphere	—	—	—
通风气调	controlled ventilation	6～18	3～15	79
传统气调	conventional controlled atmosphere	2～5	2～5	90～92
低氧气调	low oxygen controlled atmosphere	1.5～2	1～3	95～97.5
超低氧气调	ultra-low oxygen controlled atmosphere	0.8～1.2	0.5～2	96.8～98.7
动态气调	dynamic controlled atmosphere	<0.8	<1.5	>98

（Yahia，2009）

1. 自发气调贮藏

自发气调多以包装形式进行应用，其利用生鲜食品自身的氧气消耗和包装薄膜的选择透过性，建立适宜产品贮藏的气体环境以延长其保鲜期。对于果蔬产品来说，自发气调包装所产生的低O_2和高CO_2的气体环境是基于果蔬产品的呼吸作用与薄膜对气体的选择透过性，以降低果蔬产品的生理消耗。对于肉制品来说，自发气调包装则直接向包装袋内充入适度的N_2和CO_2，以保持肉制品新鲜度、色泽及食用品质。自发气调包装成本低、灵活度高，适合短周期的贮运保鲜，适用于生鲜食品的分装销售环节。

2. 通风气调贮藏

通风气调贮藏为最基础的气调贮藏方式，直到目前在北欧和东欧仍有应用。英国有人将通风气调贮藏法成功地应用于"Bramley's Seedling"苹果，该贮藏方法中O_2和CO_2浓度的调控主要是靠果蔬产品自身的呼吸作用消耗环境中O_2而产生CO_2，同时通过与外界空气的气体交换，从而将CO_2浓度控制在5%～10%。通常，此方法中O_2和CO_2浓度总和为20%～21%，故O_2浓度范围为10%～16%，不足以达到有效抑制果蔬产品呼吸作用的目的。许多苹果和梨品种因对CO_2较为敏感而易发生生理失调，环境中CO_2浓度应控制在3%以下，这就造成O_2浓度达到18%，这种气体环境与常规冷藏的保鲜效果并无显著区别。一般来说，浆果类果实具有较强的CO_2耐受力，可采用通风气调贮藏法，其贮藏效果可等同于最优气体组分的气调贮藏，且成本低。

3. 传统气调贮藏

传统气调贮藏的 O_2 浓度范围为 2%~5%，CO_2 浓度范围为 2%~5%。该方法要求温度的控制精度为 ±0.5℃，O_2 和 CO_2 浓度的控制精度为 ±0.5%，这就需要比通风气调贮藏法更可靠的气密性和温度控制系统。该方法可通过日常手动测量和控制来实现，需要根据果蔬产品的 O_2 消耗和 CO_2 生成速率来确定操控频率，同时设置报警系统来避免贮藏环境意外情况的发生。

4. 低氧和超低氧气调贮藏

1965 年，"考克斯"苹果的气调贮藏条件被建议修改为 O_2 浓度为 1.25%，CO_2 浓度小于 1%，从此低氧（1.5%~2%）和超低氧（0.8%~1.2%）气调条件被广泛应用于多种苹果品种的贮藏。这两种方法要求 O_2 和 CO_2 浓度的控制精度为 ±0.1%，且气调库气密性要求更高；同时，气体浓度的监测频率为 1 次/（4~6）h，气体调节系统需要一直处于工作状态，从而更精确地控制气体组分浓度。不同品种的苹果的低氧阈值和气调贮藏的适宜氧气浓度范围见表 4-4。

表 4-4 不同品种苹果的低氧浓度阈值和气调贮藏的适宜氧气浓度范围

品种	低氧浓度阈值/%	贮藏氧气浓度范围/%
布瑞本（Braeburn）	0.4	0.5~0.6
科特兰（Cortland）	0.5	0.6~0.8
伊思达（Elstar）	0.3	0.3~0.6
金冠（Golden Delicious）	0.5	0.5~0.8
蜜脆（Honeycrisp）	0.4	0.5~0.8
爱达红（Idared）	0.4	0.5~0.8
乔纳金（Jonagold）	0.5	0.5~0.8
麦金托什（McIntosh）	0.8	0.9~1.0

5. 动态气调贮藏

采后果蔬产品为活体组织，贮藏期间其代谢仍处于动态变化，因此静态的气调贮藏条件是无法使果蔬产品一直处于最佳贮藏状态的（图 4-1）。1997 年，有学者利用一个 600L 的实验容器实现了对"伊思达"苹果的动态低氧气调贮藏。该实验中，采用乙醇作为标示物来控制环境中的氧气水平。首先，将氧气浓度降低至 4%~5%；然后，依据果实的呼吸作用再将氧气浓度降低至 1.2%。大约 1 个月后，再以每周 0.1% 的速率将氧气浓度降低至果实乙醇含量超过 500μL/L；紧接着，再以每周 0.1% 的速率将氧气浓度升高至果实乙醇含量低于 500μL/L。目前，在荷兰，动态气调贮藏技术已广泛应用于"伊思达"苹果的贮藏。

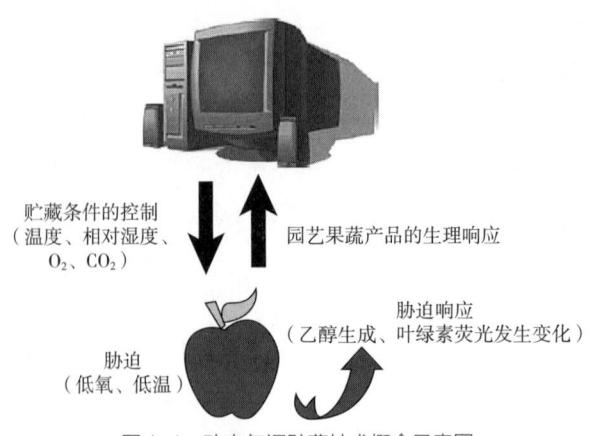

图4-1 动态气调贮藏技术概念示意图
（Gasser et al.，2008）

与超低氧气调贮藏相比，动态气调贮藏技术可更好地保持果实的硬度，并可有效防止生理性病害的发生。然而，该方法需要定期地对果实内部的乙醇含量进行测定，这是因为环境中乙醇水平无法充分反映果实本身的呼吸代谢情况。商业上果实的监测必须是可靠的、持续的、无损的、远程操作的，且所测定指标是与果实品质高度相关的。后来，人们又针对动态气调技术开发出一种更为方便可靠的监测技术，即叶绿素荧光测定技术。叶绿素荧光会受到低氧和高二氧化碳的影响，故该技术可监测到贮藏果蔬产品对低氧的最低耐受水平，且此氧气浓度与无氧呼吸补偿点具有很好的一致性，如图4-2所示，无氧呼吸补偿点也就是呼吸作用产生最小量二氧化碳时所需的氧气浓度。对于静态气调技术来说，其推荐的最低氧浓度约为1.0%。依据叶绿素荧光测定技术，通常苹果的最低氧气浓度阈值为0.4%～0.8%，而贮藏期间的氧气浓度被推荐为高于最低氧气浓度阈值0.1%～0.2%。一般情况下，在动态气调贮藏期间，采用逐步降氧法，即自1.0%氧气浓度起，以每周降低0.2%的速率来进一步降低环境中氧气浓度，因为这样有利于提高果实对低氧的适应力，且该方法所得到的最低氧气浓度阈值低于快速降氧法（如降氧速率为每天0.2%）。

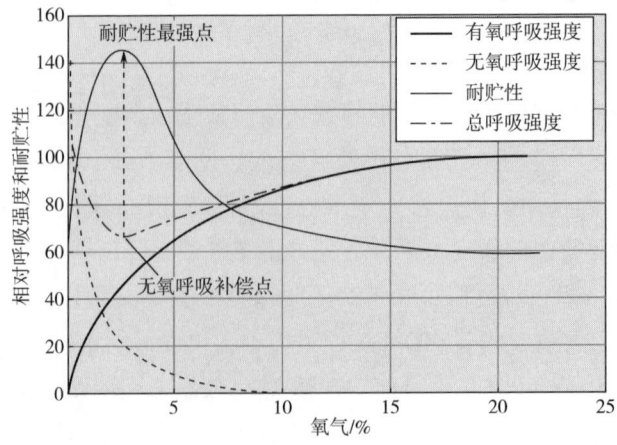

图4-2 果蔬产品的呼吸强度、无氧呼吸补偿点和耐贮性与氧气浓度的关系图
（Prange et al.，2003）

三、气调对食品品质的影响

1. 果蔬等园艺产品

果蔬等园艺产品采后进行气调贮藏可最大限度地抑制果蔬的呼吸作用和蒸腾作用，减缓其生理代谢进程，抑制乙烯的生物合成，延缓果实成熟衰老。同时，也可在一定程度上抑制病原微生物生长，减轻或避免某些生理病害的发生，从而延长果蔬的贮藏保鲜期。表4-5列举了不同品种苹果和梨的气调贮藏条件和贮藏期。

表4-5 不同品种苹果和梨的气调贮藏条件和贮藏期

品种	温度/℃	O_2/%	CO_2/%	贮藏期/月
科特兰（Cortland）苹果	0	2.5	2.5	4~6
	0	1.5	1.5	6~7
嘎啦（Gala）苹果	0	2.5	2.5	5~7
	0	1.5	1.5	6~8
金冠（Golden Delicious）苹果	0	2.5	2.5	5~7
	0	1.5	1.5	6~8
麦金托什（McIntosh）苹果	3	2.5	2.5（第1个月）	5~6
			4.5（后期）	
	3	1.0	1.0	6~8
安久（Anjou）梨	-0.5~0	1.5	0.3	9
宝斯克（Beurre Bosc）梨	-0.5	1.5	1.5	4
康弗伦斯（conference）梨	-1	2.5	0.7	7.5
考密斯（Doynne du Comice）梨	-0.5	2.5	0.7	5
	-0.5	1.5	1.5	6
	-0.5	2.0	<1.0	3
帕克胜利（Packham's Triamph）梨	-0.5	2.0	<1.0	9
	-0.5	1.5	2.5	5
威廉斯（Williams Bon Chretien）梨	-0.5~0	1.0	0	4
	-0.5~0	1.0	0	4
	-0.5~1	1.5	0.5	4

注：上述气调贮藏条件均以氮气作为填充气体。

（Thompson，2010）

气调贮藏中低O_2和高CO_2环境能够抑制腐败微生物的滋生繁殖，降低果实腐烂率。

好氧微生物在低氧环境下生长繁殖受到抑制，在O_2体积分数为6%~8%的环境中，有些霉菌就停止生长。适宜的低O_2与高CO_2环境可以起到抑制某些果蔬病理性病害发生发展的作用，减少产品在贮藏中腐烂损失。例如，在甜樱桃的气调贮藏中，在1℃条件下，5% O_2+10%CO_2和8% O_2+10%CO_2（N_2作为填充气体）的气调组合均能够非常有效地抑制嗜温好氧菌、嗜冷菌、假单胞菌属、酵母和霉菌的生长，有效抑制由微生物引起的腐烂变质。

然而，低O_2和高CO_2生理性病害在果实的气调贮藏中常有发生，表4-6呈现了常见果蔬品种的O_2和CO_2伤害阈值。低O_2和高CO_2所造成的生理性病害主要与无氧呼吸有关，这是因为无氧呼吸可产生一些有毒副产物，如乙醇和乙醛，而这些物质可造成组织坏死，且首先产生在果心部位。以苹果为例，高CO_2所造成的内部伤害常开始于维管束组织，然后扩展到其他果肉组织，开始时病害部分组织较硬，较坚韧，随后逐渐失水并出现典型的类木质部空穴化现象。高CO_2所造成的外部伤害表现为：首先伤害区域凹陷，呈墨绿色（绿果），且界限明显；随后伤害组织发生褐变并最终变成黑色，高CO_2还可引起虎皮病、锈斑病的发生。此外，高CO_2可造成线粒体微观结构的变化，表现为线粒体体积减小和形状变化，在梨果实和洋葱上均可观察到此类现象。高CO_2还可抑制琥珀酸脱氢酶活性，导致琥珀酸的积累，进而对组织产生毒性作用。在牛油果的气调贮藏中发现，低氧（0.21%和3.0%）也可造成严重的外表皮褐变。

表4-6　常见果蔬品种的O_2和CO_2伤害阈值

果蔬品种	CO_2伤害阈值/%	O_2伤害阈值/%
富士（Fuji）苹果	>5.0	<2.0
嘎啦（Gala）苹果	>1.5	<1.5
金冠（Golden Delicious）苹果	>6.0	<1.0
乔纳金（Jonagold）苹果	>5.0	<1.5
蛇果（Red Delicious）	>3.0	<1.0
澳洲（Granny Smith）青苹果	>1.0	<1.0
香蕉（banana）	>7.0	<1.0
草莓（strawberry）	>25.0	<2.0
蓝莓（blueberry）	>25.0	<2.0
樱桃（cherry）	>30.0	<1.0
榴莲（durian）	>20.0	<2.0
葡萄（grape）	>5.0	<1.0
猕猴桃（kiwifruit）	>7.0	<1.0
芒果（mango）	>10.0	<2.0

续表

果蔬品种	CO_2伤害阈值/%	O_2伤害阈值/%
柿子（persimmon）	>10.0	<3.0
李子（plum）	>1.0	<1.0
树莓（raspberry）	>25.0	<2.0
橙子（orange）	>5.0	<5.0
粘核桃（clingstone peach）	>5.0	<1.0
离核桃（freestone peach）	>10.0	<1.0
黄瓜（cucumber）	>5.0（8℃）	<1.0
番木瓜（papaya）	>8.0	<2.0
西蓝花（broccoli）	>15.0	<0.5
菜花（cauliflower）	>5.0	<2.0
卷心菜（cabbage）	>10.0	<2.0
芹菜（celery）	>10.0	<2.0
生菜（lettuce）	>2.0	<1.0
青椒（bell pepper）	>5.0	<2.0

（Thompson，2010）

2. 动物性食品

生鲜畜禽肉和水产品常用自发气调包装方式来维持其品质以延长贮藏期。通常，自发气调包装是指在食品包装材料密封前将其内部食品周围气体进行置换或移除的一种贮藏技术。对于肉制品来说，自发气调包装中所用气体组成主要依据肉制品类型。一般来说，自发气调包装可使肉制品的保质期延长 3~5 倍。为防止自发气调包装中食品变质，CO_2 水平通常维持在 20%~30% 的范围。高 CO_2 可有效地抑制微生物的生长，这是因为 CO_2 可以渗透到细菌细胞膜内，进而引起细胞内 pH 的变化。相反，腐败微生物则可有效地缓冲其外部酸化所引起的 pH 变化。

值得注意的是，在肉及肉制品的自发气调包装中，较低的 O_2 水平不利于维持红肉（羊肉、牛肉等）的贮藏品质，这是因为低 O_2 有利于高铁肌红蛋白的形成，而高铁肌红蛋白呈棕红色，进而导致生鲜肉制品保质期的不可预测性。O_2 有利于保持肉的鲜红色，但会导致氧化酸败、好氧微生物的生长以及烹饪过程中过早变黄。自发气调保鲜技术可使肉制品具有较长的保鲜期和保质期，较好地保持肉类原有的品质、色泽、风味、口感及营养，提升其食用价值。表 4-7 所示为几种肉及肉制品的自发气调包装的气体组分和贮藏期，对于生鲜肉及肉制品，气调包装可以延长其保鲜时间。

表4-7　几种肉及肉制品的自发气调包装的气体组分和贮藏期

肉及肉制品	气体组分	贮藏期
新鲜鸡胸肉（带鸡皮）	70%CO_2 或 30%CO_2	21天（4℃）
沙丁鱼（刚宰杀）	60%CO_2	12天（4℃）
鸡柳（生鲜）	70%CO_2	15天（4℃）
大西洋鲣鱼片	100%CO_2	15天（4℃）
麻辣烧鸡	30%CO_2 或 40%CO_2	7周（2℃）
猪肉、牛肉、培根汉堡和烤肉串	65%O_2+35%CO_2	8天（4℃）
新鲜有机鸡肉	80%O_2+20%CO_2 或 70%N_2+30%CO_2	14天（2℃）
鸡腿肉	70%CO_2	19天（4℃）
鸡胸肉	75%O_2+25%CO_2	9天（2℃）
8个月龄羊肉	70%O_2+30%CO_2	35天（4℃）
牛排	80%O_2+20%CO_2	14天（2℃）

注：上述自发气调包装一般采用氮气作为填充气体。

（Kandeepan & Tahseen，2022）

肉制品的自发气调包装主要是利用高 CO_2 对病原微生物的抑制作用。高达 60%~100%CO_2 气调包装可以有效抑制沙门氏菌的生长，但其仍可在高 CO_2 的环境中继续生存，需要与其最适抑菌温度相结合。高 CO_2 环境下金黄色葡萄球菌的生长也受到抑制，且与低温具有协同作用。在鲜牛肉的气调包装中，在5℃、100%CO_2 环境下能够抑制李斯特菌生长，但该作用会随着温度的升高（至10℃）而失效。

四、气调贮藏保鲜技术的特点

气调贮藏环境中的低 O_2、适当 CO_2 浓度能有效地抑制呼吸作用，减少果蔬中营养物质的损耗，同时抑制病原菌的滋生繁殖，控制其生理病害的发生。同时，气调贮藏可使果品的质地、色泽、风味、营养和硬度等得到很好的保持。气调贮藏结合了低温和气体调控两种技术，有效延缓了园艺果蔬产品衰老进程，延长了其贮藏时间。在相同的保鲜品质和温度条件下，气调贮藏的保鲜时间与普通冷藏相比可以延长果品贮藏时间5~10倍。

经气调贮藏的果蔬长期处在低 O_2 与高 CO_2 的环境中，其在出库后从"休眠"到"苏醒"状态仍有一段时间的"滞后效应"，可保持果品新鲜度和商业价值。经气调贮藏的果品出库后保鲜期可延长至普通冷藏库的3~4倍。目前，气调贮藏技术较多地应用于苹果和梨果实。然而，与传统的冷藏保鲜相比，气调贮藏还能应用于一些因低温冷害不宜冷藏的热带、亚热带果蔬品种。

然而，气调库的高投资成本很大程度上影响了其广泛应用。与冷藏保鲜方式一样，气调保鲜方式属于连续工作模式,耗能大,产品的运行成本高。气调保鲜设备在气密性和安全性上要求更高,也无形中增加了成本。不同种类、品种的生鲜产品对O_2和CO_2的耐受度不同,而气调贮藏技术不适用于一些对低O_2和高CO_2敏感的果蔬农产品,故气调库的管理需要一定的专业理论知识和素养。

作为当前保证生鲜产品品质、延长货架期最有效的方法之一,气调贮藏已广泛应用于苹果、梨等产品的贮运过程中。截至目前,我国生鲜农产品中只有5%~7%应用气调贮藏技术,该技术的应用尚处于稳步发展阶段。

五、气调贮藏的设施与装备

总体上气调贮藏按气调方式可分为自发气调(MA)和人工气调(CA),MA多应用于生鲜农产品的气调包装,CA多应用于采后果蔬产品的长期贮藏。实际应用中,MA与CA常结合使用,如果蔬先用CA长期贮藏,再用MA分装销售,以平衡成本与效果。这里所介绍的气调设施与装备主要用于CA贮藏,即气调库,是气调贮藏的技术保证,一般是由气密库体、气体调节系统、温湿度调节系统、监测与控制系统等构成。气调库工作原理与结构如图4-3所示。

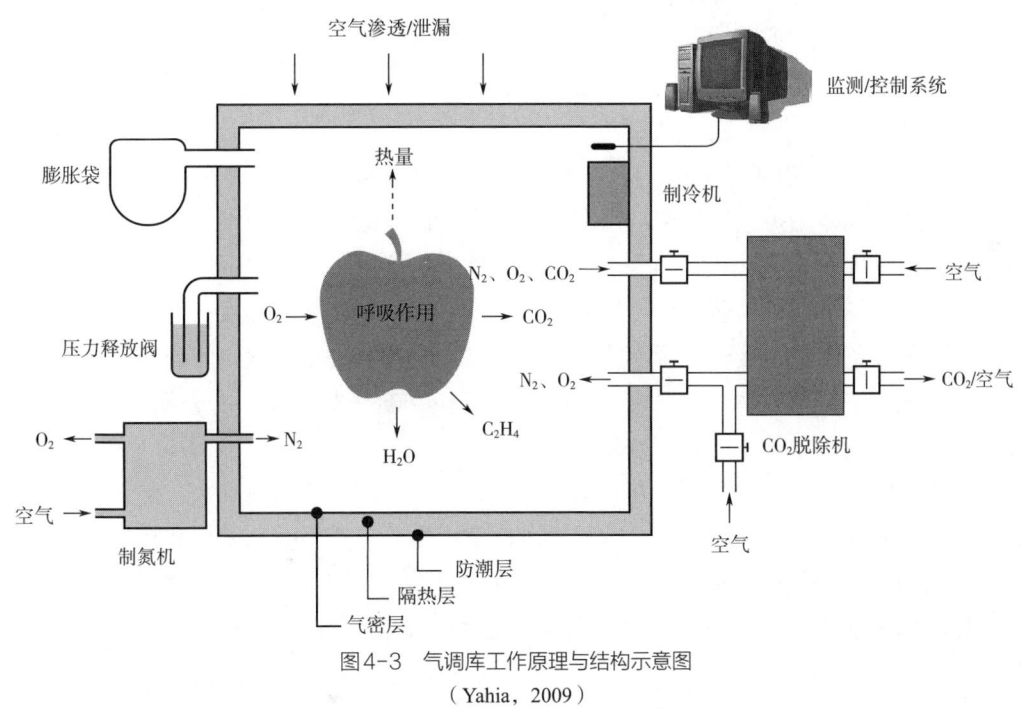

图4-3 气调库工作原理与结构示意图
(Yahia,2009)

1. 气密库体

气调库是冷藏库的一种特殊形式,这里分别对其建筑形式和建筑构造进行介绍。

(1)建筑形式 气调库库体结构按建筑形式分类有砌筑式气调库、夹套式气调库和装配式气调库。

①砌筑式气调库：其建筑形式与传统冷藏库基本一样，用传统的建筑、保温材料砌筑而成，或者由传统冷藏库改造而成，在库体的内表面或外表面增加一层气密层，气密层直接敷设在围护结构上，整体投资较少，但施工周期较长，气密效果不能得到保证。

②夹套式气调库：是在普通的冷藏库内，用气密材料围起一个密闭的贮藏空间，气密层与库内的墙、顶面保持一定的间距，底部与地坪的接缝处密封，形成一个夹层。冷却设备装在夹层内，冷风直接或通过风道在夹层内循环流动，贮藏空间的隔热和气调分别由围护结构和气密层来实现。夹套式气调库构造方式简单，经济耐用，建造周期也比较短，而且贮藏空间内的压力变化不会直接作用在围护结构上，安全上更有保障，其最大的缺点是使用过程中气密材料需要定期更换。

③装配式气调库：是当前我国常见的气调库建设方式之一，一般采用门式轻型钢架作为其骨架，彩镀夹心板（聚氨酯）作为其围护结构。由于聚氨酯彩镀夹心板的气密效果非常好，只需对板缝进行气密处理，就能达到气调库气密的要求。装配式气调库投资比砌筑式略高，但建设周期短、气密性高、贮藏时间长且美观大方。

（2）建筑构造　与普通冷藏库相比，气调库在建筑构造上有一些特有的结构和设施，如气密层、气压平衡袋和气压安全平衡阀、技术走廊等。

①气密层：普通冷库的库体围护结构需要具备保温、隔热、防潮等性能，除此之外，气调库的库体围护结构还需要具有一定的气密性和耐压能力。气密性主要是依靠由气密材料构成的气密层来实现的，气密层主要包括地面气密层、围护结构气密层和气调门、观察窗等。

一般地面气密层的地坪隔热层上下两面均设置防潮隔气层，并在里面单独做气密层。砌筑式气调库围护结构的密封层需要单独做，而且必须在围护结构所有表面都干燥后才能施工。夹套式气调库由气密材料围成的贮藏空间，只需定期更换气密材料即可。装配式气调库围护结构气密性和防潮隔气性都很好，只需板面间的接缝处做好密封。气调门用扣紧装备紧紧连接于气调库体，并用特制密封条保证不漏气。气调门上会安装一个多功能观察窗，其外框为金属构件，中间镶有双层玻璃或中空双层玻璃，若用双层玻璃，夹层内应放干燥剂或抽空，以防结露。

气调库体所有接缝处必须做好气密，特别是制冷气调工艺管线和水、电管线穿墙处等其他易泄漏点。气密材料是维系密闭系统可靠性的第一道防线，其性能直接决定气调库的长期稳定性和能耗效率。气密材料的选用需要保证：均匀密实，有良好的密封性；机械强度和韧性大，当有外力作用或是库内温度变化时，不会撕裂、变形或者是折断；性质稳定、抗腐蚀、耐低温、耐高湿、耐老化、无污染、无异味，能抵抗微生物的侵袭，便于清洗消毒，对果品、蔬菜及人体无害；黏结牢固，与库板的黏结强度要足够，不脱落，不变形。

由于世界各国经济和技术水平差异，在气调库设计、施工质量、使用方式等方面有所不同，所以目前国际上还没有气调库气密性的统一标准，国内外气调库的气密性标准如表4-8所示。测试气调库常用的气密性指标是半降压时间，是指从测试计时起，试验压力下降到计时起始压力的一半时所需要的时间。由于气调库的气密性受多种因素影响，气密性不可避免地呈现逐年下降的趋势，故在实际工程中，气调库的建设一般要求有较高的气密性。

表4-8　国内外气调库的气密性标准

国家	气密性测试要求	备注
中国	库内限压100Pa，半压降时间≥10min	《制冷设备、空气分离设备安装工程施工及验收规范》（GB 50274—2010）
	库内限压196Pa，20min后压力≥78Pa为气密性合格	《气调冷藏库设计规范》（SBJ 16—2009）
英国	库内限压200Pa，半压降时间≥20min	适用于O_2含量在2.5%以上的气调库
	库内限压200Pa，半压降时间≥30min	适用于O_2含量在2%以上的气调库
美国	库内限压250Pa，半压降时间≥20min	适用于O_2含量在3%以上的气调库
	库内限压250Pa，半压降时间≥30min	适用于O_2含量在2%以上的气调库
意大利	库内限压300Pa，半压降时间≥30min	—
法国	库内限压100Pa，30min后压力≥35Pa为气密性良好；	—
	库内限压100Pa，30min后压力10~35Pa为气密性合格	

（刘向群、徐勤华，2004）

②气压平衡袋和气压安全平衡阀：气压平衡袋（简称气调袋或膨胀袋）用柔软的特殊材料做成，安置于库顶，与库内相通，用来调节库内的正负压。当库内温度升高，库气膨胀，库气将流入气调袋；库内温度降低，库气收缩，库气将从平衡袋流入库内，可以防止压差大时对库房造成危害。

气压平衡安全阀（简称平衡阀或压力释放阀）通常置于库房墙体上。与气调袋一样，平衡阀是气调库内外压差大时的双重保护。平衡阀分干式和水封式两种，直接与库内相通。在一般情况下，气调袋起调节作用。只有当其容量不足以调节库内温度变化时，平衡阀才起作用。水封式平衡阀须经常检查水位高度，以防水分蒸发后，水封的压差减小。

③技术走廊：一般设在穿墙或包装挑选间的上方，各种工艺管道、电气控制、阀门、观察窗等都按顺序安装在技术走廊两侧，方便技术人员进行观察和检查设备、维护和系统操作。

2. 气体调节系统

气体调节系统由制氮设备、CO_2脱除设备、乙烯脱除设备（视所贮藏果蔬要求而定）等组成。

（1）制氮设备　多种方法可用于去除CA贮藏中的O_2，例如，早期CA主要通过园艺产品的自然呼吸降低O_2水平，或通过充入N_2快速降低O_2水平。制氮机的发展大体上经历了催化燃烧→碳分子筛吸附→纤维膜分离→真空回转吸附的过程。20世纪70—90年代，一直使用丙烷燃烧器，通过燃烧丙烷将O_2转化为CO_2（$C_3H_8+5O_2 \longrightarrow 3CO_2+4H_2O$），可将$O_2$水平降低至3%~5%。然而，丙烷的不完全燃烧产物，如低分子量醛类被引入，有时会对水果造成损害。此外，丙烷燃烧产生乙烯，会导致贮藏室中乙烯的含量增加。2000年后，欧洲一些国家的气调贮藏已放弃使用丙烷制氮的方法。

另一种系统是在高温下将氨（NH_3）裂解为N_2和H_2（$2NH_3 \longrightarrow N_2+3H_2$），然后从气调库中消耗$O_2$，将$H_2$转化为水（$2H_2+O_2 \longrightarrow 2H_2O$）。与丙烷燃烧器相比，该系统具有不产生$CO_2$和乙烯的优点。

而用N_2冲洗是将O_2水平降低的简单、快速、清洁和安全的方法。N_2可作为气体或液体供应。气调系统在实际运行过程中，将高浓度N_2缓慢充入气调库内，并排出库内存留的高浓度O_2，经过这样反复的充放，最后将气调库内的O_2含量降低至5%左右为止。另外，由于液氮的费用昂贵，20世纪80年代，随着空气或气体分离器的引入，N_2发生器开始得到广泛应用。目前有两种类型的商用制氮机：一种基于膜技术，称为中空纤维膜（hollow fiber membrane，HFM）系统（图4-4）；另一种基于吸附技术，称为变压吸附（pressure swing adsorber，PSA）系统（图4-5），两者都需要800k~1300kPa范围内的压缩空气供给。

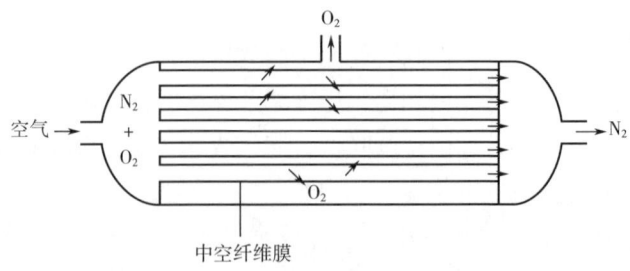

图4-4　中空纤维膜（HFM）氮气发生器示意图
（Yahia，2009）

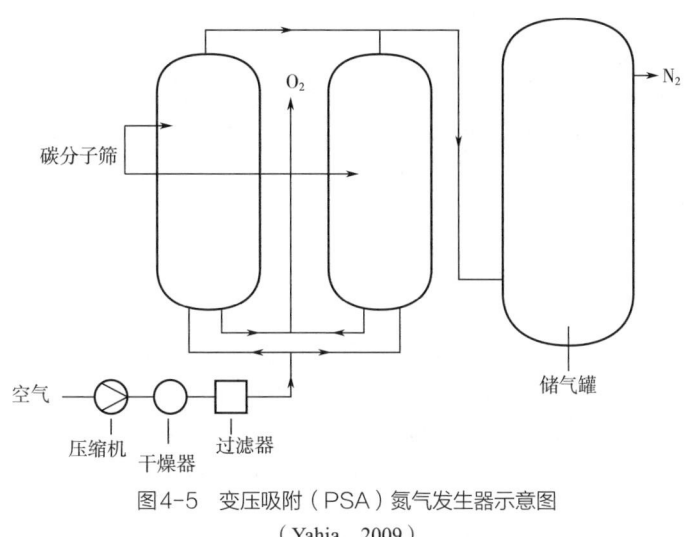

图4-5 变压吸附（PSA）氮气发生器示意图
（Yahia，2009）

（2）CO_2脱除设备 如果气调库内CO_2浓度过高，就会导致果蔬农产品出现CO_2中毒的情况（如在气调贮藏过程中，果实一般要求CO_2的浓度控制在1%~5%），所以必须将气调库内CO_2的含量控制在合理的范围内。CO_2控制通常是通过使用脱除器系统来去除储存大气中的CO_2来实现的。

氢氧化钠（NaOH）水溶液是用于商业CA贮藏的首批试剂之一。溶液在开管中循环，吸收产生的CO_2（$2NaOH+CO_2 \longrightarrow Na_2CO_3+H_2O$）。经计算，若贮藏时间为5~6个月，每吨苹果需要约25kg氢氧化钠。但因氢氧化钠的腐蚀性以及处理和处置过程中的潜在危险而停止使用了。1950年发现，新铺设的水泥可吸收CO_2，于是开始使用石灰代替氢氧化钠，这是最简单的CO_2去除方法，其原理为：$Ca(OH)_2+CO_2 \longrightarrow CaCO_3+H_2O$。每千克氢氧化钙$Ca(OH)_2$可吸收0.4~0.5kg CO_2，在贮藏期结束时，产生的石灰也可以用作农业肥料。如今氢氧化钙吸收CO_2仍在使用，但正逐渐被活性炭脱除器所取代。

活性炭脱除器通常由两个装满活性炭的圆柱形床或室组成（图4-6）。来自气调库的空气通过一个吸收CO_2的装置循环，耗尽CO_2的空气返回气调库，当活性炭饱和时，可将外部空气通过活性炭循环并返回到外部，使活性炭再生。在一个装置再生期间，另一个装置在吸收模式下运行，与单床类型相比，双床设计几乎可以连续脱除。由于空气再生，脱除器会将一些氧气引入气调室，这不利于超低氧贮藏。为了解决这个问题，建议使用气调库中的空气（保存在通气袋中）或气体发生器中的N_2进行再生后冲洗脱除器。然而，必须意识到，随着CO_2水平的降低，任何活性炭脱除器的效率都会降低。因此，虽然活性炭可以再生，但建议每5

图4-6 二氧化碳脱除设备
（Siddiqui，2016）

年更换一次。其他分子筛脱除器（如钠或硅酸铝沸石）也被用于吸附CO_2，对于这些类型的洗涤器的再生，需要加热，再生能耗高，其使用受到限制。

CO_2水平也可以通过N_2冲洗来控制。该方法若通过通风孔和风扇的操作将室外空气带入气调库，则会同时引入氧气，故只允许使用氮气发生器来独立控制CO_2和O_2水平。但是它的效率远低于二氧化碳脱除器。

此外，还可以用水来控制CO_2水平。但水洗涤器的缺点是对水的需求量高。例如，每小时1t的苹果需要消耗100L的水。这是因为水的CO_2吸附能力低，吸收每立方米的CO_2大约需要20L水。此外，当水在室外释放CO_2时，也会吸附O_2，然后释放到气调库内。

（3）乙烯脱除设备　对乙烯非常敏感的果品来说，如猕猴桃、香蕉等，必须把贮藏条件下的乙烯浓度脱至阈值以下，一般达0.02mg/L的水平。苹果、梨等采用低乙烯气调贮藏，贮藏效果会大大提高。对乙烯不敏感的果品，气调库不必安装乙烯脱除装置。

乙烯脱除机根据其工作原理和应用场景可分为多种类型，但主要可归纳为两大核心技术。一种是基于物理吸附的脱除技术，由高锰酸钾和氧化铝混合而成的吸附剂，做成干燥颗粒，填充在乙烯脱除装置中。用封闭式鼓风机使库内的空气通过吸收装置循环，达到清除乙烯的目的。干燥颗粒无法再生，因此应定期检测，更换装置内干燥颗粒。然而，由于高锰酸钾的成本相对较高，这项技术的使用受到限制。

另一种是基于催化分解原理的脱除技术，催化氧化乙烯生成水和CO_2。在一个陶制蜂窝结构上涂有一层金属铂，这样在200℃条件下能非常容易且有效地促进乙烯燃烧氧化，生成二氧化碳和水。氧化反应是在一个从外到内能形成15～250℃温度梯度的电热装置内进行的。该装置可使乙烯脱除装置的进、出口温度不高于15℃，而装置中心的氧化温度可达250℃。同样，这种新型乙烯脱除装置一般也采用闭环系统。

气调库中的乙烯水平也受到CO_2脱除系统类型的影响。当使用N_2冲洗系统去除CO_2时，也会降低乙烯的浓度。此外，CO_2脱除器也会吸收一些乙烯。该方法仅适用于只产生少量乙烯的园艺果蔬产品。

3. 温湿度调节系统

（1）制冷系统　气调库对温湿度的要求较高，这就要求库内的制冷设备必须运转安全可靠。此外，需要考虑制冷设备制冷剂泄漏的风险，为防止污染果蔬食品而造成较大的损失，故一般不采用有毒、有异味的制冷剂。

气调库的制冷系统可分为直接蒸发冷却系统和载冷剂间接冷却系统两种：直接蒸发冷却系统通常有氨制冷系统、氟利昂制冷系统等，由于氨制冷剂有刺激性气味，一旦泄漏会对产品造成影响，目前多采用氟利昂制冷系统；载冷剂间接冷却系统常用低温乙二醇制冷系统，和传统的氟利昂制冷剂相比，乙二醇载冷剂制冷系统具有更好的环保性和安全性。

（2）加湿系统　由于气调库内农产品的贮藏期长，充入的氮气也很干燥，果蔬水分蒸发较多，故高相对湿度是保持大多数果蔬品质所必需的。为降低贮藏环境与果蔬间的水蒸气分压差，抑制水分蒸发，应保持气调库中较高相对湿度，减少干耗。一般气调库都要设置加湿器。目前，常用的加湿方法主要有地面充水、喷雾加湿、离心雾化加湿、超声雾化加湿、高压微雾加湿等。加湿器分超声波加湿器和离心式加湿器两种：超声波加湿器利用高频振荡电流作用在换能头上，产生高频振荡波，使水雾化，为防止结垢，一般使用经过处理的软化水；离心式加湿器利用高速旋转的叶轮将水流打成水雾，对水质的要求不高，但容易产生水滴，使加湿效果降低。

二次冷却也是一种在贮藏室内保持高湿度的技术。在该系统中，冷却盘管不与"夹套式冷库"等库中空气直接接触，制冷管冷却金属内壁和外绝缘壁之间的空气。因此，冷却管可以保持在较低的温度，而不会导致产品干燥，使得整个仓库的墙壁充当冷却表面。二次冷却的另一种方法是冰库冷却，在这种方法中，将制冷剂管道浸入水箱中，使水冻结并用于冷却水；冷却水转化为细雾后，用于冷却和加湿气调库中的空气。

4. 监测与控制系统

（1）气体检测装置　气调技术的成功应用要求气调库中保持合适且稳定的气体成分。由于贮藏环境的控制受贮藏园艺产品的生理反应、CO_2和O_2调节设备以及制冷系统的循环工作、天气变化等因素的影响，因此，必须定期测量O_2和CO_2水平。如果所测得浓度偏离设定值，应及时进行纠正。对于常规气调条件的控制，每天只进行1次测量即可，可以进行手动测量和控制。便携式测试仪就可满足一般气调库使用，主要用于对各气调库气体参数进行抽样检查，人工控制气调设备的开启转换，也可用于与检控设备互相参照对比。

在现代大型气调设施中，气体检测装置是监测与控制系统的关键组成部分，其主要功能是实时监测气体成分和浓度，确保气调保鲜效果，提高食品质量和安全性。气体检测装置运用多种传感器实时监测气体成分和浓度，其工作原理涵盖电化学式、红外吸收光谱、热导池式和催化燃烧式等，确保精确测量O_2、CO_2等气体浓度。在实际应用中，气体检测装置不仅实时监测气体浓度，还通过反馈机制自动调整制氮、除碳等设备，维持最佳保鲜环境。在现代大型气调设施中，已采用自动控制系统来控制贮藏条件，这些系统通过集成先进的传感器和智能算法，实时监测并精确调节库内的气体成分、温度和湿度，以满足不同贮藏物的需求。

①O_2的测定：O_2测量最为关键，尤其是在超低氧气调贮藏中。传统的化学分析仪（如法拉特分析仪或奥萨特分析仪）是基于O_2与邻苯三酚的反应，利用从气调库采集的气体样本的体积变化来确定O_2和CO_2的浓度。法拉特分析仪价格低廉且便于携带，但其精度不足以满足低于2%的O_2水平。奥萨特分析仪通常集中安装，气体样本由泵通过永久管道系统直接从气调库吸入，在较高的O_2水平下，精确度可以接受，但测量所需的时间长且依赖人工操作，不适用于自动化系统。现代测O_2主要有顺磁氧气分析仪和电化学氧气分析仪，前者利用O_2具有高度顺磁性来测量，测量结果准确可靠，后者需定期更换元件，两者均需校准以维持精度。

②CO_2的测定：传统的化学吸收法测定CO_2由于耗时长、精度差、不适合自动化等缺点，已逐渐被红外CO_2传感器替代，通过CO_2对特定红外波长［（4260±20）nm或15000nm］

的吸收特性实现快速、自动化监测,精度高且适配实时控制系统,但需定期校准。

③乙烯的测定:通常,低浓度乙烯就会对水果产生影响,因此需要精准控制乙烯的含量。虽然乙烯测量的最佳方法是气相色谱仪,但该实验室仪器较昂贵且必须由训练有素的人员操作,限制了其使用。近年来,市场上有乙烯分析仪或乙烯探测器,这些仪器配备了电化学传感器,测定的乙烯浓度范围为 $0\sim100\mu L/L$,最小分辨率为 $0.2\mu L/L$。

(2)压力平衡系统　由于气调库具有良好的气密性,库内温度的波动会引起库内外压力的变化。当压力达到一定程度必须采取措施,否则会给整个库体的结构带来冲击。因此,气调系统必须设置压力平衡系统,以平衡库内外压力差。同时,为了减少安全阀与库外的气体交换次数,每个库房均设一个压力平衡袋。当库温升高,平衡袋膨胀,库内部分气体流入平衡袋;当温度降低,库内气体收缩,袋内气体自动流入库内,从而减轻或消除压差对库体的冲击、破坏作用。气体平衡袋的容积可按气调间毛容积的 $1\%\sim2\%$ 来确定。

(3)中央控制系统　农产品是在贮藏过程中经历一系列生理变化的活生物体,这些变化受到产品成熟度、温度、O_2 和 CO_2 浓度以及其他因素的影响,难以预测或建模,而控制器必须对这些因素引起的变化作出及时响应。计算机自动气调控制系统的基本原理是测量瞬时气体成分并调整控制系统参数,以充分激活气体调控系统达到所需要求。气体浓度的测量值按预设的时间间隔自动采集,并发送至控制器进行评估。先进的控制技术一般包括自适应、模糊逻辑、基于知识和人工智能的控制器。

近年来,气调库也逐渐朝着智能化方向发展,现代化气调库可以通过实时监测环境中的 O_2、CO_2 等气体浓度,结合传感器网络、边缘计算和 AI 算法动态优化调控策略,实现气调环境的高精度控制与远程管理,以实现对气调库监测的高效性与可靠性。其中智能监测和自动化调节是智能化气调两大核心内容,智能监控是依托于物联网远程监控平台实现其功能的,核心模块包括数据可视化、设备状态深度监控、智能报警与应急响应以及多终端协同架构等。自动化调节通过实时采集环境参数(如 O_2、CO_2 浓度,温湿度),系统基于预设阈值动态调整制氮、除碳等设备的运行状态。如果 O_2 水平低于设定值,控制器会计算达到所需 O_2 水平所需的空气量,并在计算的时间内打开新鲜空气阀。同样,如果 CO_2 水平太高,控制器会计算清洗气调库中的空气以达到要求的所需时间,并打开清洗阀。系统同时添加预测性调控系统,即基于历史数据预测气体消耗趋势,提前调整设备运行参数。例如,结合果蔬呼吸作用产生的 CO_2,通过算法控制脱碳设备运行频率,维持 CO_2 浓度在 $2\%\sim5\%$,延长保鲜期。

本节线上学习资源可扫描以下二维码获取。

气调贮运保鲜技术

拓展阅读:气调贮藏技术的发展历史

拓展阅读:HFM 和 PSA 系统原理

第三节　减压贮藏保鲜技术

减压贮藏（hypobaric storage）又称低压贮藏或负压贮藏，是美国学者Stanley P. Burg于20世纪60年代首次提出的一种继冷藏和气调贮藏技术之后发展起来的绿色无污染的物理保鲜技术。减压贮藏技术分为间断抽气和连续抽气两种类型。前者抽真空、加湿和换气均间断进行，且贮藏压力一般高于10kPa；而后者同时进行连续抽气、连续加湿和连续换气"三个连续"操作以营造持续的"低压、高湿、换气"或"低压、低温、高湿、换气"的贮藏环境。目前，减压设备主要分为集装箱和库两类，前者用于运输，后者用于贮藏。

一、减压贮藏的基本原理

减压贮藏是一种通过通入低于大气压的空气以改变贮藏室内气体环境从而达到延长商品贮藏期目的的系统。该系统需满足两个贮藏前提条件：一是贮藏环境（容器）气密性良好且可承受一定的压力而不会发生损坏；二是通入真空室的空气的相对湿度必须是饱和（100%）的或尽可能接近饱和，以减少真空室内商品水分的流失。这就要求贮藏环境气密性良好且处于高湿状态，贮藏容器材质坚固耐压防腐蚀。

减压所形成的气体环境处于低氧状态。道尔顿分压定律所描述的理想气体特性中提到，空气中各气体组分的分压与总压成正比，即通过降低气压，使空气中各种气体成分的分压都相应降低。此时空气各组分的相对比例并未改变，但它们的绝对含量分别下降，O_2浓度随之降低，因此，减压贮藏可以营造一个低氧的气体环境，从而起到类似气调贮藏的作用。

此外，减压可促进植物组织内气体成分向外扩散。植物组织内气体向外扩散的速度与该气体在组织内外的分压差及其扩散系数成正比，而扩散系数又与外部的压力成反比。因此，在极低贮藏压力[（1.33±0.067）~（2.67±0.067）kPa]下，空气进入真空室内并膨胀促进真空室内气体扩散，氧气、二氧化碳、氨气和乙烯等挥发性气体从组织内部溢出并通过连续换气排至室外。苹果的内部乙烯随环境压力的降低呈线性减小，当气压从101kPa降至26.7kPa，苹果的内部乙烯可减少至原来的1/4，此时，真空室内氧气浓度极低。对于果蔬产品来说，其呼吸作用减弱，失水减少，有毒的琥珀酸盐的形成、维生素C的损失、乙烯合成酶的产生及细菌、霉菌的生长被抑制，减少了物品腐烂变质的发生，同时贮藏时间得到了延长。

低压条件对果蔬采后贮藏的影响可能是由多个因素相互作用产生的。目前，一部分研究者们认为减压贮藏的保鲜效果是由其贮藏过程中的低氧环境所致。然而，在研究低压胁迫对拟南芥生长状况的影响过程中发现，在低压诱导条件下，只有不到一半的差异基因与缺氧有关，这说明低压胁迫响应是独特的，它比单纯的低氧胁迫更复杂，且低压诱导了拟南芥中的水分移动，即使是气压的微小变化也会引起其生物学上的显著差异。

二、减压贮藏的方式

减压贮藏方式按照其时间长短可分为长时减压贮藏和短时减压处理。长时减压贮藏是指通过降低贮藏环境压力，形成一定的真空度，并维持一定的相对湿度，有效降低果实的呼吸强度，延长果实贮藏期的一种长时间贮藏或运输的技术。研究表明，园艺产品的最佳减压贮藏的压力条件为1.33k~2.67kPa。在实验室条件下，果实的减压贮藏比气调贮藏的贮藏期延长10%~30%，较普通冷藏延长30%~50%。

在常规的减压贮藏条件下，贮藏压力越低，大多数果实的贮藏寿命越长，但存在着果实失水萎蔫和风味变淡的可能性。江南大学张慜课题组提出了适用于易腐果实长期贮藏的三阶段减压贮藏工艺，该工艺基于果实的采后的代谢特性，三阶段减压处理将减压贮藏的压力和相对湿度条件设定为"低-中-高"三个不同的阶段，即随着贮藏期的延长，逐步升高容器内的压力和相对湿度，达到既可维持果实的新鲜状态，又有利于恢复果实典型风味的效果。

相对于长时减压贮藏，短时减压处理是一种果实采后预处理技术，即以适宜的低压、温度和湿度对采后果实产品进行持续时间较短（<48h）的处理方式。短时减压处理可分为短期减压冷藏和短期减压常温贮藏两种方式。短时减压处理既有促进果实中有害气体的快速扩散等减压处理具有的优点，又可以避免长期减压贮藏过程中可能造成的果实失水和风味变淡问题，并可降低减压贮藏的高能耗成本。相对于其他果实采后预处理方式，短时减压处理可有效地增强果实的贮藏保鲜效果，且其设备可用于果实采收后在产地的短时贮藏。

经长期和短期减压处理后的果实，离开减压环境后均具有后续保鲜效应：果实的冷藏保鲜期、冷链断链保鲜期会延长，且采后损耗减少，果实品质下降速率减缓，即能够延长果实的运输时间和货架期。将产地收获的蔬菜、水果和食用菌置于低压冷库短时间处理，有助于延长其贮藏期，更好地保持其原有风味。

减压处理结合其他保鲜技术不仅能取得良好的保鲜效果，而且可有效减少果实在库时间，降低成本。1-甲基环丙烯（1-methylcyclopropene，1-MCP）是一种有效的内源乙烯抑制剂，广泛应用于果实的贮藏保鲜。在低压条件下，气态1-MCP可以更加快速地进入果实内部并积累，达到更为高效的保鲜效果。此外，精油作为一种能够延长果实采后寿命的天然防腐剂，受到了广泛的关注，但用量大时，易产生异味。将精油与低压处理相结合，可以进一步降低控制采后腐烂所需的精油用量，且使精油在果实表面的分布更为均匀。

三、减压贮藏对果蔬产品品质的影响

减压贮藏可减弱果蔬产品的生理代谢，抑制其硬度下降，并可减少果蔬的糖分、可滴定酸（titratable acid，TA）和维生素C等营养物质的损耗，保持果蔬的食用品质和商品价值，进而延长其贮藏期和货架期。相对于传统贮藏方法，减压贮藏可显著提高采后果蔬的贮藏保鲜品质。在0℃、8kPa减压贮藏条件下，巴特（Bartlett）梨、茄（Clapp）梨以及考密斯（Comice）梨的贮藏期可由冷藏条件下的45～90天延长至120～180天；蛇果、金冠苹果、麦金托什红苹果的贮藏期可由60～120天延长至180天。4℃、50.7kPa的减压贮藏条件可使石榴的贮藏期延至120天，且其果实仍保持良好的籽粒品质（表4-9）。

表4-9 减压贮藏对果蔬产品贮藏期的影响

产品	温度/℃	压力/kPa	贮藏期/天
苹果： 麦金托什（McIntosh） 蛇果（Red Delicious） 金冠（Golden Delicious） 红玉（Jonathan）	−1～1	标准大气压 8.0	60～120 180
梨： 巴特（Bartlett） 茄梨（Clapp） 考密斯（Comice）		标准大气压 8.0	45～90 120～180
草莓	0～2	标准大气压 10.6～26.6	5～7 28～35
蓝莓	0～1	标准大气压 10.6～26.6	28 >42
葡萄柚	6	标准大气压 10.6～19.9	24～42 90
青椒	8～13	标准大气压 8.0～10.6	16～18 >46
扁豆	5～8	标准大气压 8.0	7～10 26
黄瓜	10	标准大气压 10.6	10～14 49
生菜	0～4	标准大气压 19.9～26.6	14 28
绿熟期番茄	13	标准大气压 10.6	14 56

（Thompson，2015）

减压贮藏可通过抑制相关酶的活性，显著抑制果实硬度的下降，延缓果实软化，但最适宜的减压贮藏条件因果实品种而异。减压贮藏可通过抑制多聚半乳糖醛酸酶（polygalacturonase，PG）与 β-半乳糖苷酶（β-galactosidase，β-Gal）活性来阻止原果胶的水解，从而延缓果实的软化速率。富士苹果于-1℃、80kPa条件下减压贮藏30天，苹果硬度下降了21.7%，而常压贮藏硬度下降了35.9%。

低压会影响果实中叶绿素、番茄红素等色素物质的合成和分解，延缓果实颜色的变化。番茄果实完熟过程中叶绿素逐渐减少，番茄红素逐渐增加。第16天时常压处理的番茄变红，而70kPa和40kPa低压处理的番茄分别在第20天和第24天变红，表明低压处理在一定程度上可抑制叶绿素的降解和番茄红素的合成，从而延缓番茄的变红速率。

减压可有效延缓果实可溶性固形物（total soluble solid，TSS）和TA的下降，保证其风味品质。减压贮藏过程中减压处理强度和持续时间对果实糖和酸的合成代谢具有较为显著的影响。在20℃常压贮藏下，番茄果实的TSS和TA的峰值出现在第8天，70kPa减压条件可使其峰值延迟至第12天，而40kPa减压处理的果实，其TSS和TA高峰分别出现在第16天和第14天。

减压贮藏可降低抗坏血酸（ascorbic acid，ASA）氧化酶活性，抑制ASA被氧化的速率，进而延缓圣女果中ASA含量下降。常压枣果实的ASA含量下降较快，而减压贮藏（0℃，81.1kPa、50.7kPa、20.3kPa）的枣果实的ASA含量从第46天开始均显著高于常压贮藏的枣果实。

减压贮藏可有效减少果实褐变的发生。0.5℃条件下，经25kPa减压贮藏后，梨心褐变率较常压降低37%。与常压相比，在10℃、4kPa条件下，夏南瓜的茎端褐变率降低了50%。对川中岛水蜜桃进行4℃、10kPa的减压处理发现，在贮藏至第20天时，经减压处理的果肉亮度显著高于常压对照，说明减压可有效延缓水蜜桃果肉褐变。

低压对微生物的生长繁殖具有较强的抑制作用，减压贮藏可以有效控制果实的采后腐烂。如减压贮藏可有效降低杨梅腐烂率，1℃、55kPa条件下贮藏15天时，杨梅果实的腐烂率仅为18.75%。经5℃预冷12h后的杨梅果实在0℃、40kPa、90%～95%相对湿度条件下贮藏16天时，其果实的腐烂指数低于20%，而其对照果实的腐烂指数高达41%。

低压对果实腐烂的抑制作用与其诱导果实中的抗性相关酶活性具有一定的相关性。在20℃贮藏25天后，25kPa和50kPa贮藏条件下蓝莓果实的CAT活性为常压贮藏的2倍，这说明短时减压处理和长时减压贮藏均有利于贮藏期间蓝莓果实保持较高SOD、CAT活性，延长其贮藏期。

减压贮藏也是一种可以替代化学熏蒸剂杀死昆虫的方法。减压贮藏下的低氧环境是造成有害昆虫死亡的主要原因。当昆虫被放置在低氧环境中足够长的时间后，其三磷酸腺苷的产生减少，导致膜磷脂水解增加；细胞和线粒体膜透性增加，导致细胞损伤或死亡。在O_2浓度小于6.6%的情况下，特别是在0.15%～0.30%的情况下，昆虫可得到有效的控制。10℃和98%相对湿度条件下，1.33kPa减压贮藏对苹果蛾卵及生长期2天、3天和5天的幼虫均有较好的杀灭效果。

四、减压贮藏的特点

1. 减压贮藏与传统气调贮藏的异同点

减压贮藏与传统气调贮藏的共同点在于均营造了低氧环境。气调贮藏是根据贮藏产品特性选择合适的贮藏参数如温度、湿度、O_2浓度、CO_2浓度等，其中重要的一点是调节贮藏环境中气体的组成和比例，形成低氧贮藏环境。减压贮藏则通过降低气压使得空气中各气体成分的分压相应降低，此时空气各组分的相对比例并未改变，但它们的绝对含量分别下降，O_2浓度随之降低，因此，减压贮藏可以营造一个低氧的气体环境，起到类似气调贮藏的作用。

此外，减压贮藏与传统气调贮藏保藏果蔬产品的时间较长，果蔬水分蒸发较高。为抑制果蔬水分蒸发，降低贮藏环境与贮藏果蔬之间的水蒸气分压差，通常要求维持较高的相对湿度。传统气调库贮藏环境中的相对湿度要求保持在90%～95%，以减少贮藏物品的干耗，保持贮藏物品的鲜嫩与脆度。湿度控制对于减压贮藏技术也同样重要，减压贮藏的核心技术之一就是确保通入减压腔室内的空气的相对湿度必须是饱和或尽可能接近饱和的，以减少真空室内产品水分的流失。

减压贮藏与传统气调贮藏的区别在于，减压贮藏是通过调节环境大气压力。在形成低氧环境的同时，也促使真空室内气体扩散，CO_2、氨气、乙醇和乙烯等气体从产品内部逸出并通过连续换气排至室外，即减压贮藏包含低氧和减压的双重效应。此时减压腔室内氧气浓度极低，对流被抑制，果蔬产品呼吸作用减弱，细菌、霉菌的生长被抑制，贮藏时间得到有效延长。传统气调贮藏是在标准大气压力下调节贮藏环境中气体的组成及比例，营造低O_2和高CO_2环境，以减弱贮藏物品的呼吸强度、减少产品内耗、延缓新陈代谢过程、抑制微生物生长、减轻或避免某些生理病害的发生，以达到延长果蔬贮藏期和保鲜期的目的。与传统气调贮藏相比，减压贮藏对设备要求更高，需要外加真空系统和低压气体系统，同时需要特制的加湿系统以提供饱和蒸气。

2. 减压贮藏的优势

减压贮藏优势如下：①有利于减少环境和细胞间CO_2浓度，降低呼吸速率，抑制乙烯合成；②减压处理可以加速贮藏产品组织内部乙烯向外扩散的速率，减少内源乙烯含量；③由于减压真空室不断通风，贮藏环境内空气被迅速排至室外，贮藏产品组织内部的挥发性气体如乙醛、乙醇、CO_2等向外扩散，从而减少因这些物质引起的衰老和生理病害；④减压条件下，各种真菌病原体孢子的萌发以及菌丝的生长受到抑制，从而达到彻底杀菌消毒、抑制腐败的目的；⑤应用范围广，可用于生鲜蔬菜、水果、鲜切花、食用菌、鱼、虾、牛肉、羊肉、猪肉、熟食品的贮运。

减压贮藏的容积利用率大，一些不同的产品可混合贮藏。减压贮藏的容积利用率约是气调库的两倍。不同于气调贮藏，减压贮藏不需要提供除空气外的其他气体成分。减压贮藏降温速度极快，产品无需通过前期预冷即可直接入库进行贮藏，减少了预冷费用，加快了贮藏物品的流通速率，节约了运输时间与成本。

3. 减压贮藏的局限性

减压贮藏的局限性在于，造价相对较高，投入与收益比小。减压贮藏要求贮藏环境压力低于大气压力，贮藏容器坚固耐压且气密性极好，否则达不到减压的目的。因此减压贮藏在建筑方面的造价相对于普通冷库与气调贮藏库要高得多。

减压所产生的逆境条件可能会引起新的生理障碍或生理性病害。当贮藏环境压力急剧变化时，可能会对贮藏产品产生不良影响。减压贮藏需要特别注意贮藏环境湿度的控制，通过在通入气体的环节中增设湿度补偿装置以改善该现象的发生。

本节线上学习资源可扫描以下二维码获取。

减压贮运保鲜技术

第四节 辐照保鲜技术

食品辐照保鲜就是利用高能光子或带电粒子对农产品及其加工制品进行辐照，以达到抑制发芽、延迟或促进成熟、杀虫、杀菌、灭菌和防腐的目的，从而延长食品的保藏期，是一种典型的非热物理保鲜技术。辐照保鲜技术在解决食品安全和食品保鲜贮藏等问题中发挥重要作用，在食品加工中有广泛应用，目前已经在蔬菜、调味品和香辛料等领域实现了商业化。

一、概述

辐照技术主要有电离辐照技术（如γ射线、X射线和电子束）以及非电离辐照技术（如紫外线、可见光、红外线）。与非电离辐照相比，电离辐照具有极短的波长和高能量，在食品中应用的主要是电离辐照技术。电离辐照对食品的作用有直接效应和间接效应。在直接效应中，DNA、碳水化合物和脂质等细胞成分直接吸收部分辐照能量而激发和电离，这些激发和电离的分子并不稳定，容易恢复或产生结构变化。间接作用则是通过食品中水分的电离和激发将能量转移给其他物质分子，或者因水的电离和激发产生自由基和反应性物质（如水合电子、氢原子或羟基自由基），进而导致物质分子的变化。由于生鲜农产品的主要成分是水，因此间接效应是电离辐照的主要作用机制。

电离辐照的剂量不同，将导致食品自身以及存在于食品内的微生物、昆虫等产生一系列生物物理和生物化学变化。特定剂量的辐照处理具有很好的食品保鲜作用，即一定剂量的辐照处理能够抑制或杀死附着在食品上的微生物和昆虫，同时也可以降低活性食品的生理活性或新陈代谢，可用于食品的贮藏保鲜。但辐照剂量不能太高，这是因为辐照生成的自由基可诱导食品中的蛋白质、糖类和脂肪等组分发生交联、氧化、降解、美拉德反应，从而改变食品的质地、颜色和风味。

目前用于食品的辐照技术主要是γ射线辐照、电子束辐照、X射线辐照3种，其中又以γ射线辐照和电子束辐照为主。食品中γ射线辐照源主要是放射性同位素钴-60（^{60}Co）和铯-137（^{137}Cs）。γ射线是穿透力极强、能量高的电离射线，能穿透较大较厚的食品，且辐照剂量均匀，适用于完整食品及各种包装食品的内部处理。γ射线穿过有机体时，会使其中的水和其他物质电离，生成自由基或离子，从而干扰或杀死微生物；γ射线还会影响生鲜农产品的新陈代谢过程，严重时甚至杀死细胞，更高剂量时可能引起食品化学变化。电子束由电子加速器（最大能量不超过10MeV）产生，电子束强度大、剂量高、聚焦性能好，并且可以调节和定向控制，便于改变穿透距离、方向和剂量率。电子加速器可在任何需要的时候启动与停机，停机后不再产生辐射，无放射性污染，便于检修，但加速器装置造价高。电子束射程短，穿透力较弱，但也能起电离作用，一般用于食品表面或片状食品辐照处理。X射线通过高能电子轰击金属靶产生，其穿透力介于γ射线和电子束之间，可用于杀菌、杀虫及延长食品保质期，目前主要应用于食品的检验检疫。

二、影响食品辐照保鲜效果的因素

食品辐照的效果受多种因素影响，例如，射线种类、辐照剂量、微生物的种类和状态、氧气、温度、水分活度、介质、包装形式等。

1. 射线的种类

应用于食品辐照的放射线有γ射线、电子束和X射线，辐照效果因射线的不同而相应地发生变化。γ射线和电子束均具有较强的杀菌效果，X射线虽然具有高穿透能力，但能量转换效率低，难以均匀地照射大体积样品，故未能广泛应用。

2. 辐照剂量

辐照剂量影响微生物、害虫的杀灭效果，也影响食品的辐射化学效应。通常在一定范围内，剂量越高，食品保藏期越长。一般而言，低剂量（10~1kGy）可抑制发芽和延迟后熟，中剂量（1k~10kGy）可灭活病原体和腐败微生物，高剂量（>10kGy）可以起到杀菌的作用（表4-10）。辐照剂量范围不能以文献报道作为准确的指标，因为食品的加工和收获情况、成熟度和环境条件等因素也影响着辐照效果。因此，辐照剂量的选择要考虑相关标准要求、辐照源的强度、品种和性状、辐照目的等。

表 4-10　不同食品辐照应用中的剂量要求

辐照水平	剂量范围	效果	应用
低剂量 （10~1kGy）	20~150 Gy	抑制发芽	马铃薯、洋葱、大蒜、青葱、山药
	0.11kGy	延迟后熟和衰老	水果和蔬菜
	0.2k~1kGy	杀虫	谷物、豆类、谷类食品、咖啡豆、面粉、香料、干果和水产品
	0.3k~1kGy	灭活病原寄生虫，如绦虫和旋毛虫	肉类
中剂量 （1k~10kGy）	1k~10kGy	延长货架期	新鲜肉、水产品、蔬菜
	2k~8kGy	固体食品的巴氏杀菌	肉类、家禽和海鲜
	2k~7kGy	改善工艺特性	葡萄、脱水蔬菜
高剂量 （>10kGy）	10k~30kGy	微生物消毒	干药草、香料、蔬菜调味料

（Bisht B，2021）

3. 微生物的种类和状态

不同的微生物菌种或菌株对辐射的敏感性有很大差异，即使同一菌株，辐射前的状态不同，其敏感性也会有所不同。微生物数量减少10倍或杀灭90%所需的辐射剂量用 D_{10} 表示，D_{10} 值的大小与菌种及菌株、培养基有关，与原始菌数无关。各微生物在特定条件下的 D_{10} 值如表4-11所示。

表 4-11　不同微生物的 D_{10} 值

生物体	剂量/kGy	生物体	剂量/kGy
假单胞菌	0.10~0.20	啤酒酵母	2.60
大肠杆菌	0.12~0.45	枯草芽孢杆菌	0.35~2.50
沙门氏菌	0.20~0.50	短小芽孢杆菌	1.70
粪链球菌	0.50~1.00	产气荚膜杆菌	2.10~2.40
耐辐照微球菌	2.50~3.40	肉毒杆菌	1.50~4.00
霉菌芽孢	0.10~0.70	嗜热脂肪芽孢杆菌	1.00

一般来说，芽孢杆菌和梭状芽孢杆菌所产生的细菌芽孢比营养体更耐辐射。不产芽孢的细菌中，革兰阳性细菌一般比革兰阴性细菌耐辐射。霉菌的耐辐射性比酵母弱，假

丝酵母属的酵母耐辐射性与细菌芽孢相同，霉菌的耐辐射性与无芽孢细菌相同或略低。病毒一般需要高剂量辐射（水溶液状态30kGy，干燥状态40kGy）才能使其钝化，但过高的剂量会降低新鲜食品的品质，因此常采用热处理和低剂量辐射相结合的方法来抑制病毒的活性。在微生物的生长周期中，处于稳定期和衰亡期的细菌有较强的辐射耐受性，而处于对数生长期的细菌耐辐射性弱。

4. 氧气

辐照处理时，氧气存在对杀菌效果有显著的影响。一般情况下，杀菌效果因氧气的存在而增强。辐照时是否需要氧，要根据辐照处理对象、性状、处理的目的和贮藏环境条件等加以综合考虑。辐照可使氧气电离形成臭氧，因此，蛋白质和脂肪含量高的食品应采用真空包装或真空充氮包装，以减少臭氧对蛋白质和脂肪的氧化作用。对于需要低剂量辐照处理的水果、蔬菜等食品，也可以采用包装以防止二次污染，同时形成低氧环境延缓后熟。

5. 温度

在常温范围内，温度变化对辐照杀菌效果影响不大。如对肉毒梭状芽孢杆菌的芽孢辐照，在0～65℃时，对杀菌效果没有影响。在0℃以下时，微生物对辐照的抗性有增强趋势。如金黄色葡萄球菌在-78℃下进行辐照杀菌，其D_{10}值是常温时的5倍；γ射线对肉毒梭状芽孢杆菌辐照，在-196～0℃范围内，温度越低，其D_{10}值越大，-196℃的D_{10}值是25℃的2倍。虽然低温会导致微生物对辐照的抗性增强，但在低温条件下，射线对食品成分的破坏小，食品品质较好。肉类食品在高剂量辐照情况下会引起的物理化学变化，产生一种特殊的"辐射味"。在低温条件下辐照，可以降低辐射时产生的自由基的活性，减少食品成分的断裂和分解，以防止食品成分的氧化，避免辐射味的产生。对于肉类、禽类等含蛋白质较丰富的动物性食品，辐射处理最好在低温下进行，这样可以有效地保证质量。速冻处理的动物性食品在-40～-8℃内进行辐照处理效果最好。

6. 水分活度

食品中的水分活度高时更容易产生电离辐射的间接效应，因而辐射作用显著增强。水分活度低时，辐照的间接效应受到限制。如枯草芽孢杆菌和嗜热脂肪芽孢杆菌的芽孢在A_W为0.00～1.00范围内，D_{10}值随水分活度的降低呈增大趋势。所以对于同类食品，要达到相同的杀菌效果，含水量低的比含水量高的需要更高的辐照剂量。

三、食品辐照保鲜技术的特点

与传统的食品保鲜技术相比，辐照保鲜技术有其优点和不足。

1. 辐射保鲜技术的优点

（1）对食品的原有品质影响小　辐照可以在低温或常温进行，几乎不升高食品温度，因此辐照处理可以最大限度地维持食品的营养品质和感官理化品质，特别适用于因传统热处理方法而失去风味的食品。

（2）射线穿透力强　γ射线因其穿透力强，可以辐照带包装食品、冻结状态食品、大体积食品，可以杀灭食品内部深层的微生物和害虫。

（3）无污染，无化学物质残留　辐照保鲜不使用任何化学物质，辐照食品无任何残留物，也不会对环境健康造成危害。

（4）节约能源　相比于传统的冷冻、冷藏、热处理和干燥保藏，辐照保鲜能节约能源70%~90%。

（5）适用范围广　辐照保鲜可以处理不同类型的食品，包括水果、蔬菜、谷物、肉类等，也适用于不同体积，不同状态的食品。

（6）食品辐照加工工艺简单，操作方便，能实现高度的自动化、连续化作业。

2. 辐照保鲜技术的不足

辐照保鲜技术也有不足之处，主要表现在以下3个方面。

（1）辐照处理不能完全钝化食品中的酶。

（2）敏感性强的食品和经高剂量辐照的食品可能会产生不良的感官品质变化，尤其是对高蛋白和高脂肪的食品，辐照处理可以引起肉类肌红蛋白和脂肪氧化，导致肉品变色、酸败或产生异味。

（3）辐照保鲜技术不适用于所有食品，要有选择地应用。

四、食品辐照保鲜技术的安全性

联合国粮食及农业组织（Food and Agriculture Organization of the United Nations，FAO）、世界卫生组织（World Health Organization，WHO）和国际原子能机构（International Atomic Energy Agency，IAEA）于1980年在大量毒理学实验研究基础上证实10kGy以下辐照处理的任何食品均不会产生毒理学上的危害。FAO和WHO建议食品辐照剂量不应超过10kGy。然而食品的辐照剂量因食品品种、辐照目的和不同国家而不同，并不是严格限制在10kGy以内。例如，美国的脱水香料/调味品和冷冻包装肉类的辐照剂量分别为30kGy和44kGy。经过几十年的发展，辐照技术在食品中的应用已比较普遍。截至2025年，全球已有超过80个国家和地区批准对超过600种食品和调味品使用辐照处理技术。国际食品辐照咨询小组推荐了七大类食品的辐照应用，包括豆类、谷物及其制品，干果果脯类，熟畜禽肉类，冷冻包装畜禽肉类，香辛料类，新鲜水果、蔬菜类以及水产品类。

我国在《食品安全国家标准　食品辐照加工卫生规范》（GB 18524—2016）中规定，辐照食品种类应在GB 14891.1~GB 14891.8规定的范围内，不允许对其他食品进行辐照处理。根据现行的GB 14891系列标准，目前我国允许应用辐照技术处理的食品种类有八大类，包括豆类、谷类及其制品，干果果脯类，熟畜禽肉类，冷冻包装畜禽肉类，香辛料类，新鲜水果、蔬菜类，猪肉和花粉（表4-12）。此外，《食品安全国家标准　预包装食品标签通则》（GB 7718—2011）规定：经过电离辐射线或电离能量处理过的食品，应在食品名称附近标示"辐照食品"。经电离辐照射线或电离能量处理过的任何配料,应在配料表中注明"辐照原料""辐照"或"辐照灭菌"等字样。我国辐照食品的标识要求与世界各国对辐照食品标签的要求一致。

拓展阅读:
科学认识辐照食品

表4-12 我国允许进行辐照的食品种类汇总

标准名称	食品种类	适用范围	允许辐照剂量
《辐照熟畜禽肉类卫生标准》(GB 14891.1—1997)	熟畜禽肉类	熟猪肉、熟牛肉、熟羊肉、熟兔肉、盐水鸭、烤鸭、烧鸡、扒鸡等	≤8kGy
《辐照花粉卫生标准》(GB 14891.2—1994)	花粉	玉米、荞麦、高粱、芝麻、油菜、向日葵、紫云英的蜜源的纯花粉及混合花粉	8kGy
《辐照干果果脯类卫生标准》(GB 14891.3—1997)	干果果脯类	花生仁、桂圆、空心莲、核桃、生杏仁、红枣、桃脯、杏脯、山楂脯及其他蜜饯类	0.4k~1.0kGy
《辐照香辛料类卫生标准》(GB 14891.4—1997)	香辛料类	所有品种	≤10kGy
《辐照新鲜水果、蔬菜类卫生标准》(GB 14891.5—1997)	新鲜水果、蔬菜类	马铃薯、洋葱、番茄、苹果等17种	≤1.5kGy
《辐照猪肉卫生标准》(GB 14891.6—1994)	猪肉	旋毛虫猪肉	0.65kGy
《辐照冷冻包装畜禽肉类卫生标准》(GB 14891.7—1997)	冷冻包装畜禽肉类	猪、牛、羊、鸡、鸭等冷冻包装畜禽肉类	≤2.5kGy
《辐照豆类、谷类及其制品卫生标准》(GB 14891.8—1997)	豆类、谷类及其制品	豆类、谷类及其制品	豆类≤0.2kGy 谷类 0.4k~0.6kGy

本节线上学习资源可扫描以下二维码获取。

食品辐照保鲜技术

第五节 超高压保鲜技术

作为一种创新性的食品加工和保鲜技术,超高压技术是一种物理的、无添加剂、低温超高压的食品处理技术。根据食品种类不同,分别以300M~600MPa的压力灭菌,可充分保持食品的营养成分和原本特性、有效延长食品的保质期,广泛应用于食品生产中。

一、概述

我国规定压力超过100MPa即称为超高压,而在其他国家则称为高压。把液体或气体加压到100MPa以上的技术称为超高压技术(ultra-high pressure,UHP),也可称为超高压处理技术(high pressure processing,HPP)或高静压技术(high hydrostatic pressure,HHP)。

超高压技术是一种新型的非热加工技术,是指以液体(水、油)作为压力传递介质,在静高压100M~1000MPa条件下处理一定时间,使食品中的酶、蛋白质、淀粉等生物大分子的结构或性质发生变化,以达到灭酶、杀菌和改善食品功能等目的。早在1899年,Hite等以牛乳和肉类为研究对象首次进行了高压保藏食品的实验,1990年日本最早实现超高压技术的商业化应用,用于加工果汁、果冻和果酱,随后超高压技术应用于越来越多的食品。超高压技术适用于所有含液体成分的食品,如新鲜果蔬、肉类、蛋类、乳类等及其加工制品如果蔬汁、水果罐头、肉类罐头等。

在食品超高压加工过程中遵循两个基本原理,即帕斯卡原理和沙特列原理。帕斯卡原理认为,在超高压处理过程中,加在密闭液体上的压强可以瞬时以原来的大小均匀地传递到食品的各个方向。无论食品是直接与压力介质接触还是密封在传输压力的柔性包装中,压力都会瞬时均匀地传递到整个食品。超高压加工过程中,食品受到均一的处理,不存在压力梯度,传压速度快,处理的效果与食品的体积、形状大小和成分无关(图4-7)。根据沙特列原理,超高压使反应平衡朝着减小施加于系统的外部作用力影响的方向进行,即超高压处理会使食品成分中发生的理化反应向着最大压缩状态的方向进行,从而使食品中反应平衡,反应速率以及分子构象发生改变。因此,化学反应、分子构象变化、相变以及任何伴随体积减小的反应都在压力的作用下得到加强,反之亦然。以水为例,在室温下施加100MPa的外部压力时,水的体积会减小19%;当施加200MPa的外部压力时,水的冰点降至-20℃。

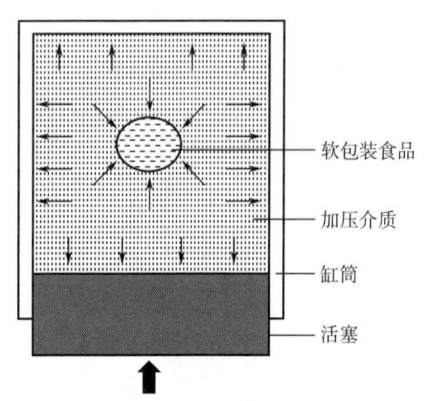

图4-7 超高压处理食品示意图
(Abera G,2019)

二、超高压技术对食品的影响

1. 对食品中微生物的影响

不同的微生物对超高压处理具有不同的敏感

性。大多数细菌能够在20M~30MPa生长，将能够在40M~50MPa压力下生长的微生物称为耐压微生物，耐压微生物能够在50M~200MPa压力下存活，但是不能生长。实验证明超高压可以导致微生物的形态结构发生改变，细胞壁和细胞膜的结构破坏，酶活性受到抑制，影响DNA等遗传物质的复制，破坏蛋白质的次级键从而导致构象改变而影响蛋白质功能，最终造成微生物死亡。一般来说，压力高于200MPa时，细菌、酵母和霉菌会失活。在实践中，常采用高达700MPa的压力处理数秒到数分钟时间来灭活微生物。细菌孢子具有很强的耐压性，在室温下，1000MPa以上的压力仍表现出显著的耐压性。低酸食品的杀菌，如一些水果制品，可以通过高压（500M~900MPa）复合高温（90~120℃）处理约5min。

2. 对食品中酶的影响

食品中酶的活性对其品质有重要影响，通过抑制酶活可延长食品的保藏期。大多数酶的化学本质是蛋白质，其活性与三级结构有关，超高压使得维持酶高级结构的氢键、离子键、疏水键等次级键被破坏，导致酶蛋白三级结构构象、活性位点改变，从而使酶的活性受到抑制。超高压处理对不同品种的酶的钝化效果存在差异，食品中常见酶的耐超高压能力由强到弱依次为：过氧化物酶、多酚氧化酶、过氧化氢酶、磷酸酯酶、脂酶、果胶酯酶、乳过氧化物酶以及脂肪氧化酶。然而，也有些研究发现，超高压处理条件设置不当时，也可能对食品中的酶起激活作用，这可能是由于高压可以改变酶中的分子间相互作用，进而促使酶分子更好地与底物结合，加快催化反应速率。

3. 对食品营养和感官品质的影响

食品中的营养成分包括糖类、蛋白质、脂类、维生素、矿物质。超高压处理一般只对形成生物大分子立体结构的各种非共价键，如氢键、离子键、疏水键和水合作用等有破坏作用，导致蛋白质、淀粉等发生变性。在超高压作用下，蛋白质分子的体积压缩变小，非共价键改变，引起蛋白质的解聚、分子结构伸展等变化，从而改变蛋白质的溶解性、乳化性、起泡性、凝胶性等功能性质，进而影响食品的质构。

超高压作用下，在水分存在时可使淀粉颗粒的晶体结构发生不可逆破坏，非结晶区也会与水分发生水合作用，进而破坏淀粉的颗粒形貌，甚至分子结构，改变淀粉的透光率、溶解度、膨胀度及凝胶性质等理化特性。超高压处理可以提高淀粉的糊化度、糊化温度，降低淀粉糊的黏度、回生值及老化速率。

超高压处理对维生素、氨基酸、矿物质、色素、有机酸等低分子化合物的共价键无明显作用，对它们的影响相对较小，故经超高压处理的食品能较好保持原有的营养、色泽和风味。与热加工相比，600MPa高压处理保留了番茄泥和胡萝卜泥90%以上的维生素C，而热处理使维生素C含量迅速下降。与传统热加工食品相比，超高压处理食品的品质更好，但也会有一定影响。100MPa以上的超高压处理会引起洋葱片的褐变，且褐变率随压力的增加而增加。采用200、300和400MPa超高压处理牛肉，结果表明较低的压力水平（200MPa）对肉质参数的影响最小，而增加压力和温度水平会促进脂质氧化，并改变牛肉色泽。超高压也可以改变植物细胞的通透性，使细胞内代谢物和水分流到细胞外，进而影响食品品质。

三、影响超高压杀菌效果的因素

超高压技术应用于食品的保鲜主要是由于其杀菌效果，杀菌效果与处理温度、压力大小、加压时间、施压方式、微生物种类和培养条件、pH、水分活度和食品成分等许多因素有关。

1. 处理温度

超高压处理的温度范围较广，可从零下低温（-20℃）延伸至高温灭菌范围（100℃以上），受压时的温度对灭菌效果影响显著。一般情况下，杀菌效果随温度升高而增强。例如，采用100MPa压力杀灭大肠杆菌，20℃时需要124h，30℃时需要36h，40℃时仅需12h。低温或高温条件下对食品进行高压处理具有较常温下处理更好的杀菌效果。大多数微生物在低温下耐压能力下降，这是因为0℃以下压力导致细胞因冰晶析出而破裂的程度加剧，细胞膜的结构更易损伤，蛋白质对高压的敏感性提高而更易发生变性。

2. 压力大小和加压时间

在一定范围内，超高压处理压力越高杀菌效果越好。对于非芽孢类微生物，300M～600MPa时有可能全部致死；对于芽孢类微生物，有的可在1000MPa的压力下生存，对于这类微生物，施压范围在300MPa以下时，反而会促进芽孢发芽。超高压处理时间短的数秒，长的可达20min以上，杀菌效果随灭菌时间的延长在一定程度上有所提高。对于某一具体的食品，要选择合适的处理压力和时间，否则会对食品的品质产生极大影响。例如，压力过大，会造成对虾肌肉中的肌原纤维蛋白和肌浆蛋白变性、类胡萝卜素降解，进而造成虾体色泽变白、红度下降及黄度值上升，影响感官品质。

3. 施压方式

超高压杀菌方式有连续式、半连续式和间歇式三种，一般情况下间歇式杀菌效果要好些。对于芽孢菌，第一次加压会促使芽孢菌发芽成为营养细胞，第二次加压则可灭活这些营养细胞。因此，对于易受芽孢菌污染的食品，宜采用多次短时的超高压处理。

4. 微生物种类和培养条件

不同种类的微生物的耐压性不同，超高压杀菌的效果也不同。革兰阳性菌对压力的抗逆性强于革兰阴性菌；芽孢菌的耐压性强于非芽孢菌。革兰阳性菌中的芽孢杆菌属和梭状芽孢杆菌属的芽孢最为耐压，杀灭芽孢需要更高的压力并结合其他处理方式。酵母和霉菌的耐压性能比细菌低，酵母和霉菌通常在200M～400MPa下失活，而细菌通常在300M～600MPa下失活。微生物的耐压性也随着其生长期而改变，处于静止期或休眠阶段的细胞比处于对数生长期的细胞更耐压。

5. pH

超高压杀菌受pH的影响很大。低pH和高pH环境，都有利于杀死微生物。每种微生物都有适宜生长的pH范围，高压处理会改变介质的pH，缩小适宜微生物生长的pH范围。例如，在68MPa下，中性磷酸盐缓冲溶液的pH会降低0.4个单位。压力还可能会影响微生物对pH的敏感性。研究发现，压力为0.11MPa时，粪链球菌在pH为9.5时生长受到抑制；而压力为40MPa时，pH为9.0时即可抑制其生长。改变食品的pH，使微生物的生长环境劣化，可缩短和降低超高压杀菌的时间和压力。

6. 水分活度

食品中的水分活度对杀菌效果影响显著。A_w为0.88~0.92时，基质对微生物有保护作用。当A_w为0.96时，30℃，400MPa条件下处理15min，可使红酵母细胞减少6个数量级；当A_w为0.94时，酵母细胞减少不足2个数量级；当A_w为0.91时，酵母数量几乎不减少。

7. 食品成分

食品成分对高压杀菌的影响情况较为复杂。蛋白质、碳水化合物、脂类对微生物具有保护作用。食品高盐高糖时，其杀菌速率减慢；糖和盐的浓度越高，微生物的致死率越低。富含蛋白质、脂肪的食品高压杀菌较困难，但添加适量的脂肪酸酯、糖酯及乙醇后，杀菌效果会增强。食品中的氨基酸和维生素等营养物质也增强了微生物的耐压性。抑菌剂对高压杀菌有协同效应，可使处理压力降低。

四、超高压保鲜技术的特点

与传统的食品保鲜技术相比，超高压处理技术有其优缺点。

1. 超高压技术的优点

（1）相比于传统热处理和冷处理中遇到大体积食品传热不均匀而影响效果，超高压处理的效果与食品的体积大小、形状无关。

（2）超高压处理可将压力瞬时传递到食品的中心，因此处理时间短。

（3）超高压处理可以在常温或较低温度下进行，不会对食品产生热损伤，且只破坏形成大分子立体构象的次级键，对共价键几乎无影响，因此能够较好保持食品原有的营养、色泽和风味。还可以激活或灭活食品中自身存在的酶，或使蛋白质、淀粉改性从而使食品获得新的结构和质地，可用于开发新产品。

（4）超高压处理具有很好的杀菌效果，可以减少或消除化学防腐剂的使用。

（5）由于高压处理是等静压的（均匀整个食物），食物被均匀保存，整个过程中没有任何颗粒逸出，对环境友好，不产生废弃物或污染物。

（6）超高压处理可直接作用于柔性包装的食品，避免二次污染。

（7）超高压处理减小能源消耗，成本低。

2. 超高压技术的缺点

尽管超高压技术灭菌效率高，安全性高，节能环保，但是也存在一些问题。

（1）有些酶和细菌芽孢具有很强的耐压性能，需要较高的压力才能使其失活。

（2）超高压处理后，体系中的溶解氧和未失活的酶可导致食品成分发生氧化降解或酶促反应。

（3）大部分超高压处理的食品需要在低温中贮藏流通，以保持其感官和营养品质。

（4）超高压虽然能有效抑制微生物活动造成的食品腐败，但不同食品对超高压的耐受性和敏感性存在差异，过高压力可能会影响食品的感官品质和营养性。

本节线上学习资源可扫描以下二维码获取。

超高压保鲜技术

第六节 微波保鲜技术

食品采用高温、干燥、烫漂、冷冻等常规技术来实现对食品的杀虫灭菌与保鲜，但往往会影响食品的原有风味和营养成分。微波技术作为一种现代高新技术，可以实现杀虫、灭菌、保鲜的目的，正日益受到重视。

一、概述

微波（microwave）是指频率在0.3G～300GHz的电磁波。微波技术最早应用于军事领域，随后逐渐扩展到通讯、医疗、化工和食品领域。通常，家用微波设备的频率为2450MHz，而工业微波的频率为915MHz和2450MHz。微波具有穿透力强、加热速度快、时间短、能耗低、无污染、易于控制等优点，被广泛应用于食品干燥、杀菌、灭酶、杀虫、杀青、烹饪、解冻、萃取等领域。

微波以电磁波的形式传播，食品的微波处理主要是利用微波的热效应。电介质吸收微波能使介质温度升高，这个过程称为介电加热。微波在介电材料中的产热机制主要有两种：离子极化和偶极子转向。

溶液中的离子在电场作用下产生离子极化。离子带有正电荷，从电场中获得动能，相互发生碰撞，将动能转化为热能。溶液的浓度越高，离子碰撞的概率越大，在微波高频率上产生的交变电场会引起离子无数次碰撞，产生更大的热，从而引起介质温度升高。

有些电介质分子的正负电荷重心不重合，即分子具有偶极矩，这种分子称为偶极分子（极性分子），由这些极性分子组成的电介质称为极性电介质。极性电介质在无外电场作用时，其偶极矩在各个方向上的分布概率相等，偶极矩在宏观上为零。当极性分子受外加电场作用时，偶极分子就会产生转矩，偶极矩不为零，这种极化称为偶极子转向极化（图4-8）。水分子是最普通的极性分子，以不同比例分布于食品和生物组织中。当食品处于微波中时，高频电场转向导致水分子快速的极性转动，分子之间产生强烈摩擦并产生热量，物料的温度随之升高。

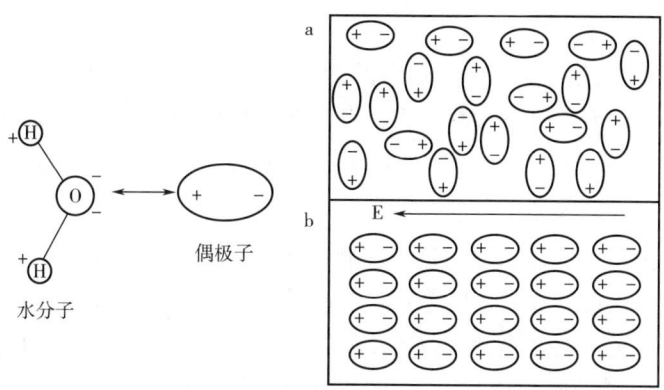

图4-8 偶极子在（a）未加电场和（b）电场中的排布取向
（Williams，2009）

农产品主要由水、碳水化合物、脂类和蛋白质等极性分子组成，在微波作用下热效应显著。热效应是农产品微波加工的主要作用机制，熟化、干燥、杀菌、钝酶和杀虫等作用主要通过微波场中物料温度的升高来实现。一般情况下，微波场中的物料温度越高，杀菌、钝酶和灭虫等效果越显著。物料吸收微波的能力不仅取决于微波的功率、频率、处理时间等参数，还取决于物料本身的介电特性。

微波作用还存在着非热效应。非热效应，即生物效应，是指在电磁波的作用下，生物体内无明显升温，却可以产生强烈生物响应，使生物体内发生种种生理、生化和功能的变化。例如，在相同温度下，微波杀菌比传统热杀菌的效果更显著。水果和食用菌经过低功率微波处理后，在不超过室温的条件下即可显著抑制酶活，达到保鲜效果。微波的非热效应机制目前主要归结为以下几个方面：①微波改变细胞膜的电荷及离子分布，导致离子通道的通透性和选择性改变，甚至引起细胞膜穿孔或破裂，进而导致细胞死亡；②微波场的量子能量作用于微生物体内的蛋白质、核酸等大分子物质，使分子内部的次级键断裂或重排，分子构象发生改变，最终导致生物活性丧失；③微波的选择性加热使微生物的温度比周围介质高，引起微生物的快速死亡。然而，非热效应的作用机制到目前为止在学术界仍存在争议，有待更深入的研究加以证实。

二、食品微波保鲜技术

1. 微波干燥

微波干燥可应用于粮食、茶叶、果蔬等农产品，主要的技术有微波热风干燥、微波冷冻干燥、微波真空干燥等。微波干燥有四个优势：一是物料内外温差小。微波具有穿透作用，物料表面和内部同时升温，提高物料内外温度的均匀性。二是干燥速度快。微波处理的温度梯度与蒸气迁移的方向相同，都是由内向外，大大提高干燥速度。三是热效率高。微波直接作用于物料，除了少量热传导损耗外几乎没有其他损耗。四是对产品品质的影响小。微波干燥效率高，可缩短干燥时间，降低干燥温度，能最大限度地保持农产品原有的营养和外形。

2. 微波灭菌

微波属于新型热杀菌技术，食品中的微生物受到微波热效应和非热效应的共同作用，可在极短时间内死亡。微波功率大，升温快，比传统的热杀菌效率更高，且并不影响产品的色、香、味、形。微波除了应用于环境和废弃物杀菌，还可应用于果汁、牛奶、肉制品、方便米饭等加工食品及谷物、新鲜水果和蔬菜等农产品的杀菌。真空包装的牛肉可通过微波技术进行杀菌，且不影响牛肉的新鲜度。工业规模连续微波处理的番茄汁的贮藏期、物化性质和微生物稳定性与传统热处理的番茄汁相似，但抗氧化能力更高，且灭菌时间更短。微波灭菌不仅适用于处理食品原料，对一些包装食品也能达到较好的灭菌效果，玻璃、纸和陶瓷均能作为微波食品的包装材料。但微波灭菌不适用于金属材质包装的食品，这是由于金属会将微波散发的能量聚集起来，易使金属发热产生火花引发安全事故。脉冲微波是将微波以脉冲的形式间断发出的一种微波，可应用于果蔬的杀菌。与普通连续微波相比，脉冲微波作用时间短、能耗低、温度分布更均匀，能够在温度较低情况下对果蔬产品进行杀菌，如再辅以紫外线或臭氧，果蔬的保鲜效果更佳。

3. 微波杀虫

微波被广泛应用于杀灭粮食谷物、坚果中的害虫。微波杀虫利用了微波的热效应和非热效应。由于生物介质的含水量高，微波可选择性加热生物介质，快速杀灭各种害虫；而谷物、坚果等由于含水量低，升温较慢，对其品质几乎无影响。微波对粮食贮藏过程中的赤拟谷盗、锯谷盗、谷斑皮蠹、米象、绿豆象、玉米象等害虫有较好的杀灭效果。研究表明，微波作用温度达50℃以上时，面粉中的赤拟谷盗成虫的致死率达到100%。虫卵对微波的反应最敏感，成虫反应较为迟钝。微波在有效杀死害虫的同时还会抑制粮食的发芽。利用微波杀灭新鲜果蔬害虫也有一些研究，但是应用较少。

4. 微波灭酶

近些年，微波技术被广泛应用于谷物、蔬菜、水果等农产品的灭酶处理。微波处理米糠4min，可使其中的绝大部分脂解酶失活，脂肪氧化酶完全失活，能显著降低贮藏过程中游离脂肪酸的生成，延长谷物的贮藏期。微波处理甜玉米后，果胶酶和原果胶酶的活力降低，甜玉米在贮藏期仍保持较高的硬度。微波处理能显著抑制苹果汁中多酚氧化酶的活性，降低苹果汁褐变指数，保护果汁色泽。微波抑制酶活性可能存在两个方面的原因：一是微波快速加热使酶变性失活；二是维持酶分子构象的基团或氢键等次级键在微波作用下发生松动、断裂或重组，使酶构象破坏而降低活性。

本节线上学习资源可扫描以下二维码获取。

微波保鲜技术

思考题

1. 食品冷却的目的及方法有哪些?
2. 果蔬预冷与冷藏的区别是什么?
3. 食品的速冻与缓冻有哪些区别?速冻有什么优势?
4. 冰温贮藏与冷藏、冷冻相比有哪些特点?
5. 什么是微冻保鲜?有哪些方法?
6. 简述食品辐照保鲜的原理。
7. 影响食品辐照保鲜效果的因素有哪些?
8. 食品常用的辐照射线有哪些?
9. 如何认识辐照食品的安全性?
10. 什么是超高压?超高压用于食品保鲜的作用原理是什么?
11. 简述超高压保鲜技术的优缺点。
12. 简述微波保鲜的作用原理及其在食品保鲜中的应用。

第五章 食品化学和生物保鲜技术

> **学习目标**
>
> 1. 学习掌握食品的化学保鲜技术。
> 2. 认识并熟悉常见的防腐保鲜剂。
> 3. 掌握常见的食品生物保鲜技术。

除了物理的保鲜技术,食品生产中还会采用多种化学的、生物的保鲜技术,以维持食品稳定的品质,减少腐败变质,本章主要学习常用的化学保鲜和生物保鲜技术。

第一节 化学保鲜技术

化学保鲜技术(chemical preservation)是指在食品生产、贮藏和运输过程中适量添加化学物质来提高食品的耐贮藏性和尽可能保持食品原有品质的措施。其主要作用是通过抑制微生物生长、食品氧化作用和食品中酶的活性,从而保持或提高食品品质和延长食品的保藏期。

化学保鲜方法的历史悠久,在古代人们已开始采用食盐腌制、高糖蜜制方法以提高食品的保藏性。随着科技的发展,从20世纪初开始,化学合成或天然提取的保鲜剂逐渐增多,食品化学保鲜技术取得许多新发展。与其他食品保鲜方法相比,食品化学保鲜具有使用方便、添加量少、成本低的特点。由于该方法只能在短时间内保持食品良好的品质状态,所以属于一种暂时性、辅助性的保鲜方法。

采用化学物质进行食品保鲜处理时还需遵循以下几方面原则:一是允许使用的品种,使用范围和添加剂量(最大使用量或残留量)必须符合国家标准,不可超范围、超剂量使用。二是要考虑化学物质添加对食品品质的影响。三是化学保鲜是一种暂时性的保鲜方法，只能在一定时间内保持食品的品质。四是要掌握化学物质添加的时机。食品尤其是鲜活农产品的品质变化较快，采用化学保鲜时要注意添加化学物质的时机。食品腐败变质一旦开始以后，决不能利用化学制品将已经腐败变质的食品改变成优质的食品，或者掩盖食品本身或加工过程中的质量缺陷。

食品化学保鲜使用的化学物质种类繁多，它们的理化性质和保鲜原理各不相同，有些是人工化学合成的，有些是从生物体内提取的天然物质。一般而言，根据保鲜机制的不同，食品化学保鲜物质可分为防腐剂、抗氧化剂和保鲜剂。

一、食品防腐剂

1. 概述

食品防腐剂（food preservative）是指防止食品腐败变质，延长食品储存期的物质。其主要作用是延缓或抑制微生物的生长繁殖，防止食品在贮藏、流通过程中由微生物生长繁殖引起的腐败变质。

食品防腐剂是一类以保持食品原有性质和营养价值为目的的添加剂，一种理想的防腐剂应具备以下特点：①符合卫生标准，与食品不发生化学反应；②防腐效果好，使用量少，杀菌效率高，对多种微生物起作用；③对人类及动物、植物等安全性高，无伤害或低伤害；④使用时效长，较长时间内防腐性能稳定；⑤稳定性高，抗外界影响能力强；⑥方便添加，使用简单，价格便宜；⑦物性好，无特殊颜色或气味，对人体无不良反应，环保易于循环降解。

2. 食品防腐剂的种类

《食品安全国家标准　食品添加剂使用标准》（GB 2760—2024）中允许使用的防腐剂有39种（表5-1）。食品防腐剂根据来源可分为化学合成和天然来源两大类，化学合成防腐剂主要包括有机酸及其盐类，如苯甲酸及其钠盐、山梨酸及其钾盐、对羟基苯甲酸酯类及其钠盐、丙酸及其盐、脱氢乙酸及其钠盐、双乙酸钠、稳定态二氧化氯、二氧化硫及其盐等；天然防腐剂则依托生物资源开发，如微生物源的乳酸链球菌素、溶菌酶等。防腐剂的选择需要结合食品属性、保鲜加工条件、防腐剂性质及防腐剂相互作用等综合决定，在降低防腐剂用量的基础上提高食品的防腐性能。

表5-1　GB 2760—2024中允许使用的防腐剂名单

中文名称	英文名称	CNS号
苯甲酸及其钠盐	benzoic acid, sodium benzoate	17.001, 17.002
丙酸及其钠盐、钙盐	propionic acid, sodium propionate, calcium propionate	17.029, 17.006, 17.005
单辛酸甘油酯	capryl monoglyceride	17.031
对羟基苯甲酸酯类及其钠盐	p-hydroxy benzoates and its salts	17.032, 17.007, 17.036

续表

中文名称	英文名称	CNS号
二甲基二碳酸盐	dimethyl dicarbonate	17.033
二氧化硫，焦亚硫酸钾，焦亚硫酸钠，亚硫酸钠，亚硫酸氢钠，低亚硫酸钠	sulfur dioxide, potassium metabisulphite, sodium metabisulphite, sodium sulfite, sodium hydrogen sulfite, sodium hyposulfite	05.001，05.002，05.003，05.004，05.005，05.006
二氧化碳	carbon dioxide	17.014
ε-聚赖氨酸	ε-polylysine	17.037
ε-聚赖氨酸盐酸盐	ε-polylysine hydrochloride	17.038
联苯醚	diphenyl ether	17.022
硫黄	sulfur（sulphur）	5.007
纳他霉素	natamycin	17.030
溶菌酶	lysozyme	17.035
乳酸链球菌素	nisin	17.019
山梨酸及其钾盐	sorbic acid, potassium sorbate	17.003，17.004
双乙酸钠	sodium diacetate	17.013
脱氢乙酸及其钠盐	dehydroacetic acid, sodium dehydroacetate	17.009（i），17.009（ii）
稳定态二氧化氯	stabilized chlorine dioxide	17.028
硝酸钠，硝酸钾	sodium nitrate, potassium nitrate	09.001，09.003
亚硝酸钠，亚硝酸钾	sodium nitrite, potassium nitrite	09.002，09.004
液体二氧化碳（煤气化法）	carbon dioxide	17.034
乙二胺四乙酸二钠	disodium ethylene-diamine-tetra-acetate	18.005
乙酸钠	sodium acetate	0.013
乙氧基喹	ethoxy quin	17.01
肉桂醛	cinnamaldehyde	17.012

3. 防腐剂的作用机制

食品防腐剂的种类繁多，防腐机制各不相同。一般认为食品防腐剂对微生物的抑制作用是通过破坏亚细胞结构实现，这些亚细胞结构包括细胞壁、细胞膜、线粒体、与代谢相关的酶、蛋白质合成系统及遗传物质等。

（1）破坏微生物细胞结构或功能　防腐剂通过物理或化学方式破坏微生物的细胞膜、细胞壁或细胞器结构，导致细胞内容物泄漏、渗透压失衡或关键代谢功能丧失。如苯甲酸及其钠盐在酸性环境中转化为活性分子，穿透细菌细胞膜，降低胞内pH，使酶失活并抑制ATP合成；乳酸链球菌素靶向结合革兰阳性菌的细胞壁前体脂质Ⅱ，干扰细胞壁合成，导致细胞破裂，影响微生物生长发育，达到抗腐败的目的。

（2）抑制微生物代谢酶活性　通过阻断微生物能量代谢或关键酶的功能，使其无法正常生长繁殖。如山梨酸及其钾盐通过抑制微生物的脱氢酶系统，阻断三羧酸循环（TCA循环）和电子传递链，切断能量供应，抑制微生物生长繁殖来实现防腐败的目的。

（3）干扰遗传物质复制与表达　这类防腐剂直接作用于微生物的遗传物质（DNA或RNA），干扰其复制、转录或翻译过程，从而阻断微生物的增殖能力。例如，ε-聚赖氨酸通过带正电荷的分子与DNA结合，阻碍遗传信息复制，广谱抑制细菌和真菌；溶菌酶除通过水解细菌细胞壁肽聚糖破坏结构外，还能与DNA结合抑制转录过程，实现防腐目的。

4. 常用的化学防腐剂

（1）苯甲酸及其钠盐　苯甲酸（benzoic acid；CNS：17.001；INS：210），又称安息香酸、苯酸、苯蚁酸、苄酸，分子式为$C_7H_6O_2$。苯甲酸是有光泽的、白色的、单斜晶薄片状或针状结晶。无气味或微有类似安息香或苯甲醛的气味。苯甲酸及其钠盐具有广谱抑菌性，仅对产酸菌作用较差。其防腐的机制为：使微生物细胞的呼吸系统发生障碍，阻碍细胞膜的正常生理作用，抑制微生物体内的酶活性，破坏微生物的正常代谢。pH对苯甲酸及其盐的杀菌作用影响很大，pH在2.5～4.5时效果最佳，在碱性介质中其效果明显降低，实际使用时常控制pH在4.5～5.0。因此，苯甲酸常用于保藏高酸性水果、浆果、果汁、果酱、饮料糖浆及其他酸性食品。苯甲酸难溶于水，故食品防腐时一般都用苯甲酸钠。但它的pH较高，杀菌和抑菌能力比苯甲酸弱得多。

（2）山梨酸及其钾盐　山梨酸（sorbic acid；CNS：17.003；INS：200），又称2,4-己二烯酸，分子式为$C_6H_8O_2$，是一种不饱和羧酸，是常用的食品防腐剂。山梨酸是无色针状结晶或白色粉末，带有轻微气味，当使用浓度低于0.3%时无味。山梨酸对酵母、霉菌以及好气性细菌具有较强的抑制活性，还能防止肉毒杆菌、葡萄球菌、沙门氏菌等有害微生物的生长和繁殖，但对厌气菌和嗜酸乳杆菌无效。山梨酸属于酸性防腐剂，其防腐效果在pH低于5～6时最佳，防腐效果随pH升高而降低，pH 3时抑菌效果最好。山梨酸能够被人体代谢生成二氧化碳与水，属于对人体安全无害的防腐剂。山梨酸钾有类似的抗微生物作用，且在水中的溶解性比山梨酸更好，使用更为普遍。山梨酸及其钾盐可用于许多食品的防腐保鲜，包括饮料、糕点、奶酪、腌制或蜜制的水果和蔬菜、果酱和果冻、坚果、人造黄油、肉制品、调味乳制品、调味品等。

（3）对羟基苯甲酸酯类及其钠盐　对羟基苯甲酸酯类（*p*-hydroxy benzoates；CNS：17.032；INS：219），又称尼泊金甲酯，白色结晶粉末或无色结晶。易溶于醇、醚和丙酮，极微溶于水，其钠盐的水溶性较高。对羟基苯甲酸酯类是国际上允许使用的一类防腐剂，常见的有对羟基苯甲酸甲酯、对羟基苯甲酸乙酯、对羟基苯甲酸丙酯、对羟基苯甲酸丁酯和对羟基苯甲酸苄酯。对羟基苯甲酸酯类具有酚羟基结构，抗细菌性能比苯甲酸、山梨酸都强。其抑菌机制是：破坏微生物的细胞膜，使细胞内的蛋白质变性，可抑制微生物细胞的呼吸酶系与电子传递酶系的活性。对羟基苯甲酸酯类安全性好，稳定性强，具有广谱抑菌性，适用的pH范围（4~8）较宽，广泛用于食品、化妆品、医药的防腐剂。我国目前仅允许对羟基苯甲酸甲酯钠，对羟基苯甲酸乙酯及其钠盐用于食品防腐剂，可用于经表面处理的新鲜果蔬、酱油、食醋、酱及酱制品、饮料等食品的防腐。

（4）丙酸及其盐　丙酸（propionic acid；CNS：17.029；INS：280），分子式为$C_3H_6O_2$，为无色油状液体，有挥发性，略带辛辣的刺激油哈味。丙酸盐主要指丙酸钠（sodium propionate；CNS：17.006；INS：281）和丙酸钙（calcium propionate；CNS：17.005；INS：282），二者皆为白色结晶或白色晶体性粉末，无臭或微带丙酸臭味。丙酸及其盐类发挥防腐作用的有效成分是丙酸。丙酸能显著抑制霉菌生长，对细菌的抑制作用较小，对枯草芽孢杆菌、八叠球菌、变形杆菌等细菌有一定的效果，对酵母则不起作用。丙酸是人体正常代谢的中间产物，可被代谢和利用，丙酸、丙酸钠和丙酸钙的每日允许摄入量（allowable daily intake，ADI）不做限制。由于丙酸盐的作用依靠游离的丙酸，故在酸性下发挥抑菌作用，最适的pH应低于5.5。丙酸及其盐作为食品防腐剂，可用于面条、饺子皮、馄饨皮、烧麦皮等生湿面制品，豆类制品，面包，糕点，醋，酱油等。

（5）双乙酸钠　双乙酸钠（sodium diacetate，SDA；CNS：17.013；INS：262ii），又称二乙酸钠、二醋酸钠，分子式为$C_4H_7NaO_4$。白色结晶，略有醋酸气味，极易溶于水，10%的水溶液pH为4.5~5.0，150℃可分解。双乙酸钠是一种广谱、高效、无毒的防腐剂，对细菌和霉菌有良好的抑菌能力。其抗菌作用来源于乙酸，乙酸可以降低产品的pH；乙酸分子与类脂化合物的相溶性较好，易于透过细胞壁使细胞内的蛋白质变性，干扰酶的作用，从而起到抗菌作用。双乙酸钠作为食品防腐剂可用于豆干类、豆干再制品、膨化食品、预制肉制品及熟肉制品、糕点、粉圆、复合调味料等。

（6）稳定态二氧化氯　二氧化氯（stabilized chlorine dioxide；CNS：17.028；INS：926），分子式ClO_2，是一种黄绿色至橙色气体，可任意比例溶于水。二氧化氯对受热、震动、撞击、摩擦等相当敏感，极易分解发生爆炸，也容易发生歧化和光解，通常要求低温避光保存。二氧化氯是一种强氧化剂，能氧化无机物和有机物，有很强的腐蚀性。二氧化氯具有高效、广谱的杀菌效果，对细菌、芽孢、病毒、藻类、酵母、霉菌等均有较好的杀菌作用。其抑菌机制主要是：氧化细胞膜中的有机物，破坏质膜的蛋白质和脂质而损坏细胞膜的结构和功能。二氧化氯具有高度的安全性，被WHO列为A1级消毒剂。为了克服其不稳定性的缺点，以便运输和贮藏，一般将其制成稳定态二氧化氯。作为消毒剂，二氧化氯具有高效、广谱、安全、快速、持久、使用量少的特点，已广泛用于医疗卫生、食品加工消毒、食品保鲜、环境消毒、饮水消毒、工业水处理等方面。在食品工业中，稳定态二氧化氯常用于新鲜水果、蔬菜的消毒；也可用于鱼类、甲壳类、贝类、软体类、棘皮类等水产品及其加工制品的消毒。

（7）二氧化硫及其盐　二氧化硫（sulfur dioxide；CNS：05.001；INS：220），分子式为SO_2，为无色透明气体，有刺激性臭味。二氧化硫常用于植物性食品的保藏，作为防腐剂，也作为漂白剂和抗氧化剂。二氧化硫是强还原剂，可以减少植物组织中氧的含量，抑制氧化酶和微生物活性，从而防止食品的腐败变质、变色和维生素C的损耗。在食品加工中，二氧化硫是以焦亚硫酸钾、焦亚硫酸钠、亚硫酸钠、亚硫酸氢钠、低亚硫酸钠等亚硫酸盐的形式，通过浸渍的方式或者直接添加至食品中；或者采用硫磺熏蒸的方式处理食品。这些含硫物质在使用过程中会释放出二氧化硫，以达到漂白、护色、抗氧化、防腐和杀菌的目的。例如，以燃烧硫黄的方式产生二氧化硫，对果干、干菜、蜜饯、粉丝等进行熏蒸，可抑制病原微生物的生长繁殖；破坏果片表面细胞，促进干燥；还可破坏酶系，阻止氧化褐变。二氧化硫作为漂白剂、防腐剂、抗氧化剂用于经表面处理的鲜水果、水果干类、蜜饯凉果、干制蔬菜、腌渍的蔬菜、干制的食用菌和藻类、腐竹类、坚果、可可制品、巧克力和巧克力制品、糖果、果蔬汁、葡萄酒、果酒等多种食品。

虽然二氧化硫在植物性食品保藏加工中应用广泛，但应注意二氧化硫的安全性。按照标准规定合理使用二氧化硫不会对人体健康造成危害，但长期超限量接触二氧化硫可能导致人类呼吸系统疾病及多组织损伤。

拓展阅读：科学认识食品防腐剂

二、食品抗氧化剂

1. 概述

食品暴露于空气、热、光等条件下易发生氧化反应。氧化是引起食品劣变的常见原因，富含脂肪、蛋白质及酚类物质的食品最容易发生氧化。脂肪氧化过程会产生醛、酮、酸等物质，散发出酸败味道，同时破坏营养物质，甚至产生对人体健康有害的物质。蛋白质氧化可导致蛋白质的构象、疏水性、溶解性改变，生物活性丧失或减弱，必需氨基酸含量减少，消化率降低。酶促褐变是食品成熟、加工和储存过程中的另一种氧化现象。它涉及酚类化合物的酶促氧化，最终导致深色色素物质的形成，使许多果蔬及其制品发褐、发黑。总而言之，食品被氧化后，不仅产生酸败味等不良风味，还会引起食品褪色、褐变和营养素损失，甚至产生有害物质，降低食品的可食用性、营养性、商品性和安全性。食品氧化变质是一个不可逆的过程，必须采取有效措施预防或延缓食品发生氧化。

抗氧化剂（antioxidants）是指能防止或延缓油脂或食品成分氧化、分解、变质，提高食品稳定性的物质。作为抗氧化剂，其应具备以下四个条件：①对食品具有优良的抗氧化效果，用量适当；②使用时和分解后都无毒、无害，不产生异味和不良色泽；③稳定性好，分析检测方便；④容易制取，价格便宜。

2. 抗氧化剂的种类

根据溶解性，抗氧化剂可分为脂溶性抗氧化剂和水溶性抗氧化剂。脂溶性抗氧化剂适用于油脂含量较高的食品，以避免其中的油脂及营养成分在加工和贮藏过程中被氧化、降解或酸败；水溶性抗氧化剂多用于果蔬的加工与保藏，用来消除或延缓因氧化造成的褐变现象的发生。按照来源，抗氧化剂可分为合成抗氧化剂和天然抗氧化剂两大类。合成抗氧化剂通过某些化学或生物反应生产制得，具有经济、产量高、耐高温和抗氧化性强等特点，是目前食品工业中应用的主要抗氧化剂。常见的合成抗氧化剂有丁基羟基茴香醚（butyl hydroxy anisd，BHA）、二丁基羟基甲苯（butylated hydroxy toluene，BHT）、没食子酸丙酯（propyl gallate，PG）、特丁基对苯二酚（tertiary butyl hydro quinone，TBHQ）等。天然抗氧化剂主要来源于植物，通过系列提取、分离过程而获得，具有无毒或低毒、高效、安全等特点。常见的天然抗氧化剂有抗坏血酸及其盐、茶多酚、植酸、迷迭香提取物、甘草抗氧化物、竹叶抗氧化物等。天然抗氧化剂按活性成分可分为黄酮类、多酚类、维生素、皂苷类、鞣质类、褪黑素类等。《食品安全国家标准 食品添加剂使用标准》（GB 2760—2024）中规定可用的食品抗氧化剂有39种（表5-2）。

表5-2 GB 2760—2024中允许使用的抗氧化剂名单

中文名称	英文名称	CNS号
茶多酚	tea polyphenol（TP）	04.005
茶多酚棕榈酸酯	tea polyphenol palmitate	04.021
丁基羟基茴香醚	butylated hydroxyanisole（BHA）	04.001
二丁基羟基甲苯	butylated hydroxytoluene（BHT）	04.002
二氧化硫，焦亚硫酸钾，焦亚硫酸钠，亚硫酸钠，亚硫酸氢钠，低亚硫酸钠	sulfur dioxide, potassium metabisulphite, sodium metabisulphite, sodium sulfite, sodium hydrogen sulfite, sodium hyposulfite	05.001，05.002，05.003，05.004，05.005，05.006
甘草抗氧化物	antioxidant of glycyrrhiza	04.008
4-己基间苯二酚	4-hexylresorcinol	04.013
抗坏血酸，抗坏血酸钠，抗坏血酸钙	ascorbic acid, sodium ascorbate, calcium ascorbate	04.014，04.015，04.009
抗坏血酸棕榈酸酯	ascorbyl palmitate	04.011
抗坏血酸棕榈酸酯（酶法）	ascorbyl palmitate（enzymatic）	04.024
磷脂	phospholipid	04.010
硫代二丙酸二月桂酯	dilauryl thiodipropionate	04.012
没食子酸丙酯	propyl gallate（PG）	04.003
迷迭香提取物	rosemary extract	04.017

续表

中文名称	英文名称	CNS号
羟基硬脂精	oxystearin	00.017
乳酸钙	calcium lactate	01.310
乳酸钠	sodium lactate	15.012
山梨酸及其钾盐	sorbic acid, potassium sorbate	17.003, 17.004
特丁基对苯二酚	tertiary butylhydroquinone (TBHQ)	04.007
维生素E（包括dl-α-生育酚，d-α-生育酚，混合生育酚浓缩物）	vitamin E (dl-α-tocopherol, d-α-tocopherol, mixedtocopherolconcentrate)	04.016
乙二胺四乙酸二钠	disodium ethylene-diamine-tetra-acetate	18.005
乙二胺四乙酸二钠钙	calcium disodium ethylene-diamine-tetra-acetate	04.020
D-异抗坏血酸及其钠盐	D-isoascorbic acid, sodium D-isoascorbate	04.004, 04.018
植酸，植酸钠	phytic acid, sodium phytate	04.006, 04.025
竹叶抗氧化物	antioxidant of bamboo leaves	04.019
茶黄素	theaflavins	04.023
柠檬酸	citricacid	01.101

3. 抗氧化剂的作用机制

抗氧化剂通过多种机制延缓或抑制脂质或其他分子氧化，包括清除氧、清除自由基、螯合金属离子、抑制氧化酶活性等。

（1）清除氧　空气中的氧气可与油脂、酚类物质发生氧化反应，降低食品内部或其周围的氧浓度，可有效延缓食品的氧化速率。常用的氧清除剂主要包括维生素E、β-胡萝卜素、抗坏血酸及其衍生物等。此类抗氧化剂具有氧化还原性，本身极易氧化，能与氧反应降低食品体系及周围的氧含量，从而保护食品免受氧化损伤。

（2）清除自由基　多数抗氧化剂，都是非常有效的自由基终止剂。包括茶多酚、生育酚、特丁基对苯二酚等含酚类结构的抗氧化剂，可作为氢的给予体向脂类自由基提供氢原子，使自由基转变为非活性或惰性自由基，从而延滞或干扰自由基链式反应中的链增长阶段，阻断氧化反应的进行。如维生素E可将自由基ROO·转化成化学性质较稳定的氢过氧化物（ROOH），中断脂质氧化链式反应，从而达到抗氧化的目的。

（3）螯合金属离子　食品加工生产过程中均存在金属离子，处于二价或更高价态的金属离子如铁离子、铜离子可传递电子,催化食品中的氢游离出来形成自由基,导致氧化速度加快。柠檬酸、植酸、磷酸衍生物及黄酮类化合物等可与金属离子发生络合反应形成络合物,稳定金属离子的氧化态,从而达到抑制食品氧化的目的。由于金属离子螯合剂是通过螯合引发链反应的物质间接抑制食品氧化,单独使用时抗氧化效果较差,需要与其他抗氧化剂混合使用。

(4)抑制氧化酶活性 抗氧化剂还可以通过破坏、减弱氧化酶的活性,抑制其对氧化反应的催化作用。如茶多酚能够有效抑制细胞中NADPH-细胞色素还原酶及细胞色素P-450的活性。

4. 食品中常见的抗氧化剂

(1)丁基羟基茴香醚 丁基羟基茴香醚(butyl hydroxyanisole,BHA;CNS:04.001;INS:320),又称叔丁基-4-羟基茴香醚,分子式为$C_{11}H_{16}O_2$,一般由3-BHA和2-BHA两种异构体组成混合物,为白色或微黄色蜡样结晶性粉末,带有酚类的特异臭味和刺激性的气味;不溶于水,易溶于乙醇和油脂中;几乎没有吸湿性,对热相当稳定,长时间光照颜色变深,在弱碱性条件下稳定。BHA作为脂溶性抗氧化剂,适用于油脂食品和富脂食品。由于其热稳定性好,故可在油煎或焙烤条件下使用。BHA对控制短链脂肪酸氧化特别有效;对动物脂肪的抗氧化作用较强,对不饱和植物脂肪的抗氧化作用较差。

(2)二丁基羟基甲苯 二丁基羟基甲苯(butylated hydroxytoluene,BHT;CNS:04.002;INS:321),又称2,6-二叔丁基对甲酚,分子式为$C_{15}H_{24}O$,为白色结晶性粉末,无味,无臭或很淡的特殊气味;不溶于水和丙二醇,溶于乙醇、丙酮和油脂。BHT化学稳定性好,对热稳定,与金属离子反应不变色。BHT遇光色泽变黄,并逐渐变深,应避光保存。

(3)没食子酸丙酯 没食子酸丙酯(propyl gallate,PG;CNS:04.003;INS:310),又称棓酸丙酯,分子式为$C_{10}H_{12}O_5$,为白色或淡褐色结晶性粉末或乳白色针状结晶,无臭,稍有苦味,水溶液无味。PG较难溶于水,微溶于棉籽油、花生油和猪油;在105℃失去结晶水成为无水物;熔点146~150℃,对热较敏感,在食品焙烤或油炸过程中迅速挥发。PG与金属离子(如铜离子、铁离子)可生成有色复合物。由于PG的稳定性较差,所以一般不单独使用,而与BHA、BHT复配使用,有协同增效的作用;或与增效剂柠檬酸、异抗坏血酸复配使用,抗氧化能力更强,且柠檬酸等可与铜、铁离子螯合,防止变色。当与其他抗氧化剂复配使用时,0.005%的添加量即可达到良好的抗氧化效果。

(4)特丁基对苯二酚 特丁基对苯二酚(tertiary butylhydroquinone,TBHQ;CNS:04.007;INS:319),又称叔丁基对苯二酚、叔丁基氢醌,化学式为$C_{10}H_{14}O_2$,为白色或浅黄色粉状结晶,有特殊气味;几乎不溶于水,可溶于乙醇、异丙醇、乙酸乙酯、乙醚和油脂;在铁、铜离子等存在下,也不会引起变色,但在光照或碱性条件下可呈粉红色。TBHQ对多数油脂,特别是植物油有很强的抗氧化活性,优于BHT、BHA或PG。

TBHQ还有一定的抗菌能力，对细菌、酵母和霉菌的生长有一定的抑制作用。

（5）抗坏血酸及其盐　抗坏血酸（ascorbic acid；CNS：04.014；INS：300），又称维生素C（vitamin C），是一种多羟基化合物，化学式为$C_6H_8O_6$。抗坏血酸有4种同分异构体，分别为L-抗坏血酸、D-抗坏血酸、L-异抗坏血酸、D-异抗坏血酸。抗坏血酸为白色至浅黄色结晶性粉末，无臭味，味酸，受光照后逐渐变褐色；在干燥条件下相当稳定，但在空气存在下，溶液中的含量会迅速减少；pH为3.5~4.5时较稳定；溶于水，略溶于乙醇，不溶于氯仿、乙醚等有机溶剂。抗坏血酸分子中有乙二醇结构，具有强还原性，易氧化脱氢生成脱氢抗坏血酸，脱氢抗坏血酸在碱性溶液或强酸性溶液中可进一步水解生成二酮古洛糖酸而失去活性。抗坏血酸的氧化速率受空气、水分、光线和温度等的影响。碱性介质和金属离子可加速氧化反应。抗坏血酸的盐类，如抗坏血酸钠和抗坏血酸钙也可作为抗氧化剂。

抗坏血酸可作为面粉处理剂和抗氧化剂。用于小麦粉，其最大使用量为0.2g/kg；用于去皮或预切的鲜水果，去皮、切块或切丝的蔬菜，其最大使用量为5.0g/kg；用于浓缩果蔬汁（浆），按生产需要适量使用。还可用于其他各类食品中，按生产需要适量使用。

（6）植酸　植酸（phytic acid，CNS：04.006），又称肌醇六磷酸，分子式为$C_6H_{18}O_{24}P_6$，可从麦麸、米糠、油料种子等分离得到，为淡黄色或黄褐色黏稠液体，易溶于水、95%乙醇和丙酮，难溶于无水乙醇、乙醚、苯、乙烷和氯仿等；水溶液为强酸性，0.7%水溶液的pH为1.7；加热则分解，浓度越高越稳定。植酸分子中的羟基和磷酸基对金属离子具有很强的络合能力，在中性和高pH条件下，几乎能与所有的多价阳离子形成稳定的螯合物，达到抑制氧化、褐变反应，促进沉淀的作用。在水产罐头中添加0.1%~0.5%植酸，能有效防止罐头结晶和变黑。在植物油中添加0.01%的植酸，可以明显抑制植物油的酸败。植酸与金属离子形成螯合物后，其生物有效性大大降低，不利于必需微量元素的吸收，在使用时应注意。

（7）茶多酚　茶多酚（tea polyphenol，TP；CNS：04.005），又称维多酚、抗氧灵、防哈灵。茶多酚是一类广泛存在于茶树中的多种酚类衍生物，主要成分为儿茶素、黄酮、黄酮醇类、花青素、花白素类、酚酸及缩酚酸等。茶多酚为淡黄至茶褐色略带茶香的粉状固体或结晶，味涩；溶于热水、甲醇、乙醇、冰醋酸和乙酸乙酯，难溶于苯、氯仿和石油醚；对热较稳定；在pH 4~8范围内稳定性较好，pH大于8时，在光照下易发生氧化聚合；遇铜、铁离子形成有色络合物。

茶多酚是一种天然抗氧化剂，具有很强的还原性，可以清除自由基，避免氧化损伤。此外，茶多酚还具有很强的金属离子螯合能力，可以防止铁、铜、锌等金属离子催化自由基形成。有研究表明，茶多酚可以通过提高还原型谷胱甘肽含量以及增强抗氧化酶（如过氧化氢酶、谷胱甘肽还原酶、超氧化物歧化酶等）活性，来间接发挥抗氧化作用。茶多酚的抗氧化能力通常与羟基的结构、位置和数量有关。一般情况下，羟基数量越多，其抗氧化能力越强。此外，茶多酚的抗氧化活性也受浓度、溶解度、活性基团、对氧化剂的可及性、产品的稳定性等因素影响。

三、食品保鲜剂

1. 概述

食品保鲜剂是指为了保持生鲜食品的品质，通过喷涂、喷淋、浸泡或涂膜于食品表面的化学物。食品保鲜剂的作用机制与防腐剂不同，前者既注重对微生物的作用，也注重对食品本身变化的作用，如鲜活食品的呼吸作用、蒸腾作用、食味因子的变化等。对生鲜食品进行表面保鲜处理已有数百年的历史。在12世纪，我国已开始采用蜂蜡涂在柑橘表面以防止水分损失。20世纪30年代，美国、英国、澳大利亚就开始用天然的或合成的蜡或树脂处理新鲜水果和蔬菜。在50年代以后，有关可食性保鲜剂处理肉制品、糖果食品的报道逐渐增多。近年来，对可食性膜进行食品保鲜的研究和应用发展十分迅速。

食品保鲜剂有以下用途：①减少食品的水分散失；②防止食品氧化；③防止食品色泽劣变；④抑制生鲜食品表面微生物的生长；⑤保持食品的风味品质；⑥保持和增加食品的质构特性，如水果的硬度和脆度；⑦减少食品在贮运过程中的机械损伤等。例如，在果蔬表面涂膜可将果蔬表面与外界环境隔离，减少危害因子、微生物、氧气、尘埃等对果蔬的影响，有效抑制果蔬水分蒸发、呼吸速率和微生物生长繁殖，同时，涂膜具有一定机械强度和韧性，可减少果实遭受机械损伤，从而达到抗菌、保护和保鲜的作用，提高产品的商品价值。

2. 常见的食品保鲜剂及其性质

食品保鲜剂分为食品直接接触类和非接触类。食品直接接触类的食品保鲜剂的成分必须符合《食品安全国家标准 食品添加剂使用标准》（GB 2760—2024）的规定。根据特性，食品保鲜剂可分为被膜剂、乳化剂、水分保持剂、护色剂等。

（1）被膜剂　成膜保鲜剂必须含有至少一种成膜基质，根据成膜基质的化学性质不同可分为多糖、蛋白质、脂类、树脂和复合膜等。成膜材料一般安全无毒、成本低，还具有良好的性能，如阻隔性能（阻水性、阻气性、阻油性、保香性好）、机械性能（抗拉性强、延展性好、柔软度高）、光学性能（色泽均匀、透明度高）等，且稳定性好。

①多糖：多糖类涂膜主要由相对分子质量高的多糖物质及其衍生物作为成膜基质，通过分子内和分子间的氢键、范德华力等与自身及其他物质发生作用。常见的多糖类涂膜剂有纤维素、淀粉、壳聚糖及植物胶（琼脂、海藻酸钠、果胶、魔芋葡甘聚糖、阿拉伯树胶、黄原胶、瓜尔豆胶、结冷胶）等。多糖类涂膜黏度高，安全无毒，可食用，具有良好的稳定性、成膜性、阻气性等优点，部分多糖如壳聚糖还具有一定抗菌性能，但多糖涂膜亦具有阻水性差、机械强度小、干燥时间长的缺点。通过添加增塑剂、交联剂、表面活性剂、抑菌剂或与其他保鲜剂复配可改善多糖涂膜性能。研究表明海藻酸钠涂膜可降低番茄的呼吸速率和乙烯生成速率，保持果实硬度和色泽，起到延缓果实成熟衰老的作用。

②蛋白质：蛋白类涂膜剂主要来源于植物和动物。植物来源的蛋白质有玉米醇溶蛋白、大豆分离蛋白、小麦面筋蛋白、花生蛋白和棉籽蛋白等。动物来源的蛋白质有胶原蛋白、角蛋白、酪蛋白、乳清蛋白、鱼精蛋白等。对蛋白溶液的pH进行调节可以改变

其成膜性和渗透性。由于每种蛋白质具有不同的物理和化学性质，其成膜能力略有不同。大多数蛋白质类涂膜具有一定力学性能，具有阻隔性好，透性小，成膜性好的特点，但抗菌性能和对水蒸气扩散的抵抗力差，常与脂类复合使用。在肉制品加工与保鲜中，用胶原蛋白膜包裹肉制品，可以减少汁液流失、色泽劣变和脂肪氧化，从而提高肉制品的品质，胶原蛋白肠衣已经大量取代天然肠衣用于灌肠产品中。

③脂类：脂类涂膜材料主要有液体石蜡、蜂蜡、漆蜡、矿物油、蓖麻子油、菜籽油、花生油、乙酰单甘酯及其乳胶体等。脂类具有疏水性和易于形成致密分子网络的特点，所形成的膜阻水阻湿性极强。巴西棕榈蜡和蜂蜡已广泛应用于多种水果涂膜保鲜，所形成的膜对水蒸气有很强的阻滞作用，可减少果实水分蒸发，还能使果实表面带有光泽。单一的脂质膜有透明度低、力学性能差、口感差等缺点。

利用被膜剂涂膜保鲜必须注意以下几方面的问题：①研制出不同特性的膜以适用于不同品种食品的需求；②准确测量膜的气体渗透特性；③准确测量目标食品的气体及水分扩散特性；④分析待贮食品的内部气体组分；⑤根据食品的品质变化，对涂膜的性质进行适当调整，以达到最佳保鲜效果。

（2）乳化剂　乳化剂是指能显著降低油水两相界面张力，使食品中互不相溶的油脂和水形成稳定的乳浊液或者乳化体系的物质。常见的乳化剂有硬脂酰乳酸钠、硬脂酰乳酸钙、双乙酰酒石酸单双甘油酯、蔗糖脂肪酸酯、磷酸盐、大豆磷脂、卵磷脂等。

（3）水分保持剂　水分保持剂是指有助于保持食品中的水分而加入的物质。常用的水分保持剂有甘油、山梨醇、甘露醇、丙二醇和磷酸盐等，其中磷酸盐是肉制品和水产品制品常用的水分保持剂，主要包括磷酸钠、磷酸三钠、六偏磷酸钠、三聚磷酸钠等。磷酸盐用于肉制品和水产品中，可以起到保水，提高乳化性的作用，从而改善肉的品质，延长保质期。

（4）护色剂　护色剂是指可以维持食品本来色泽，而其本身无色的一类物质。《食品安全国家标准　食品添加剂使用标准》（GB 2760—2024）规定可添加于食品中的护色剂有：硝酸钠、硝酸钾、亚硝酸钠、亚硝酸钾、D-异抗坏血酸及其钠盐、葡萄糖酸亚铁、焦亚硫酸钠、亚硫酸钠。例如，为了使腊肠、酱卤肉、中式火腿等肉制品保持鲜艳的红色，常添加硝酸盐和亚硝酸盐。葡萄糖酸亚铁可作为护色剂用于橄榄的腌渍。D-异抗坏血酸及其钠盐可用于浓缩果汁（浆）和葡萄酒的护色。

使用单一保鲜剂进行涂膜保鲜，其抑菌性、抗氧化能力和保鲜性能较差，达不到良好的保鲜效果。通过多种保鲜剂复配，适当添加抑菌剂、抗氧化剂、交联剂、增塑剂等可以起到协同增效的作用，提高产品的色泽、风味和质地，抑制微生物的生长。

第二节　生物保鲜技术

生物保鲜是采用生物天然提取物、微生物菌体及其代谢物和基因编辑技术进行食品保鲜的一种技术。按来源不同，可将生物保鲜技术分为天然提取物保鲜、微生物拮抗保鲜、酶法保鲜、基因工程保鲜等方式。生物保鲜物质具有天然、安全、无有害物质残留等优点，是近些年发展起来的前景广阔的贮藏保鲜方法，但技术难关难以攻克，价格高，大多处于研究阶段，市场化应用的产品较少。

一、天然提取物保鲜

天然提取物是指从植物、动物、微生物体内提取的活性物质，可以抑制食品表面微生物的生长或者抑制生鲜食品酶活性，降低细胞呼吸速率，从而达到保鲜的目的。天然提取物种类繁多，但因产量低、价格高，或加工工艺受限，目前能够实际应用的仍然较少。但天然提取物保鲜是食品保鲜的发展方向之一，应用前景广阔。天然提取物根据来源可分为植物提取物、动物提取物、微生物提取物。

1. 植物提取物

植物源提取物是从植物的根、茎、叶、花或者果实中提取的具有抗菌、抗氧化等作用的液体、半固体或固体性粉末。植物提取物来源广泛，按其有效成分不同可分为多糖、生物碱、酚类物质、有机酸、挥发油、黄酮、皂苷、单宁等。植物提取物中的生物活性物质具有抗菌、杀菌、抗氧化、抗虫、护色等作用，应用于各类食品保鲜与贮藏，具有高效、低毒、低残留、不易产生抗性等特点，是天然、安全、可靠的植物源添加剂。

（1）植物多糖　植物多糖，是植物细胞产生的，由10个以上的相同或不同单糖分子通过糖苷键连接而成的聚合物。构成植物多糖的糖基有葡萄糖、果糖、半乳糖、阿拉伯糖、木糖、鼠李糖、岩藻糖、甘露糖、糖醛酸等。植物多糖来源广泛，不同来源的多糖分子质量大小和单糖组成存在差异。多糖的分子质量大小、单糖组成和比例、构象决定其生理功效，普遍具有抗氧化、降血糖、抗肿瘤、免疫调节、调节肠道菌群等多种生理活性功能。植物多糖还具有良好的成膜性、阻气性、生物相容性，安全无毒，能够显著抑制生鲜农产品采后理化特性和感官特性的变化，是目前食用涂层首选的一种大分子化合物，在农产品保鲜中的研究和应用广泛。食品保鲜常用的植物多糖有淀粉、纤维素、植物胶等。

（2）植物多酚　植物多酚（plant polyphenol），又称植物单宁，是植物体内羟基酚类化合物的总称，主要存在于植物的根、茎、皮、叶和果实中，参与植物的多种功能。植物多酚在植物体内的含量仅次于纤维素、木质素和半纤维素，其含量的高低主要取决于许多内在因素（属、种、栽培品种）和外在（农艺、环境、处理和储存）因素的影响。植物多酚具有抗氧化、抑菌、抗病毒、抗酪氨酸酶等生物活性，能够作为一种良好的天然的抗氧化剂和防腐剂，成为研发新型保鲜剂的热点，在果蔬、肉制品、水产品的储存保鲜有一定应用。植物多酚的来源广泛，目前在食品保鲜中应用比较多的有茶多酚、百里香酚、丁香酚、苹果多酚、葡萄多酚、石榴多酚等。不同来源的多酚其化学组成不同。

植物多酚的抗氧化能力主要表现在三个方面：一是清除自由基的能力；大量的酚羟

基可作为供氢体,释放出氢与自由基结合生成活性较低的多酚自由基,从而终止自由基引发的链式反应,保护生物大分子不受自由基损伤;二是抑制氧化酶的活性,从源头上抑制氧自由基的生成;三是还原能力,多酚可以有效还原活性氧,降低环境中氧的含量。植物多酚具有广谱的抑菌活性,微生物对植物多酚的敏感性主要取决于植物多酚的成分、分子结构和浓度、微生物菌株的类别等。

(3)植物精油 植物精油(essential oils,EOs)是从植物的花、叶、根、皮或全植株中提取的天然生物活性成分,其相对分子质量小,具有独特的气味,是颜色较淡甚至无色的油状液体。精油广泛存在于植物中,其中唇形科、芸香科、桃金娘科、姜科、菊科和木兰科等含有丰富的植物精油。常见的植物精油有百里香精油、茶树精油、肉桂精油、牛至精油、迷迭香精油和丁香精油等。植物精油的成分复杂,通常含有几十种甚至几百种化学成分,按化学成分可分为萜类化合物、芳香族化合物、脂肪族化物及含氮含硫类化合物,其中主要成分是萜烯类物质,主要包括柠檬烯、松油烯、香叶醇、薄荷醇、香茅醇、香芹酮、百里香酚、香芹酚、乙酸丁香酚酯、香叶醛、橙花醛等。芳香族类物质主要包括肉桂醛、肉桂醇、丁香酚、草蒿脑等。植物精油的主要成分决定其生物活性,次要成分可能具有协同增效的作用。

植物精油具有易挥发、低残留的特点,具有高效广谱的抑菌活性、抗氧化活性和杀虫活性,且天然环保、不易产生抗药性,可作为天然保鲜剂用于果蔬、肉制品、水产品、蛋制品和粮食谷物的贮藏保鲜。食品中常用的精油处理方法有喷涂法、浸渍法、熏蒸法和涂膜保鲜法等。

2. 动物提取物

(1)甲壳素类 甲壳素(chitin),又称甲壳质、几丁质,化学名称是β-(1,4)-2-乙酰氨基-2-脱氧-D-葡萄糖,是唯一含氨基的均质多糖,相对分子质量几十万至几百万。甲壳素资源十分丰富,是自然界中储量仅次于纤维素的第二大多糖,广泛存在于海洋甲壳类动物的外壳、软体动物骨骼、昆虫翅膀、菌类及藻类细胞壁内。甲壳素作为一种天然高分子化合物,无毒无味,耐热耐腐蚀,可生物降解,并具有独特的生理活性,其开发应用领域非常广阔。在食品工业,甲壳素作为保水剂、乳化剂、增稠剂、抗菌剂而广泛应用。但由于甲壳素具有较高的分子质量和较强的分子间氢键作用,使得甲壳素易于聚集,溶解性差,不溶于水和其他有机溶剂;可溶于浓无机酸,但同时主链发生降解。在食品领域,主要应用的是甲壳素改性后的衍生物。

壳聚糖(chitosan),又称脱乙酰壳多糖、脱乙酰几丁质,化学名称为(1,4)-2-氨基-2-脱氧-β-D-葡萄糖,是甲壳素最为重要的衍生物,由甲壳素脱去乙酰基制得。与甲壳素不同,壳聚糖的溶解性有较大改善,不溶于水或碱溶液,而能溶解于稀酸,低分子质量的壳聚糖具有水溶性。壳聚糖具有高效的抗菌性,对真菌、革兰阴性菌、革兰阳性菌表现出不同的活性。此外,壳聚糖具有抗氧化性,良好的通透性及成膜性,已经广泛地应用于水果蔬菜、鱼类和肉类保鲜。壳聚糖处理可显著抑制采后香蕉果实的呼吸速率,降低失重率,减少可溶性固形物和可滴定酸的损失,维持果实的色泽,并显著降低自然腐烂的发生，有效延长了果实的货架期。1%~2%的壳聚糖涂膜应用于沙丁鱼的保鲜，可抑制细菌生长，减少不良风味形成，提高沙丁鱼的持水能力和质构特性。壳聚糖也有涂膜效率低、干燥困难、机械性能差，以及自身带有涩味且水溶性差等缺点，制约了其抗菌性能的发挥，也限制了其应用。通过酰化、羧甲基化等方法可改善其溶解性；通过添加增塑剂、表面活化剂和抗菌剂等形成复合膜能有效改善膜的强度和抗菌效果。

（2）蜂胶　蜂胶（propolis）是一种胶状物质，由蜜蜂将采集的树脂混入其分泌物加工而成。一般而言，蜂胶的成分主要有酯类、糖类、二萜酸和五环三萜类化合物；其化学成分受蜜蜂采集树脂的地理区域、季节、植物等影响，有很大的差异。蜂胶的保鲜机制主要有三个方面：一是具有高效广谱的抑菌活性，对细菌、真菌和害虫有抑制和杀灭作用；二是酚类和黄酮类物质使其具有良好的抗氧化活性；三是具有良好的成膜性，可阻止生鲜食品气体交换，抑制呼吸，降低新陈代谢，进而延缓生鲜食品的品质下降。蜂胶作为天然保鲜剂，已在水产品、肉制品、水果等保鲜中应用。用2%的蜂胶乙醇提取物对草莓进行涂膜保鲜，可显著降低草莓果实的呼吸强度、失重率与腐烂率，有效保持其硬度，维持产品原有品质，延缓果实的成熟衰老。

（3）鱼精蛋白　鱼精蛋白（protamine）是从鱼类（如鲑鱼、鳟鱼、鲱鱼等）精巢中提取的一种分子质量小、精氨酸含量高的碱性蛋白质。鱼精蛋白对细菌、酵母、霉菌有广谱抗菌作用，特别是对革兰阳性菌的抗菌作用更强，对革兰阴性菌抑制效果不明显。鱼精蛋白热稳定性高，120℃加热90min仍具有抗菌作用；在中性和碱性介质中显示很强的抑菌能力。鱼精蛋白天然、无毒、安全，用作防腐剂时其使用量不受限制，但因成本较高，只能作为高附加值的食品或功能食品的防腐剂。

（4）抗菌肽　抗菌肽（antimicrobial peptides，AMPs）是一种天然的小分子物质，大多是由20~60个氨基酸残基构成的多肽类化合物。目前，已有3000余种抗菌肽被人们发现并收录于抗菌肽库中，其中有2000多种抗菌肽来源于动物，少部分来源于植物、细菌、真菌、古细菌和原生生物。天然抗菌肽对多种细菌、真菌、病毒和寄生虫具有广谱的杀伤活性，细胞膜是抗菌肽的主要效应靶点，此外，抗菌肽还可作用于代谢关键酶，抑制细胞内生物大分子合成，或者引起细胞壁损伤和线粒体损伤。抗菌肽不仅能抵御病原体，还具有抗氧化、抗炎、免疫调节、中和内毒素的作用。抗菌肽作为一种非特异性免疫分子，大多数具有相同的性质，如带正电荷、强碱性、分子质量小、热稳定性好、较好的水溶性、广谱抗菌性、不易产生耐药性、安全无毒副作用等特点，在食品工业、农业、畜牧业、水产养殖、医药行业等领域都有研究和应用。

3. 微生物提取物

微生物能够产生多种具有抑菌、抗氧化功能的次级代谢产物，可用于食品的贮藏保鲜。目前研究和应用较多的有细菌产生的细菌素、放线菌产生的ε-聚赖氨酸、链霉菌产生的纳他霉素及有机酸等。

（1）细菌素　细菌素是由细菌产生的抗菌肽或复合蛋白，可以抑制或杀死其他微生物。目前研究最多的产细菌素的微生物是乳酸菌，已知分离出的1700多种细菌素中有

300余种来自乳酸菌，包括乳酸片球菌、植物乳杆菌及乳酸乳球菌等。它们产生的细菌素如乳酸链球菌素（nisin）、肠球菌素（enterocin）、片球菌素（pediocin PA-1）等在食品防腐保鲜方面有巨大潜力，其中商业化应用的仅有nisin、pediocin PA-1等少数几种。

乳酸链球菌素（nisin）也称乳酸链球菌肽，是乳酸链球菌产生的由34个氨基酸残基组成的抗菌肽。nisin能有效抑制大多数革兰阳性致病菌和腐败细菌的生长，包括葡萄球菌、李斯特菌、链球菌、分枝杆菌、棒状杆菌和乳酸杆菌等。nisin主要通过静电作用穿透细胞壁，到达细胞膜并结合其表面脂质成分，从而引起细胞质外溢而杀死细菌。nisin的安全性好，可被人体中的胰凝乳蛋白酶降解，不会在人体内蓄积而引起不良反应，其LD_{50}约为7g/kg（体重），与食盐相近。nisin还具有热稳定性，耐酸、耐低温贮藏，对食品的风味无不良影响，使用nisin可以降低食品的杀菌温度，减少热处理时间，从而保持食品原有的营养和风味，现已被多个国家列为食品防腐剂，广泛应用于乳制品、肉制品、罐头制品、饮料等的贮藏保鲜。pediocin PA-1也是由乳酸菌代谢产生，是一种不能被修饰基团修饰的抗菌肽，对大多数致病菌和腐败菌均有良好的抗菌活性。其通过静电结合作用介导跨越细胞壁，不同于nisin，pediocin PA-1通过疏水端插入细菌细胞膜形成孔洞，促进细胞膜去极化，导致细胞死亡。

（2）ε-聚赖氨酸　ε-聚赖氨酸（ε-polylysine）是一种由25~30个赖氨酸残基组成的同型单体多肽，是从放线菌分离提取到的天然防腐剂，具有广谱抑菌性，对耐热脂肪芽孢杆菌、凝结芽孢杆菌、枯草芽孢杆菌等革兰阳性菌，大肠杆菌、产气节杆菌、沙门氏菌等革兰阴性菌及产膜毕氏酵母、尖锐假丝酵母、玫瑰掷孢酵母等酵母菌属真菌具有明显的抑制效果。此外，ε-聚赖氨酸还具有热稳定性好、水溶性好、天然无毒的优点。ε-聚赖氨酸能够在人体内分解为赖氨酸，而赖氨酸是人体的必需氨基酸之一，因此ε-聚赖氨酸是一种安全性高的防腐剂。在我国，ε-聚赖氨酸规定可用于焙烤食品、熟肉制品和果蔬汁类及其饮料的防腐。在日本，ε-聚赖氨酸有很长的应用历史，已广泛应用于方便米饭、湿熟面条、即食蔬菜、海产品、酱油、鱼片和饼干等的防腐保鲜。

（3）纳他霉素　纳他霉素（natamycin）是一种来源于链霉菌的多烯大环内酯类化合物，具有高效、广谱的抗真菌活性，对霉菌、酵母、一些原生动物和藻类有抑制作用，但对细菌和病毒无效，其作用位点是真菌细胞膜。纳他霉素含有一个大环内酯环状结构，能选择性地与细胞膜中的麦角固醇结合，引起细胞膜结构改变，造成细胞内物质渗漏而使真菌菌体死亡。有些微生物如细菌的细胞壁及细胞质膜中不含麦角固醇，所以纳他霉素对细菌和病毒没有作用。纳他霉素是我国批准使用的生物防腐剂，具有不影响感官风味、适用pH范围广、使用剂量低、安全性高的特点。

（4）有机酸　有机酸能够抑制多种食源性致病菌及腐败菌的生长，作为防腐剂、酸味剂应用于食品工业已有百年历史。目前应用比较广泛的有机酸主要通过微生物发酵工程获取，包括柠檬酸、抗坏血酸、乳酸、醋酸以及苹果酸等。柠檬酸是食品工业中常用的酸味剂，同时还可作为水果保鲜剂、抗氧化剂、增效剂、护色剂和稳定剂等。0.2%

的柠檬酸溶液可作为护色剂，防止虾、贝、蟹等水产品及蘑菇等的褐变。适当的柠檬酸液处理还可降低芒果采后的生理活动，推迟呼吸高峰，抑制过氧化物酶、多酚氧化酶、淀粉酶等酶活性。越来越多的新有机酸抗菌剂被开发出来，如曲酸（米曲霉、黄曲霉等霉菌代谢产生的一种弱酸性有机化合物）、苯乳酸、乳糖酸等。

二、微生物拮抗保鲜

随着科学技术的发展，人们逐渐认识到可以利用有益微生物来防治植物病虫害，从而达到防腐保鲜的目的，即微生物拮抗保鲜。微生物拮抗保鲜主要是通过生防菌、病原菌和宿主之间的相互作用，达到抑制病原菌生长繁殖，减少农产品腐烂变质的目的。微生物拮抗保鲜具有无药物残留、无污染、不易产生抗药性、制备成本低、利于人畜安全及环境保护的优点，是新兴的一种环境友好的绿色保鲜方法。目前在谷物类、豆类、果实类、蔬菜类、水产品等农产品病害防控的研究及应用较多。拮抗微生物主要有细菌、放线菌、酵母和小型丝状真菌。拮抗微生物对病原菌的拮抗机制包括营养与空间竞争、拮抗物质的产生、重寄生作用、诱导抗性及生物被膜生成和群体感应等。不同种属的拮抗微生物涉及的拮抗机制不同。研究表明，拮抗微生物在体内和体外试验中均能一定程度改善农产品贮藏效果。由于农产品生存环境及贮藏保鲜环境的复杂性和不可控性，以及相关法律规范的限制，使得商业化生防制剂的开发成为一个复杂、漫长、花费大和交互的过程。目前拮抗微生物大多处于研发阶段，商业化应用较少。

1. 微生物拮抗保鲜的机制

（1）营养与空间竞争　营养和空间竞争被认为是一种普遍存在的重要机制。该机制认为拮抗微生物和病原微生物生存于同一微环境时，拮抗微生物能够迅速利用微环境中的营养物质大量繁殖并迅速占领全部空间，导致病原微生物得不到合适的营养和空间条件而生长受限，从而抑制病害的发生。拮抗微生物和病原微生物竞争的营养物质主要是碳水化合物、氮源、铁离子等。

（2）拮抗物质的产生　拮抗物质的产生是微生物拮抗病原菌重要的生防机制之一。拮抗物质主要包括非挥发性抑菌物质（细菌素或细菌素类似物、有机酸、生物碱类、萜类、拮抗蛋白等），以及一些具有抑菌作用的挥发性物质（volatile organic compounds，VOCs）。不同种属的拮抗微生物产生拮抗物质的种类和能力不同。这些拮抗物质大多为微生物的次生代谢产物，可通过破坏细胞膜、抑制蛋白质合成、限制孢子运动、裂解孢子及诱导植物抗性等方法来抑制病原菌的生长。

（3）重寄生作用　拮抗微生物识别宿主菌后，启动一系列与重寄生相关的信号通路，如编码胞外蛋白酶基因、寡肽转运蛋白基因和G蛋白偶联受体基因等的表达。微生物分泌几丁质酶、纤维素酶、葡聚糖酶、蛋白酶等能够降解病原真菌细胞壁的水解酶，促使病原真菌细胞壁穿孔、畸形、菌丝断裂、细胞内物质消解和外溢，引起细胞溶解和死亡。具有重寄生作用的微生物主要有真菌、放线菌和细菌，如木霉、绿黏帚菌、锈生座孢菌等。

(4)诱导抗性　诱导果实抗性也是微生物拮抗保鲜的重要机制。植物具有一个先天的免疫系统,能够识别微生物并做出免疫反应,这种免疫反应能系统地诱导植物产生抗性及抗性相关反应,从而增强对病原菌的防御能力,减少腐烂发生。

2. 拮抗微生物的种类

(1)拮抗细菌　拮抗细菌因繁殖速度快,易于培养和应用,成为拮抗微生物的重要资源。其中,芽孢杆菌属(*Bacillus Cohn*)和假单胞菌属(*Pseudomonas*)是生物防治中研究和应用最多的模式微生物。芽孢杆菌分布广泛,抗逆性强,可产生多种活性代谢物,现在市场上大部分的生防制剂和生防产品都是以芽孢杆菌为基础而研发的。其中研究较多的芽孢杆菌属有枯草芽孢杆菌(*Bacillus subtilis*)、解淀粉芽孢杆菌(*Bacillus amyloliquefaciens*)、苏云金芽孢杆菌(*Bacillus thuringiensis*)等。假单胞菌由于其在土壤及植物根系中广泛分布,产生广谱抑菌物质,也成为一类重要的拮抗细菌。目前有部分拮抗细菌已有商业化产品,如美国Gustafson公司开发的枯草芽孢杆菌GBO3和短小芽孢杆菌GB34,美国Novozymes Biologicals公司开发的地衣芽孢杆菌SB3086,德国Abitep Gmb公司开发的枯草解淀粉芽孢杆菌FZB24等。

拮抗细菌的抑菌作用主要体现在分泌抑菌物质、对营养物质及生态位的竞争、诱导植物产生抗性等,其中研究最常见的是分泌抑菌物质。拮抗细菌产生的抑菌物质主要有两类:一是小分子的抗生素,二是大分子的拮抗蛋白或细胞壁降解酶类。例如,苏云金芽孢杆菌可产生杀虫蛋白晶体。枯草芽孢杆菌产生的枯草菌素、制霉菌素和多黏菌素等对植物病原菌有明显的抑制作用。短小芽孢杆菌既能分泌具有抑菌能力的细胞壁水解酶类,如纤维素酶、脂肪酶、蛋白酶、淀粉酶和木聚糖酶等,又能分泌抗菌素和抗菌蛋白,对多种动植物病原菌有明显的抑制作用。部分拮抗细菌在防治病害的同时还可以提高作物抗性、增加作物产量或促进水产品生长的作用。

(2)拮抗真菌　已发现部分酵母和丝状真菌可以有效防控果蔬的采后病害,其中研究较多的是拮抗酵母。拮抗酵母具有抑菌谱广、营养要求低、不产毒素和致敏孢子、安全稳定、生长迅速、易于大规模培养等优点。此外,拮抗酵母对低温和高温、低氧、pH波动、紫外线照射具有较强的耐受性,能够适应水果伤口处高糖、高渗透压和低pH的微环境,通常不会对果蔬的感官品质带来不良影响,因而采用拮抗酵母进行果蔬病害防控前景广阔。目前大部分拮抗酵母分离筛选自果蔬的表面、叶片、根际、土壤、海洋和冰川。科学研究证实了橄榄假丝酵母(*Candida oleophila*)、罗伦隐球酵母(*Cryptococcus laurentii*)、核果梅奇酵母(*Metschnikowia fructicola*)、季也蒙毕亦酵母(*Pichia guilliermondii*)、酿酒酵母(*Saccharomyces cerevisiae*)、出芽短梗霉(*Aureobasidium pullulans*)、汉逊德巴利酵母(*Debaryomyces hansenii*)等对多种真菌病害有拮抗作用。

市面上已出现了一些商业化的拮抗酵母产品,如Aspire™(基于拮抗酵母*Candida oleophila*,美国)、Shemer™(基于拮抗酵母*Metschnikowia fructicola*,以色列)、Candifruit™(基于拮抗酵母*Candida sake*,西班牙)、BoniProtect™(基于拮抗酵母*Aureobasidium pullulans*,德国)。其中Shemer™可以在果蔬采前或采后应用,能够防控草莓、葡萄、柑橘、甘薯和胡萝卜等果蔬的真菌病害。

（3）拮抗放线菌　放线菌（actinobacteria）是一类具有应用前景的生防微生物，在自然界中分布广泛，具有来源广、种类多、抗逆性强、抗菌谱广、毒性小等特点，在植物病害生物防治中发挥重要作用。放线菌可产生多种具有活性作用的次生代谢产物，如抗生素、植物生长激素、保护激素、胞外酶、杀虫剂、生物碱、抗肿瘤剂等，在工业、医药、农业等领域得到推广和应用。尤其是在放线菌中分离获得的链霉素、土霉素、卡那霉素、井冈霉素、庆丰霉素、春雷霉素等农用抗生素能够有效抑制植物致病菌引起的病害，对果蔬采前和采后病害具有明显防治效果。此外，一些放线菌产生的蛋白酶、纤维素酶、淀粉酶等胞外酶，以及嗜铁素、有机酸等也可用于植物病害的生物防治。拮抗放线菌对植物病害的主要作用机制有拮抗作用、竞争作用、重寄生作用、诱导抗性和促生长作用。目前用于生物防治的放线菌主要有链霉菌属（*Streptomyces*）、小单胞菌属（*Micromonospora*）和小双孢菌属（*Microbiospora*）等，其中以链霉菌最为突出，研究表明，链霉菌可用于采前和采后果蔬的病害防控，能有效控制白菜、甜瓜、猕猴桃、梨、苹果、草莓、香蕉等果蔬的腐烂。

三、酶法保鲜

酶法保鲜实质是通过酶高效专一的催化作用，达到预防、减少甚至消除各种外界因素对食品的不良影响的目的，以保持食品品质。与其他方法相比，酶法保鲜具有以下优点：①酶本身无毒、无味、无臭，不影响食品的感官品质；②酶对底物有严格的专一性，不会引起不必要的化学反应；③酶催化效率高，只需添加少量就可使反应迅速进行，便利且经济；④酶作用条件温和，一般在常温常压下进行，不影响食品质量；⑤反应终点易于控制，必要时用简单热处理就能使酶失活而终止反应。目前，应用于食品保鲜的酶主要有溶菌酶、葡萄糖氧化酶、谷氨酰胺转氨酶等。

1. 溶菌酶

溶菌酶（EC 3.2.1.17，lysozyme，LYZ），又称 N-乙酰胞壁质聚糖水解酶或胞壁质酶，该酶广泛存在于自然界中，在蛋清中含量最丰富。溶菌酶能有效水解细菌细胞壁的肽聚糖，其水解位点是 N-乙酰胞壁酸与 N-乙酰葡萄糖胺之间的 β-1,4-糖苷键，使细胞壁不溶性黏多糖降解成可溶性糖肽，导致细胞壁破裂，内容物泄漏，细菌溶解死亡。革兰阳性菌细胞壁的主要成分是肽聚糖，而革兰阴性菌细胞壁外层有很厚的多糖物质，这些多糖阻碍了溶菌酶对肽聚糖的裂解，因此溶菌酶的主要作用对象是革兰阳性菌，对革兰阴性菌的杀菌效果不明显。溶菌酶还可与带负电荷的病毒蛋白直接结合，与DNA、RNA、脱辅基蛋白形成复盐，使病毒失活。因此，该酶具有抗菌、消炎、抗病毒的作用。溶菌酶热稳定性高，耐酸性强，在干燥条件下可长期保存，是一种无毒、无害、安全性很高的蛋白质，常用于食品的防腐和保鲜。溶菌酶可应用于冷鲜肉、火腿、腊肉等肉制品，乳制品，水产品及发酵酒等的保鲜。

根据《食品安全国家标准　食品添加剂使用标准》（GB 2760—2024），溶菌酶作为防腐剂可用于发酵酒，最大使用量为 0.5g/kg；还可用于干酪和再制干酪及其类似品，按生产需要量适量添加使用。在奶酪生产中使用溶菌酶，不仅对乳酸菌生长有利，且能抑制其他腐败菌的生长，还可以防止奶酪后期起泡和风味变化。

2. 葡萄糖氧化酶

葡萄糖氧化酶（EC 1.1.3.4，glucose oxidase，GOD）是用黑曲霉、青霉等发酵后制取的一种需氧脱氢酶。葡萄糖氧化酶对 β-D-葡萄糖的专一性强，通过氧化葡萄糖产生葡萄糖酸和过氧化氢。目前，葡萄糖氧化酶作为除葡萄糖剂和脱氧剂，已经应用于果汁、果酒、鲜乳、面条和水产品等的保鲜。在果汁生产过程中，应用葡萄糖氧化酶可去除果汁中的氧气，避免果汁因氧化而使色香味劣变，葡萄糖氧化酶专一性强，不与果汁中其他物质发生反应，不需要改变原加工工艺和设备，使用十分便利。应用葡萄糖氧化酶于对虾的低温保鲜，可抑制对虾褐变和酸败。

3. 谷氨酰胺转氨酶

谷氨酰胺转氨酶（EC 2.3.2.13，transglutaminase），又称转谷氨酰胺酶、TG 酶。该酶能够催化蛋白质分子内和分子间酰基转移反应，导致蛋白质之间发生共价交联，从而改善蛋白质的结构和功能，如发泡性、乳化性、热稳定性、保水性和凝胶能力等，进而改善食品的营养价值、质地结构和感官品质。谷氨酰胺转氨酶可以替代肉制品中常用的品质改良剂磷酸盐，该酶在常温、中性 pH 条件下，只需少量添加即可达到明显的效果，用于肉类保鲜与加工，不仅可将碎肉黏结在一起，还可以促进非肉蛋白和肉蛋白的交联，明显改善肉制品的风味、口感、质感和外观。此外，谷氨酰胺转移酶还可用于水产品、乳制品、豆制品、面类等的保鲜与加工。

四、基因工程保鲜

基因工程技术的进步为果蔬保鲜带来革命性的变化。通过基因编辑技术，可以培育出更加耐储存、抗病虫害的水果品种，从根本上解决水果易腐败的问题。基因编辑是指采用人工构建的特异性核酸酶对生物体核酸序列进行定点修饰、定位敲除以及插入目的基因片段，从而改变其特征和功能的技术。基因编辑技术主要有锌指核酸酶（zinc finger nucleases，ZFNs）技术、类转录激活因子效应物核酸酶（transcription activator-like effector nucleases，TALENs）技术和成簇规律间隔短回文重复序列/Cas 关联蛋白 9（clustered regularly interspaced short palindromic repeats/associated nuclease 9，CRISPR/Cas 9）系统。

品种优良的农产品对国民经济以及人们生活质量有重要的影响，对品种现有性状进行改良或者研发出优良性状的产品是许多研究者一直以来努力的方向。传统的品种改良方法有杂交育种、自然突变、物理诱变、化学诱变等，这些方法费力耗时、工作量大、效率低，无法实现对定点基因的定向修饰。基因编辑技术可定向敲除、修改或插入基因，使生物体获得新的遗传性状，高效快速地实现品种改良。近年来，基因编辑技术飞速发展，已被成功应用于物种产量、品质、抗性以及育性等多个方面的遗传改良，对提高粮食、果蔬作物、畜禽、水产品的性状发挥重要作用。

在农业生产中，通过基因编辑技术对作物的完熟基因、衰老调控基因、抗病基因、抗褐变基因和抗冷基因等的表达进行调控，可改良品种，增强对生物和非生物胁迫的耐受性，从基因工程角度解决农产品的保鲜问题。

1. 利用基因编辑获得耐贮品种

乙烯的生物合成及释放对果蔬的采后品质及货架期有重要影响，ACC合成酶（ACS）、ACC氧化酶（ACO）和ACC脱氨酶（1-amino-cyclopropane-1-carboxylate deaminase，ACCD）是乙烯生物合成的关键酶。通过基因工程技术编辑乙烯合成关键酶可以抑制乙烯的生物合成及积累，从而延缓果蔬的成熟和衰老，延长果实的保鲜期。美国的Oeller等将ACS的反义基因LE-ACC2转入番茄果实，转基因果实的乙烯合成降低99.5%，番茄红素合成受到抑制，果实没有呼吸高峰，不能软化，不变红，只有通过外源乙烯处理，果实才能变红变软，成熟后的番茄感官品质与天然番茄没有明显差异，果实的货架期得到延长，该转基因番茄已投入商业化生产。华中农业大学叶志彪团队等将ACO基因的cDNA反义转入番茄，所得的转基因株系的果实贮藏期达70~88天，好果率在80%以上，进一步将转基因株系与常规品种杂交选育出耐贮藏的番茄新品种"华番一号"，这是我国首个商业生产的转基因农作物。

植物细胞壁主要由果胶、纤维素、半纤维素和糖蛋白等构成，细胞壁的降解促进番茄、草莓、香蕉等水果质地软化，加速成熟衰老。细胞壁降解涉及各种细胞壁水解酶如多聚半乳糖醛酸酶（polygalacturonases，PG）、果胶甲酯酶（pectin methylesteras，PME）、纤维素酶（cellulase）等之间的相互作用。PG主要作用于1,4-2-D-半乳糖苷键催化果胶分子裂解，从而导致果实软化。PME可脱去细胞壁中果胶的甲基，生成便于与PG作用的底物，进而使果实软化。通过基因编辑技术调控细胞壁降解酶的合成，可抑制细胞壁的水解，延缓果实成熟衰老。科学家将PG酶基因的反义基因导入番茄，使PG酶基因产生的mRNA与反义RNA结合，从而无法编码正常的PG酶，进而抑制番茄果实变软。将PME基因的反义基因导入番茄果实中，可使PME的活性大大降低，与普通番茄相比，转基因果实的果胶分子质量较大，甲酯化程度较高，果实的可溶性固形物含量也较高，番茄果实的品质得到改善，并且不影响果实的番茄红素的积累，成熟时果实仍然变红。

2. 利用基因编辑获得抗性品种

基因编辑已成功应用于多种作物的抗细菌、抗真菌、抗病毒和抗虫等生物胁迫，以及抗旱、抗除草剂等非生物胁迫的研究。抗菌肽具有抗菌谱广、相对分子质量小，易于基因操作的特点，其转基因技术已成为植物抗病育种的重要途径。几丁质酶不仅能水解真菌细胞壁，还能分解细菌细胞壁上的肽聚糖。将几丁质酶基因导入植物中，可明显提高植物的抗病性。研究人员将苏云金杆菌的基因导入青花菜、结球甘蓝、菜花等蔬菜发现，转基因植株对小菜蛾等害虫表现出极强的抗性。华南农业大学的科研人员将PRSV的核酸片段转入番木瓜植株，获得了对病毒具有高抗性的转基因番木瓜"华农1号"。

该品种不仅对"黄点花叶"株显示高度抗性,对华南地区其他几个次要毒株也具有很好的抗性,于2006年在国内获批商业化生产。

拓展阅读:基因编辑在果蔬保鲜中的应用

3. 利用基因编辑获得抗褐变品种

利用基因编辑技术对双孢菇、金针菇、马铃薯等易褐变果蔬的褐变相关基因进行分子改造,从分子水平解决褐变问题是近年来的研究热点。Waltz等利用CRISPR技术删除导致褐变的多酚氧化酶(PPO)基因,将PPO活性降低30%,获得具有抗褐变能力的双孢菇,该基因编辑食品已获得商业化生产。

本章线上学习资源可扫描以下二维码获取。

生物保鲜技术

化学保鲜技术

栅栏保鲜技术

思考题

1. 阐述食品化学保藏的原理及其特点。
2. 酸性防腐剂有哪些?使用时应注意什么问题?
3. 简述食品杀菌剂和食品防腐剂的区别和联系。
4. 简述食品抗氧化剂的作用特点。
5. 简述食品保鲜剂的作用。
6. 相比于化学保鲜,天然提取物保鲜有何优势?
7. 微生物拮抗保鲜的作用原理是什么?
8. 什么是基因编辑技术保鲜?简述该技术在粮食、果蔬保鲜中的应用。

第三篇

应用篇

第六章
植物性食品的采后贮运

学习目标

1. 掌握果蔬产品采后贮运保鲜及商品化处理的主要方法与流程。
2. 能够针对不同果蔬产品的特性，提出合理的采后商品化处理方案。
3. 掌握粮食干燥贮藏、低温贮藏及气调贮藏的应用要求。
4. 了解现代智能化粮库在粮食储运中的应用。
5. 了解常见的植物油料和油脂的储运技术。

随着我国经济的快速发展和人民生活水平的逐步提高，消费者对农产品的消费需求已从"数量型"转向"质量型"，不仅要求品种丰富多元，还要求产品新鲜、干净和精美。果蔬、粮食和油料等植物性食品为人们日常膳食提供了丰富的碳水化合物、脂质、维生素、膳食纤维、矿物质等营养元素，采后贮运是保持植物性食品优良的品质，减少腐烂损失的重要环节。本章主要介绍实际生产中果蔬、粮食和油料等植物性食品的采后贮运。

第一节 果蔬采后贮运保鲜

在果蔬的生产过程中，采后贮运保鲜至关重要，直接影响果蔬的质量和消费者的安全。果蔬采后贮运包括采后商品化处理和贮运管理，采后商品化处理是为了保持或改进果蔬产品质量并使其从果蔬产品转化为商品所采取的一系列再加工再增值措施的总称。通过科学的商品化处理和贮运管理，可以延长果蔬的保质期，保持其营养价值和外观。果蔬采后贮运保鲜过程依次为果蔬采收、挑选与分级、清洗与打蜡、预冷与包装、催熟与脱涩、晾晒与愈伤、防腐保鲜处理。

一、果蔬采收

采收是果蔬栽培生产的结束，也是果蔬进入商品流通领域的开始，采收工作具有很强的季节性和技术性，直接关系着果蔬的产量和质量。果蔬采收成熟度与其产量、品质和贮藏特性有着密切的关系。采收过早，果蔬的保护组织尚未发育完善，内含物积累不足，呼吸代谢强度往往较高，耐贮性极差，同时产品的大小与质量达不到标准，且风味、色泽和形状等品质均不好；采收过晚，果蔬从生长发育转向衰老阶段，变得不耐贮藏，或纤维素含量增加失去商品价值，抗病力也逐渐下降，使果蔬产品易遭受病原微生物的侵染，导致贮藏病害的发生。

果蔬产品采收的原则是及时无损伤、保质保量、减少损耗、提高贮藏加工性。

1. 采收成熟度与最佳采收期

采收适期，一般是依据果蔬贮藏要求的适宜采收成熟度而确定。在确定果蔬的成熟度、采收时间时，还应该考虑果蔬的采后用途，结合其本身的品种特点、食用部位、贮藏时间、贮藏方法和设备条件、运输距离、销售期及产品类型等因素。一般就地销售的产品，可以适当晚采收，而作为长期贮藏和远距离运输的产品，应该适当早采收；具有呼吸高峰的果实应该在达到生理成熟时或发生呼吸跃变以前采收。目前，判断果蔬成熟度的方法主要有以下几种。

（1）色泽变化　果蔬成熟时，会显示出表皮色泽的变化，未成熟果实的果皮中含有大量的叶绿素，随着果实成熟逐渐降解，类胡萝卜素、花青素等色素逐渐合成，使果实颜色显现出来。人们把直观最容易判断的色泽作为鉴别成熟度的重要标志。柑橘类果实在成熟时，果皮呈现出橙黄色或橙红色；苹果、桃、葡萄等红色品种，成熟时果面呈现红色。番茄的成熟度可分为绿熟期、转色期、坚熟期、完熟期和过熟期几个阶段。成熟度高低与果蔬的颜色浓淡呈正相关，达到充分成熟时应是色泽最鲜艳、色彩最浓。如作为长距离运输或贮藏的番茄，应该在绿熟阶段采收，即果顶显现奶油色采收，而就地销售的番茄可在转色期采收，即果顶为粉红色或红色时采收；甜椒一般在绿熟时采收；茄子在表皮明亮而有光泽时采收；黄瓜应在瓜皮深绿色时采收；甜瓜的色泽从深绿色变为斑绿和稍黄时表示瓜已成熟；甘蓝叶球的颜色变为淡绿色时表示成熟；菜花的花球白而不发黄为适宜的采收期。

（2）质地和硬度　果实硬度是指肉抵抗外界压力的强弱，抗压力越强果实的硬度就越大。一般未熟果蔬质地坚实、硬度大，达到一定成熟度后即变得松软多汁，如甘蓝叶球、菜花花球都应在致密硬实时采收才能品质好、耐贮性强。番茄、辣椒较硬实也有利于贮运。茄子、黄瓜、豌豆、四季豆、甜玉米等应在幼嫩时采收，质地变硬就意味着组织粗老，鲜食和加工品质低劣。

（3）果实形态　果实必须长到一定的体积重量时才达到成熟阶段，各种类、品种都具有其固有的形状、大小，过小过轻都达不到品质标准。果实成熟应达到充分饱满、充实的程度。香蕉成熟时，果实饱满无棱，未成熟时果实的横切面呈多角形。贮运香蕉成熟度达75%~90%饱满度最好，饱满度低，产量少，品质差；饱满度高则不耐贮运，内源乙烯释放快且多，呼吸强度大，易变黄。

（4）蒂梗脱落的难易度　一些瓜果达到成熟阶段后，蒂梗与枝蔓间容易产生离层而使果实自动脱落，俗称"瓜熟蒂落"，这是成熟的标志之一，如苹果等仁果类果实，在成熟期若不及时采收就会造成大量落果。

（5）生长期和成熟特征　果蔬各种类、品种都有一定的生长期和成熟特征。如山东元帅系列苹果4月下旬落花后生长期145天左右，国光苹果生长期为160天左右，四川青苹果4月上旬落花至7月中旬采收只生长110天左右。各地可根据多年平均数得出当地适宜的习惯采收期。

不同果蔬产品在成熟过程中会表现出许多不同的特征，如马铃薯块茎表皮脱落，芋头须根枯萎、洋葱茎部变软、鳞茎外皮干燥、西瓜卷须枯萎、冬瓜和南瓜表皮"上霜"即出现白粉蜡质、组织硬化等特征，都是达到成熟的标志。

（6）主要营养成分的含量　果蔬在生长、成熟过程中，其主要化学物质如糖、淀粉、有机酸、维生素、可溶性固形物的含量都在不断发生变化，这些物质含量可以作为衡量产品品质和成熟度的标志。可溶性固形物与总酸含量之比称为"固酸比"，总糖含量与总酸含量之比称为"糖酸比"，均可用于衡量果实的风味及判别果实的成熟度。四川甜橙采收以固酸比10、糖酸比8作为采收成熟度的最低标准。苹果、梨含酸量低，糖酸比为30时采收，风味浓郁，品质好。伏令夏橙在糖分积累最高时采收为适时，而柠檬则需在含酸量最高时采收。淀粉和糖含量是果蔬采收成熟度的重要指标，绿豌豆、甜玉米、菜豆等食用幼嫩组织，要求含糖多，含淀粉少，如果淀粉含量高则组织粗老，品质低劣；而薯芋类淀粉含量高则产量高、品质好、耐贮藏，用以加工制淀粉时出粉率高。

在生产实践中，可根据淀粉遇碘液会呈现蓝色的现象，用以观察果肉变色的面积和程度，初步判断果实的成熟度。苹果淀粉含量会随着成熟度的提高而下降，果肉变色的面积会越来越小，颜色也逐渐变浅；不同品种的苹果成熟过程中淀粉含量的变化不同，因此其相应的成熟采收标准也有所不同。果蔬产品由于种类、品种繁多、特性各异，其成熟采收标准难以统一，在生产实践中应根据产品的特点、生长情况、气候条件、采后用途等方面进行全面的评估，从而判断出最适的采收期。

2. 采收方法

据联合国粮食及农业组织的调查报告显示，由于采收成熟度和采收方法的不当造成机械损伤，使果蔬损失达8%~12%。在田间不合格的采收和粗放处理，直接影响商品品质，撞伤和损伤后显示出褐色和黑色的斑点，使商品失去吸引力，表皮的损伤作为微生物的通道而引起腐烂，损伤使呼吸加强，贮藏期缩短。香蕉采收时的机械伤会促使香蕉呼吸强度增加，从而促进其衰老。果蔬的采收方法分为人工采收和机械采收两种。

（1）人工采收　用手摘、采、拔，或用采果剪剪，用锹、镢挖等方法都是人工采收。人工采收灵活性很强，可以针对不同的产品、不同的形状、不同的成熟度，及时进行分批次采收和分级处理；果蔬生长情况复杂，成熟度很难均匀一致，人工采收可以边采边选，分期采收，这样既不影响果蔬的产量，又保证了采收质量。人工采收可以做到轻拿轻放，减少机械损伤。

具体采收方法应根据果蔬的种类而定。当仁果类和核果类果实成熟时，果梗和果枝之间产生离层，采收时以手掌将果实向上托，果实即可自然脱落（注意防止折断果梗）；果柄与果枝结合牢固的葡萄、枇杷等果实，可用果剪齐穗剪下。桃、杏等果实成熟后，果实特别柔软，容易造成伤害，人工采收时应剪平指甲或戴上手套，小心用手掌托住果实，左右轻轻摇动使其脱落。有些果蔬如石刁柏、甘蓝、大白菜、芹菜、西瓜和甜瓜等在采收时，可以用刀割。木质茎或带刺茎在采果时应尽量在近果实处剪切以免在运输中误伤其邻近的部位。南瓜、西瓜和甜瓜采收可保留一段茎以保护果实。坚果类的核桃、板栗可用竹竿打落。香蕉采收时，用刀切断假茎，扶住母株让其轻轻倒下，再按住蕉穗切断果轴，注意不要使其擦伤、碰伤。地下根茎菜类的采收都用锹或锄挖，有时也用犁翻，但要深挖，否则会伤及根部，如胡萝卜、萝卜、马铃薯、芋头、山药、大蒜、洋葱等。

目前，国内劳动力价格相对便宜，果蔬产品的采收绝大部分可采用人工采收。但存在许多问题，主要表现为工具原始、采收管理粗放、缺乏可操作的果蔬产品采收标准等。需要对采收人员进行认真的管理，对新上岗的工人需进行培训，使他们了解产品的质量要求，尽快达到应有的操作水平和采收速度。

（2）机械采收　机械采收可以节省大量劳动力，适用于那些成熟时果梗与果枝间形成离层的果实，一般使用强风压或强力震动机械，迫使果实由离层脱落，在树下布满柔软的帆布篷和传送带，承接果实并将果实送到分级包装机内。目前，美国使用机械采收樱桃、葡萄、苹果、坚果类以及加工用的柑橘等。1970年美国试用气流吸果机，每株树吸果 $7\sim13min$，可采收 $60\%\sim85\%$ 的果实，但果实经过14天贮藏后，腐烂率比人工采收的要高。根茎类蔬菜使用大型犁耙等机械采收，可以大大提高采收效率，豌豆、甜玉米、马铃薯、大蒜、洋葱、胡萝卜等国外也用机械采收，但要求成熟度一致。加工用的果蔬也可以用机械采收，为了便于机械采收，在采收前可喷洒果实脱落剂。蔓越莓的采收分为湿法和干法，湿法是先往蔓越莓田里注水直到水面高出蔓越莓的藤条 $15\sim20cm$，由于蔓越莓内部含有较多的空气，所以从藤条上脱落下来之后会浮在水面上，再用栏木圈集筛选；干法采摘则需要使用专用的采摘机，这种采摘机上有一种形似梳子的传送带，只需使用它把蔓越莓从枝条上采摘下来并装袋运输即可。

二、挑选与分级

果蔬产品在生产栽培过程中受自然、人为诸多因素的影响和制约，产品间的品质存在较大差异。通过挑选分级，可剔出伤果、病虫害果及残次果，将这类产品及时处理，不仅可减少贮藏运销中的损失，还可减少病虫害的侵染传播。果蔬的挑选与分级是检验其商品质量的准则,也是评价其商品质量的客观依据。

主要有3种用于果蔬产品挑选的传送方式:最简单的是传送带,选果者用手来挑选,以便看到果实的各个方面,剔出坏果;其次是推杆传送,可使产品向前滚动着,从而经过选果者的面前;最后是滚筒传送,可使产品朝后转动着经过选果者。分选剔除太小的、腐烂或受损的次果时,要设定选果台到选果者操作适宜的高度。设置垫脚的矮凳或结实的橡皮垫,可减轻疲劳。选果台与选果箱的摆放位置要尽量减少手的移动幅度。良好的光线能提高选果者发现次果的能力,深暗色的输送带或台面可减轻眼睛的过度疲劳。传送系统在运转时,产品通过选果者的速度不能太快。推杆或滚筒传送的旋转速度应调整至产品可在选果者的正常视野内旋转2圈。

果蔬分级是指根据一定的标准将果蔬划为不同的等级类别,它是提高果蔬商品品质和实现产品商品化、标准化的重要手段。每种果蔬产品都具有特定的物理形状和密度,描述果蔬大小的物理量之间存在一定的关系,可以作为大小分级的参数有直径、长度和重量等。传统的分级方法是将果蔬按照一定的大小分成若干等级,例如,苹果、柑橘可按照果径大小或质量轻重分级,豆荚、芦笋可按照长度分级,胡萝卜可按照直径和长度分级等。

果蔬质量分级包括外观质量和内部品质两方面,外观质量的差异特征表现为形状、色泽、表皮状况和表面损伤等。内部品质的差异则有糖度、酸度、组织损伤和虫害等。随着人们对果蔬品质的追求,销售某些果蔬时在标签上会注明糖度、酸度等代表果蔬品质的实测数值。

1. 分级标准

国外将等级标准分为国际标准、国家标准、协会标准和企业标准。1961年颁布的苹果和梨的标准是第一个欧洲国际标准,美国果蔬产品的等级标准由美国农业部和食品安全卫生署制定。有些州如加利福尼亚州(加州)还有自己的果蔬产品分级标准,一些行业也设立了自己的质量标准或某一产品的特殊标准,如杏、加工核桃和番茄等,这些标准由生产者和加工者协商制定,检查工作由加州干果协会和国际检查部门等独立部门进行。

我国根据标准适用的领域和有效范围,把果蔬标准分为4种:国家标准、行业标准、地方标准和企业标准。现有的果品质量标准约有16个,其中鲜苹果、鲜梨、柑橘、香蕉、鲜龙眼、核桃、板栗、红枣等都已制定了国家标准(表6-1、表6-2)。此外,还制定了一些行业标准,如香蕉的销售标准,梨销售标准,出口鲜甜橙、鲜宽皮柑橘、鲜柠檬标准。另外,我国还对一些蔬菜等级及鲜蔬菜的通用包装技术制定了国家或行业标准,如大白菜、菜花、青椒、黄瓜、番茄、蒜薹、芹菜、菜豆和韭菜等,表6-3所示为大白菜等级规格的行业标准。

我国水果的分级标准是在果形、新鲜度、颜色、品质、病虫害和机械伤等方面已符合要求的基础上,根据果实横径最大部分直径分为若干等级。

表6-1　苹果各主要品种和等级的色泽要求

品种	等级		
	优等品	一等品	二等品
富士系	红或条红90%以上	红或条红80%以上	红或条红55%以上
嘎啦系	红80%以上	红70%以上	红50%以上
藤牧1号	红70%以上	红60%以上	红50%以上
元帅系	红95%以上	红85%以上	红60%以上
华夏	红80%以上	红70%以上	红55%以上
粉红女士	红90%以上	红80%以上	红60%以上
乔纳金	红80%以上	红70%以上	红50%以上
秦冠	红90%以上	红80%以上	红55%以上
国光	红或条红80%以上	红或条红60%以上	红或条红50%以上
华冠	红或条红85%以上	红或条红70%以上	红或条红50%以上
红将军	红85%以上	红70%以上	红50%以上
珊夏	红75%以上	红60%以上	红50%以上
金冠系	金黄色	黄、绿黄色	黄、绿黄、黄绿色
王林	黄绿或绿黄	黄绿或绿黄	黄绿或绿黄

注：参见《鲜苹果》（GB/T 10651—2008）。

表6-2　鲜梨质量等级要求

项目指标	优等品	一等品	二等品
基本要求	具有本品种固有的特征和风味；具有适于市场销售或贮藏要求的成熟度；果实完整良好；新鲜洁净，无异味或非正常风味；无外来水分		
果形	果形端正，具有本品种固有的特征	果形正常，允许有轻微缺陷，具有本品种应有的特征	果形允许有缺陷，但仍保持本品种应有的特征，不得有偏缺过大的畸形果
色泽	具有本品种成熟时应有的色泽	具有本品种成熟时应有的色泽	具有本品种应有的色泽，允许色泽较差
果梗	果梗完整（不包括商品化处理造成的果梗缺省）	果梗完整（不包括商品化处理造成的果梗缺省）	允许果梗轻微损伤
大小整齐度	各等级果的大小尺寸不作具体规定，可根据收购商要求操作，但要求应具有本品种基本的大小。而大小整齐度应有硬性规定，要求果实横径差异＜5mm		
果面缺陷	允许下列规定的缺陷不超过1项：	允许下列规定的缺陷不超过2项：	允许下列规定的缺陷不超过3项：

续表

项目指标	优等品	一等品	二等品
①刺伤、破皮划伤	不允许	不允许	不允许
②碰压伤	不允许	不允许	允许轻微碰压伤，总面积不超过0.5cm^2，其中最大处面积不得超过0.3cm^2，伤处不得变褐，对果肉无明显伤害
③磨伤（枝磨、叶磨）	不允许	不允许	允许不严重影响果实外观的轻微磨伤，总面积不超过1.0cm^2
④水锈、药斑	允许轻微薄层总面积不超过果面的1/20	允许轻微薄层总面积不超过果面的1/10	允许轻微薄层，总面积不超过果面的1/5
⑤日灼	不允许	允许轻微的日灼伤害，总面积不超过0.5cm^2。但不得有伤部果肉变软	允许轻微的日灼伤害，总面积不超过1.0cm^2。但不得有伤部果肉变软
⑥雹伤	不允许	不允许	允许轻微者2处，每处面积不超过1.0cm^2
⑦虫伤	不允许	允许干枯虫伤2处，总面积不超过0.2cm^2	干枯虫伤处不限，总面积不超过1.0cm^2
⑧病害	不允许	不允许	不允许
⑨虫果	不允许	不允许	不允许

注：参见《鲜梨》（GB/T 10650—2008）。

表6-3 大白菜的等级规格

等级	要求
特级	外观一致，结球紧实，修整良好；无老帮、焦边、胀裂、侧芽萌发及机械损伤等
一级	外观基本一致，结球较紧实，修整较好；无老帮、焦边、胀裂、侧芽萌发及机械损伤等
二级	外观相似，结球不够紧实，修整一般；可有轻微机械损伤等

注：参见《大白菜等级规格》（NY/T 943—2006）。

2. 分级方法

（1）人工分级　人工分级是最常用的分级方法，适用于形状不规则和易受伤产品的分级，如绿叶菜、草莓、蘑菇等。当然，形状规则产品也可以人工分级，如苹果、柑橘、番茄、马铃薯等。人工分级有感官分级、选果板分级两种。感官分级是以人的视觉判断作为分级的定性标准，没有分级设备或采用比色卡为参考设备，视觉误差大，有很大的人为性和灵活性；选果板分级利用带有不同孔径的选果板进行，是一种将分级标准实物化的分级方法，分级比较规范、严谨，人为性较小，适合于多种球形果实，如樱桃。

（2）机械分级　采用专门的分级机械进行，是先进的分级方法，常与选别、清洗、干燥、打蜡、包装等同时进行。由于果蔬产品外形存在一定差别，同时完成多项操作的自动化处理有困难，因此，常采用人工与机械相结合的方法进行。机械分级广泛地应用于多种产品，在美国、日本、荷兰等国，除易受损伤产品采用人工分级外，其余产品均采用机械分级。

目前，机械分级主要有以下几种。

①形状分选机：按照产品大小分级，有机械式和光电感应式两种。

机械式尺寸分级是最传统的果蔬分级方式，早期的做法是依据果蔬的外形制作成带有系列尺寸套孔的模板，手工将果蔬与模板上不同尺寸的模孔进行比较，以能否通过模孔作为级别的分界，将果蔬按照大小逐个进行分级。早期的机械式尺寸分级机就是利用了模孔分界的原理，例如，滚筒式尺寸分级，适用大多数球形水果和蔬菜的分级，如柑橘的分级。各类果蔬分级需求的增长与提高生产量的需要，推动了多种尺寸分级设备的设计与制造。机械分级机构造简单，机械故障小，工作效率高，但对产品形状有一定要求，如产品为规则的圆形、球形或粗细均匀的长方形，有时也会出现精度不高以及产品磨损大的问题。

光电感应分级是以光电传感技术为基础的一类分级，利用光电传感器对果蔬进行测量分级，不仅可对产品大小进行分级，还可对产品外观品质和颜色及内部品质进行分级。光电传感技术在分级设备上的应用先于图像识别技术。在果蔬分级设备中的光电测量分级技术可分为双光源阻断分级、单光源计数分级和光幕测量分级等。光电传感器是光电检测系统中实现光电转换的关键元件，是把光信号（红外、可见或紫外光辐射）转变成为电信号的器件。光电传感器一般由光源、光接收器和光学通路等组成，通过接收光强度变化来检测物体的有无。早期的光电传感器使用白炽灯作为光源，使用光电池作为接收器。光电感应式分级机是一种智能化分级设备，已用于柑橘、苹果、番茄等果实的分级。

②质量分级机：相同类别和同品种果蔬有相对一致的质量密度，质量分级是依据果蔬质量与果蔬大小之间存在的关联性对果蔬进行大小分级的方法。质量分级机通常由果蔬传输、上果、称量、卸果和接果等机构或装置组成，这里所说的传输包含了上果、称量和接果等过程中果蔬的传送，这些传输通常分别与上果、称量和接果装置紧密结合。根据称重原理的不同，质量分级机有机械秤式和电子秤式两种。质量分级机仅适合球形

产品如苹果、梨、杏、桃、番茄、西瓜、甜瓜、洋葱等。

机械秤式分级机是将产品放在固定在传送带上可回转的托盘里，当托盘移动到装有不同质量等级固定秤的分口处时，称重，如果托盘内产品质量达到固定秤设定的质量，托盘翻转，卸下产品，产品进入下面的接收装置；如果产品质量小于第一次遇到的固定秤，托盘随传送带继续前进，直到达到与其质量一致的固定秤并被卸下产品。这种机械秤式分级机虽然精度较高，但不断卸下产品会对产品产生伤害。机械秤式分级机一般可以分为运动衡量秤体和固定衡量秤体两类。运动衡量秤体指进入到分级阶段的果蔬都在称量装置的果盘中，称量装置在输送过程中完成称量，称量之后，称量装置表现出不同的位置特征，在固定于机架上的轨道或导槽等的配合下，完成不同重量级别的识别和卸果，即完成分级过程。固定衡量秤体指称量装置为固定安装，果蔬被输送逐个进入称量装置进行称重，符合当下称量装置设定级别的果蔬被卸掉，不符合当下级别的果蔬继续前行。

电子秤式分级机的工作原理与机械秤式的基本相似，仅将一次只能分选一种质量的固定秤换成了一次可分选多个质量的，节约了安装在传送带上的电子秤，简化了装置，提高了工作效率。

③颜色分级机：颜色分级机又称为色选机，已广泛地用在大米的分级中，在果蔬产品分级上的应用历史不长。颜色分级机分级原理是利用彩色摄像机和计算机处理RG（红绿）二色型装置进行分级，是以色泽和成熟度为标准的一种分级。意大利的果品贮藏加工业最早使用颜色分级机，主要对苹果进行颜色分级，其原理就是按照绿色比红色的反射光强的原理进行的。工作时，苹果随松软的传送带跳跃前进。目前，颜色分级机在番茄、柑橘和柿子分级上也有一定的应用。

三、清洗与打蜡

1. 清洗

清洗是果蔬商品化处理过程中的一个重要环节，一般采用浸泡、冲洗、喷淋等方式或用毛刷等去除果蔬表面污物及病虫卵的操作，以减少病菌和农药残留。清洗前，果蔬表面上的微生物数量在 $10^4 \sim 10^8$ 个/g，有些叶菜类和根菜类果蔬由于黏附泥土，微生物数量更高。通过正确的清洗工艺，微生物数量会降低到其初始数量的2.5%~5%。清洗效果受到清洗时间、清洗温度、机械力的作用方式以及清洗液体的pH、硬度和矿物质含量等因素的影响。果蔬的清洗除通过机械力作用外，添加表面活性物质或清洗剂，也可以大大提高清洗效果。

果蔬属生鲜食品，其主要成分是水和有机物，在一定条件下能保持生物活性，但同时也是一类很易受外界物理、化学因素影响其性质的脆弱物质。清洗果蔬既要保持其品质不受损害，又要去除附着其上的杂质使之达到卫生标准。

果蔬种类繁多，其形状、相对密度、表皮和肉质的坚实度及抵抗机械负荷的能力千差万别，不同果蔬产品应选择与其相适应的清洗工艺及相应原理的清洗设备。果蔬清洗可以用清水清洗和果蔬专用清洗剂清洗。用清水清洗可以有效地将泥土及附着的动、植物夹杂物去除干净,但要把油性污垢和附着在清洗对象表面的寄生虫卵和微生物完全去除干净是困难的。用清水清洗果蔬一般需要借助物理作用,根据力作用原理的不同,可分为喷淋清洗、毛刷清洗、气泡清洗及淹没水射流清洗等。

(1)喷淋清洗　喷淋清洗方法是利用喷嘴喷射出一定压力的水,直接作用于清洗原料上,依靠水的冲击作用去除附着在果蔬表面的污物。喷淋清洗方式为一种有效的清洗方式,冲蚀强度越高清洗效果越好,但一味追求高强度的冲蚀效果,有可能造成清洗对象外表组织的损伤。果蔬在传输过程中,有些表面未暴露出,成为喷淋作用的死区,会影响清洗效果。另外,由于喷嘴的口径一般很小,利用循环水进行喷淋时应特别注意水的过滤,以免堵塞喷嘴。通常,喷淋清洗方式可以与其他方式结合,设计成综合作用的清洗机设备,也可以作为清洗工艺中的最后一道漂洗。

(2)毛刷清洗　毛刷清洗方式是利用原料与毛刷之间产生的摩擦作用清除附着污垢,然后再用清水对原料进行冲洗的一种清洗方法。利用毛刷直接作用于果蔬的清洗设备可设计成多种类型,如多轮式毛刷清洗机、滚筒式毛刷清洗机和毛刷轮传送式清洗机等,毛刷清洗通常需要喷淋水配合。毛刷清洗机具有产能大、结构简单、易保养、清洗干净等优点,是茄果类、根茎类蔬菜清洗常用设备,但其无法将形状不规则的根茎类清洗干净,同时无法清洗叶菜和表皮脆弱的果蔬。

(3)气泡清洗　气泡清洗也称作鼓风式清洗,是利用鼓风机将空气送进清洗槽中冲击清洗原料使其在水中翻动,并且通过气泡在水中的爆裂作用使污物从原料上洗去的一种方法。气泡式清洗机清洗方式柔和,清洗损伤率与气泡强度正相关,最大清洗体积比与蔬菜的密度、清洗液浊度、清洗量呈正相关,清洗液在浊度允许范围内可以连续使用,洗净率可在70%以上,是叶菜理想的清洗方式。

(4)淹没水射流清洗　射流是指流体从排放口或喷口流入周围环境流体,并同其发生混合的流动状态。通常将水从喷口射入空气中形成的水流称为水自由射流,而水从喷口射入同一介质的水中所形成的水流称为淹没射流。当射流流出后的扩展受到界壁限制时,则称受限射流。由于果蔬的种类和比重不同,在水中自然分布的状态也不同,果蔬在水中静止时,可能出现原料从底面向上聚集、原料从水面向下聚集和部分原料浮出水面3种情况。果蔬静止在水中所占有的体积量决定了可清洗果蔬的最大量,该体积量指果蔬入水后在水中处于自然状态下所占据的空间体积,当果蔬浮出水面时,该体积量为水下处于自然状态下所占据的空间体积与浮出水面部分占有的空间体积之和,一般情况该体积量与总体积量(原料体积量与清洗槽中水体积量之和)的比值可达70%~80%,叶菜类蔬菜达到65%~75%时,就达到了最大清洗量,根茎类蔬菜达到80%左右即达到最大清洗量。

果蔬清洗洁净程度可用洗净率、泥沙去除率和微生物去除率等技术参数进行评价。

①洗净率:洗净率是通过感官对果蔬清洗后是否有污渍存留进行判定后,计算洗净果蔬量与未洗净果蔬量比率的一种方法。洗净率可用式(6-1)计算。

$$x = \frac{m_x}{m_x + m_\beta} \times 100 \qquad (6\text{-}1)$$

式中　x——洗净率，%；

　　　m_x——洗净果蔬的质量，kg；

　　　m_β——未洗净果蔬的质量，kg。

洗净果蔬指无任何污渍遗留在表面的果蔬，洗净果蔬和未洗净果蔬按照能够进行分割的单叶片或单个果计量区分，有污渍或泥沙滞留的叶片或果均算做未洗净果蔬。洗净率评价方法适用于油菜、菠菜、番茄等通过肉眼观察能够做出明确判断的果蔬。

②泥沙去除率：泥沙去除率是通过比较果蔬清洗前后附着在表面的泥沙量的变化情况来评价果蔬洁净程度的方法，是客观的评价指标。泥沙量的收集在技术上可行并且完全能够量化，主要适用于泥沙含量较多的叶菜类的清洗效果评价。泥沙去除率测试的关键是果蔬样本的选取以及清洗前后附着泥沙和其他悬浮物的收集与测量。泥沙收集依靠人工进行，将清洗前或清洗后的果蔬样本放入容器盛装的水中，用手将果蔬上附着的所有物质全部清除掉，使其完全进入水中。收集的物质包括沉淀物和水中总固体。借用水中总固体的测定方法，控制在105~110℃下进行烘干，然后称量烘干后物质的重量进行比较。泥沙去除率可用式（6-2）计算。

$$\varphi = \frac{w_b - w_a}{w_b} \times 100 \qquad (6\text{-}2)$$

式中　φ——泥沙去除率，%；

　　　w_b——清洗前单位质量果蔬携带泥沙的质量，g/kg；

　　　w_a——清洗后单位质量果蔬携带泥沙的质量，g/kg。

③微生物去除率：微生物去除率是通过比较果蔬清洗前后的微生物，如菌落总数和大肠菌群等的变化情况进行果蔬清洗洁净程度描述的一项技术参数。可以借助现有的微生物试验测试方法测试微生物在果蔬上的存留情况。微生物去除率可用式（6-3）计算。

$$\Omega = \frac{N_b - N_a}{N_b} \times 100 \qquad (6\text{-}3)$$

式中　Ω——菌落总数（或大肠菌群菌落数）去除率，%；

　　　N_b——清洗前单位质量果蔬携带的菌落总数（或大肠菌群菌落数），CFU/g；

　　　N_a——清洗后单位质量果蔬携带的菌落总数（或大肠菌群菌落数），CFU/g。

2. 打蜡

果蔬产品表面有一层天然的蜡质保护层，但在采后处理或清洗中会受到破坏。打蜡主要针对水果，即在果品表面涂上一层薄而均匀的透明薄膜，也称涂膜。自20世纪50年代起，美国、日本、意大利及澳大利亚等国都相继对果蔬产品进行打蜡处理，使打蜡技术得到迅速发展。目前，它已成为发达国家果蔬产品商品化处理中的必要措施之一，并在水果、果菜类蔬菜及其他蔬菜上广泛使用。水果打蜡可以起到增加果皮光泽、提高商品价值、减少水分蒸腾、抑制呼吸和减少损耗、防细菌侵染等作用。涂膜多用于苹果、柑橘、油桃、李子等水果。打蜡一般在清洗后进行，应使果面均匀着蜡。

打蜡对果品具有较大意义。首先，打蜡处理能减少果实水分蒸发。果实的蒸腾作用，主要通过果皮上的皮孔进行，采收后的果品在贮运、销售的过程中仍进行自身的蒸腾作用，从而使果实不断失水（严重时失水率可达5%以上），果皮出现皱缩，商品价值大大下降。涂蜡后，果实表面会形成一层薄蜡膜，使这些皮孔封闭，从而抑制了蒸腾作用，降低了水分散失量。据测定，在相同条件下，涂蜡后的新红星苹果，可减少失水29.1%。

其次，打蜡能延长产品的贮藏期和货架期。涂蜡后，由于果皮气孔在一定时间内被封闭，从而降低了果实的呼吸强度，并使过氧化物酶、多酚氧化酶等的活性受到一定程度的抑制，果实内乙烯向外释放速度减缓，果实新陈代谢活动降低。尤其是气调贮藏的果品，在脱离气调贮藏环境进入货架期时，因氧浓度的突然升高，极易发生酶促褐变，出现烂坏现象。实践证明，涂蜡可有效改善这一过程，涂蜡苹果的货架期一般可延长5~7天。

此外，打蜡有助于果实防腐。涂蜡蜡液中，一般含有保鲜剂，既可增加果实的美观度，减少自然失重，延缓果实衰老，又防止了果实贮藏、运输、销售中的致腐真菌病害和某些生理病害。

（1）涂膜剂的种类与应用效果　涂膜剂大多数是以医用液体石蜡和巴西棕榈蜡作为基础原料，石蜡可控制失水，巴西棕榈蜡可产生诱人的光泽。近年来，含有聚乙烯、合成树脂物质、乳化剂和润湿剂的蜡涂料逐渐普遍起来，常作为杀菌剂的载体或作为防止衰老、生理失调和抑制发芽的载体。采用的进口果蜡以美国戴克公司的"果亮"为主，我国研制的虫胶2号、虫胶3号等涂料在柑橘上使用效果良好，但在蔬菜上使用效果并不稳定。后来研制出的吗啉脂肪酸盐果蜡（CFW果蜡），经过全国食品添加剂标准化技术委员会审定，批准作为食品添加剂使用。CFW果蜡可作为果蔬采后商品化处理的保鲜剂，特别适合于柑橘和苹果，以及芒果、菠萝、番茄和橙等果蔬产品的应用，其质量已达到国外同类产品的水平。

近年来开发的新产品有脱乙酸甲壳素涂膜，适用于苹果、梨、桃和番茄等果蔬的保鲜。另外还有磷蛋白类高分子蛋白质保鲜膜和纳米保鲜果蜡等。在涂料中加入中草药成分、抗菌肽、氨基酸等天然防腐剂，制成各种配方的混合制剂，在保鲜的同时兼具防腐的作用。

一般来说，只对短期贮运的果蔬进行打蜡处理，且在贮藏后或上市前打蜡效果最好。打蜡在一定期限内起辅助作用，果蔬自身的成熟度、受到的机械损伤、贮藏环境中的温度、气体成分和湿度等其他因素，对果蔬贮藏寿命和产品品质的保持，共同起作用。

（2）打蜡的方法　打蜡的方法有人工浸涂、刷涂和机械涂蜡。少量处理时，可用人工方法将果实在配好的涂料液中浸蘸一下取出，或用软刷、棉布等蘸取涂料抹在果面上。但比较费蜡液，且果蜡厚度不易掌握和控制。刷涂法是用细软的毛刷或用柔软的泡沫塑料，蘸上涂膜剂在果实表面涂刷至形成均匀的薄膜，毛刷可安装在涂蜡机上使用。机械涂蜡是将蜡液通过加压并经过特定的喷嘴后，以雾状喷至产品表面，再通过转动的马尾刷将表面蜡液涂抹均匀、抛光，并在干燥机械装置内进行烘干。机械涂蜡效率较高，涂抹均匀，产品光洁度好，蜡层厚度易于控制。涂被厚度应均匀适量，过薄，效果不明显；过厚，会引起呼吸代谢失调，引发一系列生理生化变化、产生异味，导致品质下降。涂料本身必须安全无毒，并无损于人体健康。

世界发达国家和地区打蜡技术已经与分级相结合,实现了机械化和自动化。如美国机械公司生产的打蜡分级机,可实现柑橘的打蜡、分级和装修的自动化生产,每小时涂果4~5t。我国湖南产的柑橘分组机,由倒果槽、涂果机、干燥器和分组机4部分组成,每小时可处理果实1.1~1.5t。

四、预冷与包装

1. 预冷

预冷是将新鲜采收的果蔬在贮藏、运输或加工之前,迅速除去田间热,将产品温度降低到规定范围的过程,是果蔬产品低温冷链保藏运输中必不可少的环节。规定温度因果蔬的种类、品种而异,一般要求达到或者接近该种果蔬贮藏的适温水平。大多数果蔬产品都需要预冷,预冷要求尽快降温,恰当的预冷可以减少产品腐烂,最大限度地保持产品的新鲜度和品质。苹果在常温下(20℃)延迟1天,相当于缩短冷藏条件下(0℃)7~10天的贮藏寿命。可见,果蔬收获后及时而迅速地预冷,对保证良好的贮运效果具有重要的意义。

(1) 预冷的作用

①迅速除去田间热和呼吸热:果蔬采摘前后由于阳光和气温等因素作用,蓄积在果蔬体内的热量称为田间热。果蔬呼吸作用中释放的能量大部分以热的形式散发出体外,这种热量称为呼吸热。田间热和呼吸热是果蔬在低温下贮藏时首先应克服的两个热源。田间热源来自果蔬之外,呼吸热源产自果蔬之内,虽然热源不同,但都会使果蔬温度上升,上升的温度又会加速果蔬的呼吸。对于春、夏、秋季节采收的果蔬,环境高温会促进其呼吸,产生并蓄积热能,例如,结球甘蓝20℃时的呼吸热约为0℃时的6倍,甜樱桃20℃时的呼吸热约为0℃时的10倍。因此,需要通过冷却手段迅速除去高于果蔬目标温度部分的热量和果蔬呼吸作用产生的热量,降低果蔬温度,从而减缓果蔬的呼吸、抑制热能蓄积。

②减少果蔬水分损失:新鲜果蔬含有大量水分,果蔬组织的含水量约占鲜重的80%,果蔬失水会出现萎蔫与皱缩,严重影响产品的外观及商品价值。果蔬失水主要表现为水分子自果蔬表面蒸发,温度越高,水分蒸发得越快,因此降低温度可以减缓失水的速率。另外高温会促进微生物的繁殖,并加快水分的散失,从而大大影响果蔬的品质。

③降低呼吸速率,保持果蔬品质:采摘后的果蔬仍然是鲜活的组织器官,需要消耗自身内部养分产生能量以维续生命。温度越高果蔬的呼吸速率越高,养分代谢速率也越快,产品也越容易衰老和腐坏,不易贮藏。反之,在低温下产品呼吸率降低,可以长期贮藏。因此快速降低果蔬温度,可以减缓呼吸速率,延长贮藏时间。

④抑制病原菌繁殖:一般果蔬致腐病原菌的生长发育最适温度与果蔬田间采收温度相同,为20~30℃,如果不迅速将果蔬的温度降下来,微生物便会快速生长繁殖而使产品腐坏。低温可以迅速杀死萌芽中的孢子,抑制菌落的生长或减缓孢子的萌发和菌丝的生长。采收后迅速降低产品温度至其所能容忍的最低温度,是最理想的控制采收后微生

物腐败的方法。

⑤抑制乙烯产生：乙烯是一种天然的植物激素，所有的植物组织都具有产生乙烯的能力，尤其在果实后熟、物理伤害、环境逆境及组织老化时会产生乙烯。乙烯除了使呼吸跃变型果实食味变佳外，还会造成叶片脱落、叶绿素消失、组织老化等不良影响。大多数园艺产品诱发乙烯作用的最适温度在16~21℃，且配合某一特定乙烯浓度，才能激发它的作用。因此采收后将产品迅速地冷却，并维持在适当的低温下，可以有效抑制乙烯所造成的不良影响。

⑥提高经济效益：由于经过预冷处理的果蔬已经除去田间热，温度降低到较低水平，呼吸速率得到控制，随后的运输或贮藏过程仅需要提供维持低温的制冷量即可，冷藏库的制冷量可以大大减少。另外，果蔬入库前已经过冷却降温，在库中堆放时不必考虑新、旧产品堆置的位置分隔，这样可以减少工作量，提高生产效益。

（2）预冷的方法　果蔬采后预冷采用的主要方法有空气预冷、水预冷和真空预冷。

①空气预冷：空气预冷有自然对流预冷法、强制通风预冷法和冷库空气预冷法。自然对流预冷法是指在预冷装置缺少，大量果蔬仍需在常温库内贮藏情况下，把产品放在阴凉通风处，利用昼夜温差散去田间热。此法简便，冷却时间较长，但是在没有更好的预冷条件时，自然冷却仍是一种应用较普遍的方法。强制通风预冷法是指采用专门的快速冷却装置，通过强制空气高速循环，使产品温度快速降下来。强制通风预冷多采用隧道式预冷装置，将果蔬包装箱放在冷却所用隧道的传送带上，高速冷风在隧道内循环而使产品冷却。大部分果蔬适合强制通风冷却，在草莓、葡萄、甜瓜和红熟番茄上使用效果显著。冷库空气预冷法是由空气自然对流或风机送入冷风使之在果蔬包装箱的周围循环，箱内产品因外层和内部产生温差，再通过对流和传导逐渐使箱内产品的温度降低。这种方法冷却速度很慢，一般需要24h甚至更长时间，但此法不需另增设冷却设备，冷却和贮藏同时进行。苹果、梨、柑橘等耐贮藏的品种可以在短期或长期贮藏的冷库内进行预冷。

②水预冷：常用的主要有接触冰水预冷和流动水预冷。接触冰水预冷是在产品包装箱内放入冰水混合物，通过冰的融化吸收热量，带走产品释放的田间热。该法操作简单，不需特殊设备，成本低，但预冷效果一般，应用规模小，适用产品范围小，容易使产品发生冷害或冻害，只适合耐寒耐水的苹果、梨、葡萄、猕猴桃等水果，白菜类和葱蒜类蔬菜。流动水预冷是采用冷水机传送带将产品带到流动的冷水中，产品释放的田间热被冷水吸收而降温，吸热的冷水通过冷水循环系统回到冷水机中，重新冷却，循环利用。主要用于胡萝卜、芹菜、柑橘、甜玉米、菜豆、桃的预冷，预冷时间短，20~50min可以达到预冷温度，但流动水预冷容易传染病菌，引起产品腐烂。

③真空预冷：真空预冷是将产品置于真空设备中，关闭开口以及阀门，迅速抽出容器内的空气和水蒸气，使产品表面水分在真空负压下迅速蒸发，带走田间热，通过排气阀门将热量排出容器。真空预冷降温速度快，预冷效果好、操作简单，如莴苣、甜玉米、龙须菜、菜花等在20~30min便可以达到预冷效果。真空预冷特别适用于那些包装在能够通风、便于水蒸气散发的纤维板箱或塑料薄膜中出售的蔬菜。

（3）预冷应注意的事项

①预冷要及时：必须在产地采收后尽快进行预冷处理，故需在产地或邻近产地建设降温冷却设施，而且时间越快越好。预冷不及时或者不彻底，都会降低果蔬的鲜度、风味和品质。

②采用适当的预冷方法：根据果蔬产品的形态结构和生物学特性，选用适当的预冷方法，一般体积越小，冷却速度越快，且便于连续作业，冷却效果好。

③掌握适当的预冷温度和速度：冷却的最终温度应在冷害温度以上，否则会造成冷害和冻害，影响产品品质和贮藏性，尤其是对于不耐低温的果蔬产品。预冷温度应接近最适贮藏温度。

④预冷后处理要适当：果蔬产品预冷后要在适宜的贮藏温度下及时贮运，若贮运条件有限，仍在常温下进行贮藏运输，不仅达不到预冷的目的，还会加速腐烂变质。

2. 包装

包装是果蔬安全贮藏、运输和商品化流通的重要手段。果蔬产品经过包装，可以减少运输、贮藏、销售过程中的互相摩擦、碰撞、挤压而造成的损失，还可减少病害蔓延和水分消耗。

（1）包装的作用　对包装最基本的要求，就是确保产品以出厂时同样的状态到达消费者手中。包装的原始功能是为了防止热、湿、空气、运输过程中的撞击等各种因素对产品的侵袭。包装材料要具备抵抗内部和外部侵蚀的能力，其特性是能够有效阻隔气、水和味，其坚固程度要确保产品经过旅途到达消费者手中时仍然完好无损。

现代包装又有了新的功能，它能够起到传递信息的作用。包装上包含了技术信息，不仅可以传递给消费者，还可以帮助生产产品的企业塑造品牌形象。在包装的标签上需要告知消费者产品的容量、组分，推荐保存和使用的方法。随着消费者对食品安全性的需求越来越强烈，包装上的商标在保护厂商品牌的同时，也可以责成厂商在包装上准确陈述商品的来源、组分和生产条件等信息，这些信息同时也成了产品追溯的依据。

果蔬产品包装是标准化、商品化、保护产品、保证安全贮运和销售的重要措施。我国已制定了适合国情的《新鲜水果、蔬菜包装和冷链运输通用操作规程》（GB/T 33129—2016）。果蔬产品含水量高，组织柔软多汁，易受机械损伤和微生物侵染使商品的价值和品质降低。果蔬包装的目的可以归纳为3点：①包容产品：将产品盛装起来，便于拿放、搬运和运输，并且使市场销售时产品重量、数量和规格标准化。②保护产品：保护产品在运输、贮藏和市场销售过程中免受机械损伤和不利环境条件的伤害。③宣传产品：为消费者提供信息，如品种、重量、单位数量、质量等级、生产商名称、产地、营养成分、商标以及其他相关可追溯信息。

（2）包装类型、特点及基本要求　针对包装的主要目的和需要解决的问题，果蔬包装可以分为面对消费者的上市零售包装、贮藏与处理加工过程中的周转运输包装和托盘载重包装。按照所采用的包装材料、包装方式和适用产品类型的不同，果蔬包装又可以分为板条箱包装、塑料箱包装、纸箱包装、网带包装、塑料膜（袋）包装等。按照果蔬的盛装方式，还可将包装分为散装、托盒包装、单元隔间包装和定位摆放包装。散装指产品通过手工或机器放入箱、筐等容器中，达到一定的容积量、重量或个数；托盒或单元隔间包装指产品放入有一定形状的托盒或单元隔间中，将产品与产品隔开，以减少碰撞；定位摆放包装指产品被逐个有序地摆放在盛装箱等容器中，可以减少擦碰，且规整美观。果蔬保鲜包装方式有真空包装和气调包装等。

①按包装的主要目的和需要解决的问题分类

零售果蔬包装：是指走进消费者家庭的一类包装。零售包装通常是以家庭消费者购买量为计量单位称量或计数完成的包装，根据产品的不同，小规格包装一般为300g~1.5kg，较大规格的包装可达3~5kg。常采用的材料和方式有塑料袋包装、塑膜包裹托盒的包装、热成型塑料盒包装等，对于洋葱、大蒜、马铃薯等产品常采用网袋包装，柑橘、葡萄等也常用塑料网篮包装，礼品包装多采用纸盒、竹篮等。包装的材料质地、颜色和外形对果蔬展示和吸引顾客能起到重要的作用。

周转运输包装：是指在田间采摘、加工处理、异地转运、贮藏保藏和市场销售过程中需要的一类包装，以满足运输、加工周转和贮藏要求为主要目的。这类包装有塑料箱、纸板箱、板条箱、柳条筐（或竹条、藤条等）、编织袋或麻袋等。塑料箱和纸板箱的容量一般为5~20kg，板条箱、框或袋甚至装得更多。各种包装材料各有优缺点，如塑料箱轻便防潮，但造价高；筐价格低廉，大小却难以一致，而且容易刺伤产品；木箱大小规格便于一致，能长期周转使用，但较沉重，易致产品碰伤、擦伤；网、袋等价格较低廉，易获得，但此类包装易变形，会使产品受挤压而产生擦伤和碰伤等。纸箱的质量轻，可折叠平放，便于运输，能印刷各种图案，外形美观，便于宣传与竞争。这类包装应注意以下几点。包装的体积大小和容量应便于单人搬运和码放；包装的尺寸适宜，便于装车和运输；包装材料能够生物降解，不对环境造成污染；打算多次反复使用的包装应易于清洁或清洗消毒；包装应具有一定的承载能力，如承压能力和抗碰撞能力，还应经得起搬放和挪动。此外，应根据果蔬种类和运输距离选择适宜的包装尺寸、包装材料和包装方式，易受伤果蔬和运输距离长时，在良好的外包装基础上加入内包装，可通过在底部加浅盘杯、薄垫片、衬垫或改进包装材料，减少堆叠层来解决。对于苹果、梨、芒果、木瓜等较易受伤的水果，通常也采用草纸或泡沫塑料网等进行逐个包裹保护。除防震作用外，内包装还具有防失水、调节微环境中气体成分浓度的作用。聚乙烯薄膜或聚乙烯薄膜袋，可有效减少蒸腾失水，防止产品萎蔫；但其透气性不好，不利于气体交换，容易引起二氧化碳伤害，尤其对于呼吸跃变型果实来说，还会造成乙烯的大量积累，进而加速果实的后熟、衰老和加速品质下降。采用膜上打孔法可以解决以上透气性问题。打孔的数目及大小根据产品自身特点加以确定，以利于果蔬产品的贮运。内包装便于零售，可为大规模自动售货机提供条件，但不易回收，难以重新利用而污染环境。放入包装内的果蔬量应与箱或筐的容积相适宜，过量时会溢出，不仅影响码放和外观，还起不到保护果蔬的作用；量不足时会增加运输时果蔬间相互碰撞的机会，如采用纸箱包装还会出现纸箱塌陷的现象。

托盘载重包装：托盘也称货盘，是国内外运输中用于承载包装货物的主要物件，它是运输、搬运和存储过程中，将物品规整为货物单元时作为承载的平台装置。托盘是使静态货物转变为动态货物的媒介，装在托盘上的货物，在任何时候都处于可以转运的准备状态中。托盘作为物流运作过程中重要的装卸、储存和运输装置，与叉车配套使用，在现代物流中发挥着重要的作用。托盘可以实现物品包装的单元化、规范化和标准化，保护物品，方便流通，给现代物流业带来了可观的效益。

②按包装方式分类

真空包装：是将物料装入包装袋后抽出包装袋内的空气，袋内空气达到预定的真空度后将袋口密封。真空包装的主要作用是除氧。大多数微生物的生存离不开氧气，将果蔬内部及其周围的氧气抽掉，就会使得在果蔬上的微生物失去生存环境。实践证明，当包装袋内的氧气浓度≤1%时，微生物的繁殖速度会急剧下降，当氧气浓度≤0.5%时，大多数微生物处于抑制状态而停止繁殖。但是，真空包装不能抑制厌氧菌的繁殖和由于酶反应引起的果蔬变质和变色。真空包装通常是经分切或未分切果蔬在清洗消毒后采用的零售包装方式。

气调包装：是用对果蔬具有保鲜作用的气体置换包装盒或包装袋内的空气，或者通过减少包装内的O_2含量和增加CO_2气体含量，改变包围在果蔬周围的小环境，达到抑制微生物生长繁殖、减缓果蔬新陈代谢速度的目的，从而延长果蔬的货架期。由人工控制产品贮藏环境中气体成分和浓度的包装方法在国际上称为CAP（controlled atmosphere packaging），特指需要通过外部设备或内部化学反应来维持或控制包装内气体成分和浓度的方法。

（3）包装材料　用于真空包装、气调包装或自发气调包装的材料应具有一些基本特性，这些特性既要符合由包装类型和包装作业方式（如人工方式还是机械方式）决定的机械性能要求，也要符合果蔬产品在运输和贮藏温度下的呼吸要求，还要满足为使产品在一定时间周期内处于最佳气调环境所需要的透气性即氧气透过率和二氧化碳气体透过率的要求。另外，选择包装材料还需要考虑以下因素：①包装类型，如柔性包装还是刚性包装，或者是柔性顶盖刚性托盒的包装等；②阻隔性能的需要，是否需要针对某种气体作专门的透气性要求；③对加工性能、强度、透明性和使用寿命等物理性能的要求；④是否完全密封，是否会因为产品呼吸导致结雾；⑤密封的可靠性；⑥水蒸气的透过性；⑦耐化学降解的性能；⑧无毒和无化学活性；⑨可印刷性和作为商品化使用的经济性。

五、催熟与脱涩

1. 催熟

催熟是指果蔬销售前用人工方法促使果实成熟的技术。果蔬采收时，往往成熟度不够或不一致，食品品质不佳或虽已达食用程度但色泽不好，为使这些产品在销售时以最佳成熟度和风味出现在市场上，以获得最佳经济效益，常需采取催熟措施促进其后熟。

一般采后需进行后熟和人工催熟或脱涩的果蔬有香蕉、梨、柿子、番茄等果实。

一般来说，乙烯、丙烯、乙炔、乙醇、溴乙烷、四氯化碳等化合物对果蔬均有催熟作用，而以众所周知的乙烯及能够释放乙烯的化合物——乙烯利应用最普遍，它们适用于各种果蔬的催熟处理。

为了使催熟剂能充分发挥作用，催熟过程须在一个气密性良好的环境中进行，催熟剂浓度、温度和湿度是催熟的重要条件。使用化学纯级别的网筒封装乙烯，将室内空气中的乙烯浓度维持在500～1000mg/kg范围内，每6～8h换气一次，使CO_2的水平低于1%，这将不会妨碍变色。催熟时间是24～28h，最好的温度为26℃，湿度为85%～92%。湿度过高会凝结，催熟较慢，而且增加腐烂。湿度过低虽可防止腐烂，但促进萎蔫收缩。为使催熟效果更好，可选用气流法，用混合好的浓度适当的乙烯不断通过待催熟的产品，保证O_2的供应，减少CO_2的积累。也可用煤油不完全燃烧产生的烟气催熟，因气体中含有乙烯，用强制通风将烟气通入催熟室内可达到催熟效果。用烟气催熟可使果实产生较好的色泽。

用乙烯进行催熟时，须将果实放在密闭的房间或容器内，可以应用气调贮藏法中所用的塑料薄膜密封帐子。室内空气中大约要有1000mg/kg的乙烯，密闭熏蒸15h后，打开容器，使果实暴露在空气中。如果温度低于15℃，需将果子移到较暖的房间，大约3天后果实即可着色。番茄和香蕉的催熟方法举例如下。

（1）番茄的催熟 夏天温度太高，有时番茄在植株上很难着色，或为了提早上市，常在绿熟期采收，销售前进行人工催熟。近来应用乙烯利催熟番茄比较普遍，番茄在果顶开始发白时采收，用4000mg/kg乙烯利浸果，稍晾干后装入木箱中，在室温20～28℃条件下，经过6天后，处理果成熟87%，对照组仅成熟48%；8天后相应变为100%和69%，效果显著。相比之下，加温处理催熟效果较差，即将番茄放在温床或温室内温度较高的地方催熟，这种方法不仅耗时长，而且果实容易萎蔫甚至腐烂。

（2）香蕉催熟 为便于贮运，香蕉一般都是绿熟期采收，此时的香蕉质地坚硬、味涩、品质差，无法食用，需要在销售前进行催熟处理，使香蕉果皮转黄，果肉变软，脱涩变甜。在20℃和相对湿度80%～85%条件下，向装有香蕉的密闭催熟室中加入100mg/L的乙烯利，处理1～2天，当果皮稍黄时即可取出。也可用一定温度下的乙烯利稀释液喷洒或浸泡青香蕉，然后将香蕉放入催熟房中，3～4天后果皮也可变黄。若上述条件都不具备，也可将香蕉直接放入温度22～25℃、相对湿度90%左右的密闭环境，通过自身释放乙烯达到催熟的目的。

2. 脱涩

涩味产生的主要原因是可溶性的单宁物质与口舌上的蛋白质结合，使蛋白质凝固，导致味觉下降。单宁存在于果肉细胞中，食用时因细胞破裂而流出。如果使可溶性的单宁物质变为不溶性的，就可避免涩味的产生。当涩果进行无氧呼吸时，可形成一种能与可溶性单宁物质发生缩合的中间产物，如乙醛等，当它们与可溶性的单宁物质缩合时，即可脱除涩味。根据上述原理，可以采取各种方法使果实进行无氧呼吸，使单宁物质变性脱涩。常见的脱涩方法有以下几种。

（1）温水脱涩　将柿子浸泡在40℃左右的温水中，利用较高的温度和缺氧条件，使果实产生无氧呼吸，20h左右，柿子即可脱涩。温水脱涩的柿子肉质较硬，颜色美观，风味可口，是当前农村普遍使用的方法，但用此法处理的柿子存放时间不长，容易败坏。

（2）石灰脱涩　将涩柿浸入7%的石灰水中，经3~5天即可脱去涩味，果实脱涩后，质地脆硬，不易腐烂。

（3）混果脱涩　将涩柿与少量的苹果、梨、木瓜等果实或其他新鲜树叶如松、柏、榕树叶等混装在密闭的容器内，它们产生的乙烯可以起到催熟脱涩的作用。在20℃室温中，经过4~6天可脱去涩味，上述各种水果的芳香物质还能改善柿子的风味。

（4）酒精脱涩　将35%~75%酒精或白酒喷洒于涩柿果面上，用量为5~7mL/kg，将果实放入密闭容器中，在室温下3~5天，即可脱涩。

（5）高CO_2脱涩　当前大规模的柿子脱涩方法是用高CO_2处理，将柿子放入密闭塑料帐中，通入CO_2，使其浓度保持在60%以上，在40℃左右时，10h即可脱涩，当温度为25~30℃时，1~3天即可脱涩。用此法处理的柿子，质地脆硬，可存放较长时间，成本也低。

（6）脱氧剂密封法　把涩柿密封在不透气的包装袋内，加入脱氧剂，使果实无氧呼吸，从而脱涩。脱氧剂的种类很多，可用连二亚硫酸盐、亚硫酸盐、硫代硫酸盐、草酸盐、铜氨络合物、维生素C、铁粉、锌粉等各种还原性物质为主的混合剂，其中最好是含连二亚硫酸、氢氧化钙以及活性炭的物质。脱氧剂一般放在透气包装材料中，待可溶性单宁除去5%以上时，可将密闭容器打开，将柿子贮藏在0~20℃条件下，果实会脱涩变甜。

（7）冻结脱涩法　冻柿吃起来别具特色，涩柿经过一段时间的低温冷冻后，可溶性单宁会转化为不溶性单宁，从而实现自然脱涩。研究表明，在-30~-20℃，快速冻结脱涩的效果最佳。柿子冻结后不宜移动或振动，食用时要缓慢解冻，防止果肉解体变质。

（8）乙烯及乙烯利脱涩　用1000mg/kg的乙烯处理柿子，在18~21℃和80%~85%相对湿度下，2~3天可脱涩；用250~500mg/L的乙烯利喷果或蘸果，4~6天柿子也可成熟脱涩。

六、晾晒与愈伤

1. 晾晒

晾晒处理也称贮前干燥，或者萎蔫处理。果蔬采收时含水量高，组织脆嫩，贮运中易遭受机械损伤；或因蒸腾旺盛，导致贮运环境中湿度过大，促使微生物活动而引起腐烂。有些种类的果蔬，因含水量高而发生某些贮藏生理病害，使其质量和贮藏性受到影响。因此，应根据果蔬的种类、贮藏条件及方式，进行适当的贮前晾晒处理。这种处理主要用于柑橘、叶菜类的大白菜和甘蓝，以及葱蒜类蔬菜。

我国北方一些地区，在大白菜砍倒后，要在田间直接晾晒，或者集中起来晾晒数日，达到菜棵直立但外叶垂而不折的程度，即失水10%左右再进行贮藏。晾晒使外层叶片变得柔软，可保护内层叶片免受损伤，降低水分蒸腾和呼吸消耗，同时，可以增强其越冬抗寒能力。但是，如果晾晒过度，不但会造成质量损失，而且会降低白菜的贮藏性。甘蓝贮藏前进行晾晒处理，也有类似的效果。

柑橘贮藏后期易出现枯水现象，如果将柑橘贮藏之前在干燥、冷凉、通风的场所放置一段时间，使其质量减轻3%~5%，果皮膨压风干到某种松弛程度，就可明显减轻贮藏后期枯水病的发生。

2. 愈伤

果蔬在收获、分级、包装、运输及装卸等操作过程中，很难避免机械损伤，特别是那些块茎、鳞茎、块根类蔬菜，如马铃薯、洋葱、大蒜、芋头和山药等。即使是微小的伤口，也可能会感染病菌而使产品在贮运期间腐烂变质，造成严重损失。因此，在各个环节中都应精细操作，尽可能减少对果蔬造成的机械损伤。另外，通过愈伤处理，可使轻度受损伤的组织得以修复愈合，从而阻止病菌侵染。

在愈伤过程中，周皮细胞的形成要求高温多湿的环境条件。如马铃薯块茎采后保持在18.5℃以上2天，而后在7.5~10℃和相对湿度90%~95%时，保持10~12天，可延长贮藏期，减少腐烂。山药在38℃和相对湿度95%~100%时愈伤24h，可完全抑制表面微生物的生长，取得较好的贮藏效果。甘薯的愈伤处理一般是在温度为32~35℃，湿度为85%~90%的条件下预贮4天，这不仅能愈合伤口而且能增强抵抗力，防止病菌侵染。温度过低或高于36℃都不利于愈伤组织的形成，而且会降低愈伤和贮藏的效果。愈伤时也有要求湿度较低的，如洋葱、蒜头，在收获后经过晾晒，使外部鳞片干燥，一方面可以减少微生物侵染，另一方面对鳞茎的伤口有愈合作用，对贮藏有利。

七、防腐保鲜处理

微生物是导致果蔬腐败变质的主要原因之一，主要由真菌或细菌侵染引起，而真菌比细菌更为普遍。由细菌引起的病害在水果和浆果中少见，在蔬菜中较为常见。微生物引起的果蔬腐坏通常表现为霉变、酸腐、发酵、软化、腐烂、膨胀、产气、变色等。果蔬霉变是由于果蔬受到了霉菌感染，是霉菌在果蔬上生长繁殖的结果。

1. 微生物污染途径、控制要求

生鲜果蔬在栽培生产和采后处理环节均会受到致病微生物的污染，其影响因素很多，如栽培生产灌溉用水遭受污染、操作人员卫生状况差以及所采用设备的卫生状况差等，均可能是导致致病微生物污染的直接原因。为确保生鲜果蔬的食用安全，找出生鲜果蔬遭受污染的途径，采取措施和制定良好的操作规范可以有效控制和预防致病微生物通过生鲜果蔬传播。

土壤、水、包装间的卫生条件以及空气等都是造成果蔬采后致病微生物污染的主要因素。土壤及腐烂的植物材料可能含有大量的病原体，这些病原体会通过刮风下雨传播到各处，成为污染果蔬产品的源头。如果池塘、河流等水源被各种污水排放所污染，用这样的水灌溉作物，或者在未经处理的情况下用于采后预冷或清洗，均会对果蔬产品造成污染。受到病原体污染的果蔬在包装车间处理时，会将病原体迅速传播到所有接触过的表面，如槽体、传送带、周转箱、工作台等，甚至空气也是传播致病微生物的媒介。

鲜切果蔬产品的质量涵盖了外观质量、质地质量、风味质量、营养成分和安全性。外观质量是通过视觉看到的，包括了尺寸大小、形状、颜色、表面光泽、有无瑕疵与腐坏。质地质量是通过触觉感知的，包括硬度、脆度、冰凉感、软面感和韧性等。风味质量是通过味觉和嗅觉体验到的，包括甜味、酸味、涩味、苦味、香味和臭味等。营养成分需要尽可能地保持果蔬原有的维生素、矿物质和膳食纤维以及包括类黄酮、类胡萝卜素、多酚等在内的其他植物性营养成分。安全性体现在微生物、化学和物理三方面有害物的控制：微生物控制应符合"即食"或"即用"产品的相应要求；化学有害物控制包括有来自果蔬原料的重金属、农药残留等化学有害物，以及加工过程中可能会接触到的如杀灭鼠虫的药剂或加工过程中用到的化学药剂等；物理有害物控制指控制金属、砂石、毛发等有危害或影响质量的物质存在。

我国的一些相关标准中涉及与鲜切果蔬产品有关的微生物控制要求，例如，在《食品安全国家标准 即食鲜切果蔬加工卫生规范》（GB 31652—2021）中，微生物指标要求在即食和即用果蔬产品中致泻大肠埃希氏菌、金黄色葡萄球菌、志贺氏菌、沙门氏菌和单核细胞增生李斯特菌不得检出，在每100g即食果蔬产品中大肠菌群应≤430MPN，在即用果蔬产品中未有限制指标。

2. 微生物控制的方法

常规方法有物理方法、化学方法和生物方法。物理方法包括热处理、过滤法、紫外线辐射法、电离辐射法、超声波法、微波法、等离子体法。

果蔬化学杀菌通常采用物理清洗和杀菌剂配合使用的方式进行，目前使用的杀菌剂主要有氯系消毒剂、二氧化氯、臭氧和过氧化物，各类杀菌剂使用及处理方式的合法性对于每个国家而言是不相同的。杀菌剂的好坏主要以抗菌性、安全性、适用性和经济性为评价标准。好的杀菌剂应具有抗菌谱广、抗菌效率高、毒性低、稳定性好和使用成本低等特点。

（1）热处理 也称为果蔬采后温度预调节，在国外已有近百年的应用历史，最初用于杀灭柑橘果蝇，防治果蔬采后虫害。近年来随着消费者对无化学处理果蔬产品的热衷和追求，热处理技术也得到越来越多的关注。实践证明，热处理技术对于贮藏期间维持果蔬质量能起到积极的作用，除可用于防治果蔬采后虫害外，也可用于杀灭或减少果蔬上的病原体，控制采后果蔬的腐败及食源性疾病的发生，另外还可以有效控制采后果蔬的生理失调。

用于果蔬的热处理方法有热水浸泡、热水冲刷、热空气处理、湿热空气（水蒸气）处理、高温蒸气处理和瞬间湿热处理等。采用的热处理方法不能对果蔬产品造成伤害，温度和作用时间的管控是既能达到处理效果又要防止果蔬伤害的关键。

此外，热处理对于果蔬生理和品质的影响主要包括以下几个方面。

①热处理对于果实后熟具有调节作用。多数呼吸跃变型果实，在后熟时表现出果肉变软、糖酸比增加、颜色加深、呼吸速率增加和产生乙烯等特性。这类果蔬暴露于高温时，会使其中的某些特性加强而另一些特性减弱，因此可以利用这种不协调的情况对果实后熟进行调节。例如，对苹果、鳄梨和番茄进行热处理时，乙烯生成量增加的同时并不引起果实软化，并且之后乙烯的生成量逐渐下降；李、番茄热处理后呼吸速率下降，且无跃变上升变化；香蕉热处理后会抑制乙烯产生和对外源乙烯的感受性；李、番茄和桃等热处理后都能抑制乙烯产生。这些果蔬经过热处理之后，在20℃货架存放时，可以延长其保鲜期。

②热带和亚热带果蔬对低温环境比较敏感，容易出现贮藏冷害，表皮呈现水渍状、蚀损斑、果皮和果肉褐变，甚至局部组织坏死、腐烂，而热处理可以防止或减轻果蔬贮藏中冷害的发生。其作用机制包括：促进损伤的果皮细胞愈合，避免伤口扩展形成褐斑；抑制果皮下的某些挥发性物质积累和氧化，从而防止果皮褐烫症的发生；提高果蔬中细胞膜的不饱和脂肪酸含量，使细胞膜在低温时免受伤害，从而增加果蔬的抗冷性；有助于维持活性氧的代谢平衡，减少自由基对膜结构的破坏，使细胞膜具有正常的生理功能，从而抑制低温冷害的发生。

③热处理对果蔬品质如营养成分、风味、色泽、硬度等均产生一定的影响。有些果蔬经热处理作用时，营养成分和风味会发生变化，如番茄的可溶性固形物和可滴定酸含量有所增加，草莓的维生素C含量增加等。热处理对果蔬色泽的影响主要表现为对果蔬叶绿素降解系统的影响和对类胡萝卜素合成的影响。对果蔬叶绿素降解系统的影响会导致不同的结果，而同种果蔬因热处理条件不同其结果也可能不同。例如，菠菜经40℃ 3.5min热水处理后叶绿素的含量会增加，而某品种番茄经热处理后叶绿素的降解会加快；青花菜经37℃热空气处理会加速其黄化，而经48℃ 3h热处理能显著抑制黄化和叶绿素降解。芒果经热处理后，类胡萝卜素含量会增加。热处理对果实硬度的影响，会随处理方式、温度和作用时间的不同而有所变化。

④热处理不当，会对果蔬组织造成损伤，因此在进行热处理时需要特别注意。热处理造成的果蔬损伤有外部损伤和内部损伤。外部损伤如表皮褐变、出现蚀损样斑点以及绿色蔬菜变黄等，内部损伤如异常发软、出现空腔、果肉颜色变暗等，另外有些果实还会出现快速软化或部分区域异常软化的现象。为使热处理达到理想的效果，同时又不会对果蔬造成损伤，需要严格管控好温度和作用时间。

（2）氯系消毒剂　溶于水中能产生次氯酸的消毒剂称为氯系消毒剂（也称含氯消毒剂），是世界上最早使用的一种化学消毒剂，常用的有氯气、漂白粉和次氯酸钠等。

果蔬采后商品化生产的清洗杀菌中最常用的氯系消毒剂是次氯酸钠。使用氯系消毒剂制备的杀菌水消毒，可以减少因产品表面存在微生物引起的果蔬腐败，也可以有效控制人类病原微生物通过果蔬产品传播疾病。

氯系消毒剂制备的清洗杀菌水中的有效成分是次氯酸（HClO），而次氯酸分子极不稳定，往往需要现场制备使用。

（3）二氧化氯　二氧化氯的分子式为ClO_2，在常温下为黄绿色气体，在更低温度下为液态，熔点-59.5℃，沸点9.9~11℃（101kPa），气体密度3.09g/L（11℃），液体密度1.642kg/L（0℃）。二氧化氯在水中的溶解度较高，特别是在冷水中，在水中不会水解。二氧化氯在水中的溶解度是氯的5~10倍。

二氧化氯的杀菌作用机制与氯系消毒剂不同，其杀菌作用的主要成分是ClO_2，而不是HClO。关于二氧化氯的杀菌作用机制目前尚存在争议，一般认为，二氧化氯分子中的2个未成对电子，赋予其很强的氧化性，使其对细胞壁有较强的吸附穿透能力。对细胞的作用机制包括抑制细胞内蛋白质的合成过程；与微生物蛋白质半胱氨酸的—SH（巯基）发生反应，使以—SH为活性位点的酶钝化；改变细菌的细胞壁/膜的通透性而导致细胞内物质漏出；强氧化作用使细胞质凝聚等观点。总之，二氧化氯杀菌是复杂的过程，可能是多种因素共同作用的结果。二氧化氯杀菌持续时间长，随温度升高，杀菌能力增强，不仅能杀死细菌，而且有杀孢子和病毒的能力。

另外，由于细菌是原核细胞生物，绝大多数酶系统分布于细胞膜表面，易受攻击，而动植物是真核细胞生物，酶系统深入到细胞内部，不易受到攻击，因此二氧化氯能有效杀灭细菌，但对动植物机体不产生毒效。

二氧化氯对抑制果蔬腐坏菌及人类致病菌均有很好的效果，可以杀灭各种细菌繁殖体、芽孢、真菌、病毒甚至原虫等。不同微生物对二氧化氯的抵抗力也不同。

（4）臭氧　臭氧的分子式为O_3，是氧的同素异形体。自然界中臭氧主要存在于距离地球表面15~50km的臭氧层中（浓度最高区间20~40km），吸收97%~99%的太阳紫外线辐射，保护地球生物免受伤害。近地面臭氧是城市光化学烟雾的成分之一，对植被和人类有伤害作用。

臭氧对细菌的杀灭作用，主要由于臭氧与菌体接触后，能够快速扩散并渗透到菌体的细胞壁，其强烈的氧化作用使菌体蛋白质变性，破坏菌体酶系统，致使菌体正常的生理代谢失调，最终杀灭菌体。臭氧量足够大时，还会穿透菌体的细胞壁，使细菌遭到毁灭性破坏。与细菌不同，病毒是病原微生物中最小的一种，其结构简单，只含有一种核酸［核糖核酸（RNA），或脱氧核糖核酸（DNA）］，外壳是蛋白质，不具细胞结构。大多数病毒缺乏酶系统，不能单独进行新陈代谢，必须依赖宿主的酶系统才能生存繁殖，将宿主细胞的蛋白质转化成自身的蛋白质。臭氧通过扩散穿透蛋白质表层进入到核酸中心，破坏病毒的核酸。臭氧浓度较高时，其氧化作用能破坏衣壳，使DNA或RNA结构受到影响。

第二节　粮食储运技术

"食为政首，粮安天下"。粮食安全不仅关乎我们的一日三餐，更是维护国家安全的重要基石、增进民生福祉的重要保障、应对风险挑战的重要支撑。习近平总书记在党的二十大报告中多次提到粮食安全，要求"确保中国人的饭碗牢牢端在自己手中"。在保障粮食安全，深入实施"藏粮于地、藏粮于技"战略思想的引领下，我国的粮油贮藏由注重数量，向数量安全、质量安全、生态安全并重转变，而紧跟时代步伐、面向行业生产、不断发展创新的粮油储运技术，是保障我国粮食储备安全的关键科技支撑。

一、粮食干燥储藏

干燥储藏是粮食收获后的关键环节，与粮食增产同等重要。粮食干燥方法一般有对流干燥法、传导干燥法、辐射干燥法、高频电场干燥法和联合干燥法5种。粮食干燥方法能精准控制水分，获得品质好的粮食，不仅能最大限度减少农户损失，还能有效解决农村晾晒场地不足和人工成本过高的问题。

1. 概述

干燥从狭义上讲是指含水分较少的固形物料的去水过程，从广义上讲则包括溶液、悬浮液及浆状等物料的干燥。不论物料含水多少，凡使其所含水分由物料向气相转移，从而使物料达到特定含水量标准的单元操作（或过程）统称为干燥。因此，粮食干燥又称粮食降水，是通过一定的方式给予粮食一定形式的能量，使粮食中的一部分水分汽化逸出，水分含量降低的过程。粮食干燥是确保粮食安全储藏的重要手段。

粮粒是活的生物体。粮粒脱离植株以后，仍然继续其生命过程，这种生命活力表现在粮粒的呼吸、后熟、发芽及老化。粮粒生命活力的强弱与外界条件有着密切的关系。粮食干燥的目的是降低粮粒的水分，抑制其生命活力，制造不利于微生物、储粮害虫繁殖的环境，从而使粮食更耐储藏。我国需要大量干燥的粮食有小麦、稻谷和玉米，当然有的地区也需要干燥大麦、燕麦、高粱、各种成品粮以及油料作物籽粒。

2. 常用的粮食干燥方法

根据热量传递给粮食的方法，可以将粮食干燥方法划分为以下5类。

（1）对流干燥法　利用加热的气体（热空气或炉气）直接和粮食接触，热量以对流的方式传递给粮食，使其水分汽化，达到干燥的目的。在干燥过程中，放热后的气体再把粮食中汽化出来的水分带走，这样，干燥介质就起到了载热体和载湿体的双重作用。对流干燥法在粮食干燥技术中应用得最广，对流换热的粮食烘干机也是使用最多的干燥设备。

（2）传导干燥法　粮食和加热固体的表面直接接触，热量以传导方式传给粮食。传热时物质各部分没有相对位移，而是粮食与加热固体的表面直接接触时产生热量转移，粮食受热后本身温度升高，促使其内部水分转移，由表面汽化，从而达到干燥的目的。但是，由粮食的表面汽化出来的水分必须由干燥介质带走，否则达不到粮食干燥的目的，这时干燥介质只起载湿体的作用。粮食部门所使用的简易滚筒烘干机、利用蒸气的粮食烘干机，都属于接触干燥的粮食烘干机。在这类粮食烘干机中，热量的来源主要有烟道气、过热蒸气和热循环水。烟道气、蒸气、水作为载热体，不能与粮食直接接触，而是在金属管道外壁吸收热量，这种传导（接触）干燥法又称为间接加热干燥法。

（3）辐射干燥法　将依靠物体表面对外发射可见的和不可见的射线，又在空间传递能量的现象，称为辐射。由于粮食在干燥时所需的能量主要靠辐射方式传递，所以称之为辐射干燥。日光曝晒粮食和红外线干燥粮食都属于辐射干燥。辐射能由能源（太阳或辐射器）发出，经过空间落到物体上，可被吸收、反射或透过。当它被物体吸收时，就会转换为热能，从而加热物体。例如，湿物体（粮食）的表面吸收了辐射能，这种能量转化为热能使粮食升温，粮食中的水分就会汽化，从而达到干燥粮食的目的。人工制造的辐射器有电源和热源两种形式。电源类型的辐射器有红外线灯泡，金属氧化物的陶瓷板辐射器。热源类型的辐射器通过煤气燃烧金属或陶瓷辐射板，使它们放射红外线。目前，我国主要开发的是电源远红外线粮食烘干机。

（4）高频电场干燥法　高频电场干燥是利用介质加热原理，在高频电场作用下，引起介质（粮食）损耗，使粮食受热，水分汽化，从而达到干燥粮食的目的。粮食高频烘干机使用电场频率在1M～10MHZ（1×10^6HZ为1MHZ）。使用的电场频率在300MHZ以上的粮食烘干机，称为超高频粮食烘干机，通常称为微波烘干机。粮食的高频干燥及微波干燥，在本质上是相同的，只是使用的电场频率不同而已。我国对这两种粮食烘干机都进行过科学研究。由于其结构和能源方面的限制，这些设备都属于小型的实验性质的粮食烘干机。高频及微波烘干机，在今后若干年内，还不大可能在我国粮食系统得到推广应用。

（5）联合干燥法　将两种不同的干燥方法联合起来使用，能取得更好的工艺效果和经济效果，例如，高频和对流干燥联合，红外线与对流干燥联合，接触干燥与对流干燥联合。采用联合干燥方法的粮食烘干机有双热式转筒粮食烘干机（传导与对流加热相联合）。

二、粮食低温储藏

在我国深入推进优质粮食工程、全力推进全链条节粮减损工作的背景下，消费者对安全、优质、营养、健康的粮油食品的需求快速增长，建设绿色低温储粮体系势在必行，这是我国现代粮食储藏技术的发展方向和必然趋势。

1. 概述

粮食低温储藏是一种常见的现代化储粮技术，即通过控制"温度"这一物理因子，使粮堆处于较常规温度低的状态，起到延缓粮食品质变化、抑制粮堆虫霉繁育的作用，从而增强粮食的储藏稳定性。

因粮堆对热的传入、传出都很缓慢，是热的不良导体，粮堆内易出现温差，所以单一地采用平均温度来描述粮食是否处于低温状态是不严谨的。因此，《粮油储藏技术规范》（GB/T 29890—2013）中规定：粮食低温储藏（low temperature storage）是指平均粮温常年保持在15℃及以下，局部最高粮温不超过20℃的储藏方式；粮食准低温储藏（quasi-low temperature storage）是指平均粮温常年保持在20℃及以下，局部最高粮温不超过25℃的储藏方式。

2. 低温储藏原理

（1）温度与粮堆虫霉　因储粮害虫是变温动物，生理上缺乏调节体温的功能，无法像哺乳动物一样保持恒定的体温，所以其体温受外界温度的影响明显、对低温的耐受性差。研究表明，多数储粮害虫最适宜的生长温度是25～35℃；当温度下降至17℃，尤其是15℃以下时，虫体会因冷麻痹而无法完成其生命周期。若温度继续下降至5～10℃，害虫会由于冷昏迷无法活动及取食，并由于饥饿衰竭导致间接性死亡；当温度进一步降低至0℃，害虫体液开始冷冻；降低至-4.5℃以下时，害虫会由于体液冻结而死亡。

霉菌是粮食储藏期间的优势微生物类群，其生长和繁殖的最适温度为20～40℃，此时也是霉菌产生代谢产物（毒素）的最适温度。因此在一定范围内，低温不但能抑制储粮霉菌的生长与繁殖，还可防止霉菌产生毒素，保证粮食的安全卫生。但需注意，霉菌在低温下能否正常生长还与储粮环境湿度密切相关，一般而言，粮堆温度在15℃及以下、相对湿度在75%以下，就可抑制大多数储粮霉菌的生长与繁殖。

（2）温度与粮食品质　低温能够有效地降低粮食籽粒的呼吸强度及整体新陈代谢水平。研究表明，处于安全水分以内的粮食，若粮温控制在15℃及以下，便可降低粮食由于呼吸作用及其他分解作用所引起的干物质损失，延缓粮食脂肪酸值及总酸度的升高，保持籽粒较高的发芽率和酶活性，从而保持了粮食的营养成分、新鲜度及生命力。

低温储藏还可以使粮食保持良好的感观品质及蒸煮品质，如色泽、气味、口感、黏度及硬度等。总体而言，低温储粮技术能够保证粮食在整个储藏周期内各项品质指标的变化速度明显低于常规储藏下的品质变化速度。

3. 常用的粮食低温储藏技术

（1）机械通风低温储粮技术　机械通风低温储粮是利用通风机产生的压力，将仓房外低温、低湿的空气送入粮堆，并使其沿粮堆中的空隙穿过粮层，促使粮堆内外气体进行湿热交换，降低粮堆的温度与水分，实现粮食安全储藏的一种储粮技术。机械通风低温储粮技术具有投资少、见效快、效果明显、设备简单、操作方便、应用灵活、作业成本相对较低、易于推广等优点。然而，因该技术采用自然冷源，所以作业受气候条件限制，若设计不够合理，易出现气流死角、能耗大、通风不均匀等现象。

机械通风低温储粮系统由五部分组成，分别为通风机、供风管道、通风管道、粮堆以及通风操作控制设备（图6-1）。通风机：机械通风低温储粮系统的重要组成设备，其作用是克服通风系统阻力、向粮堆输送足够的风量，并促使空气在粮堆中流动，以完成通风作业。常用的通风机包括离心式通风机、轴流式通风机、混流式通风机三大类。供风管道：是一段分别与通风机和通风管道相接的管壁密封的管子，起着输送空气的作用。通风管道：俗称风道，是在粮仓地坪上设计安装的由金属孔板构成的气流通道，其作用是在粮堆内均匀分配气流。若风道设在仓房地坪上，称为地上笼；风道设在仓房地坪下，称为地槽；若粮仓全部地坪是由冲孔金属板构成，则称为全地板通风。粮堆：一般指装有粮食的仓房，它是机械通

拓展阅读：
粮仓的主要类型

风的操作对象。通风操作控制设备：在储粮通风作业过程中控制通风机启动、停止的设备，简单的仅起到开启或关闭通风机的作用，复杂的可实现储粮智能机械通风。

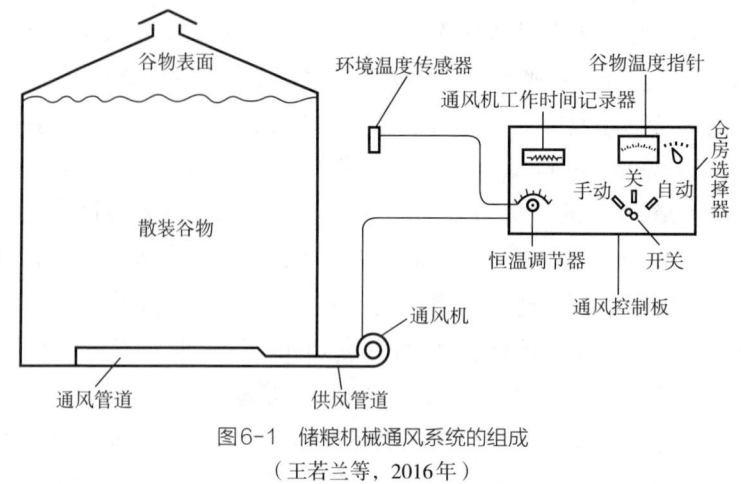

图6-1 储粮机械通风系统的组成
（王若兰等，2016年）

（2）空调低温储粮　应用空调器制冷运行，将仓内空间温度和表层粮温控制在设定温度以下，以抑制粮食温度升高，保持粮食品质的安全储粮技术。若是采用自然界的冷空气进行低温储粮，其效果往往受到地理位置和季节变化的限制，尤其夏季高温时间段，粮温和仓温难以靠自然冷源达到低温或准低温的标准。因此，需采用人工制冷以获得有效低温。根据制冷温度的不同，制冷技术可分为：普通制冷、深度制冷、低温和超低温制冷。粮食低温储藏的制冷技术属于普通制冷，主要采用液体汽化制冷法，其中最常见的是蒸气压缩式制冷。

蒸气压缩式是应用最广泛的制冷方法，理想的蒸气压缩式制冷循环是由两个定压过程、一个绝热压缩过程和一个等焓节流过程组成，主要设备包括压缩机、冷凝器、膨胀阀、蒸发器（图6-2）。

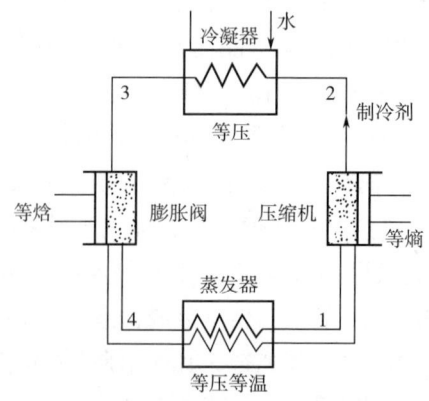

1—制冷剂蒸气　2—过热蒸气　3—饱和液体　4—低温低压制冷剂液体

图6-2 蒸气压缩式制冷循环示意图
（王殿轩等，2021年）

蒸气压缩式制冷循环可分为四个步骤：第一步为等熵过程，来自蒸发器的制冷剂蒸气1首先被吸入压缩机，并被绝热压缩为具有较高温度和压力的过热蒸气2。第二步是等压过程，过热状态下的蒸气2进入冷凝器，在冷凝器中被水或空气定压冷凝为饱和液体3，并放出相变热。第三步是等焓过程，制冷剂饱和液体3在膨胀阀中温度与压力均大大降低，膨胀变为低温低压制冷剂液体4。第四步是等温等压过程，低温低压制冷剂液体4在蒸发器中蒸发、吸收蒸发器周围的热量而蒸发成制冷剂蒸气1，此过程即为制冷步骤。之后，制冷剂蒸气1重新又被吸入压缩机，如此往复循环。

空调器的压缩机为全封闭式，冷凝器为风冷式（不需水源及冷却塔），蒸发器为机械吹拂式，节流机构为毛细管，使用的制冷剂常为氟利昂。

优点：产品型号多样，易于安装，运行简单可靠，管理方便。

缺点：采用空调低温储粮的仓房需配合进行隔热改造，否则运行成本会大大增加；此外，空调一般用于降低仓温及表层粮温，对深层粮温的降温效果不明显。

（3）谷物冷却机低温储粮　谷物冷却机是一种用于粮食低温储藏，向粮仓提供一定温度、湿度空气的设备。主要包括制冷系统以及送风和净化装置，还可以包括调湿装置和风量调节装置。

谷物冷却机低温储粮通过与粮仓机械通风系统的对接，将谷物冷却机的送风口接在粮仓的供风管道上，向仓内粮堆通入冷却后的控湿空气，使粮温下降至低温或准低温的状态，并能一定程度上控制粮食水分含量，从而达到安全储粮的一种粮食储藏技术（图6-3）。

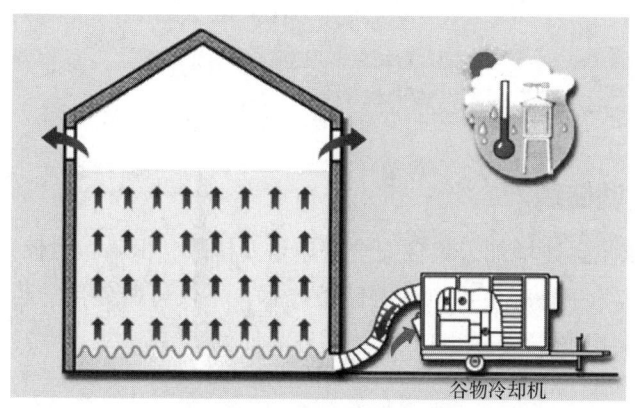

图6-3　谷物冷却机低温储粮示意图
（中国储备粮管理总公司，2017年）

谷物冷却机的作业方式有整仓冷却、分区域冷却和局部冷却三种。

①整仓冷却：谷物冷却机出风口对接粮仓的各通风口，同时对整仓粮食进行冷却。一般而言，当整仓粮食平均温度高于预定值5℃及以上时，宜进行整仓冷却通风作业。采用低温储藏时，粮堆平均温度不高于15℃且局部最高粮温不高于20℃，可结束冷却通风作业。采用准低温储藏时，粮堆平均温度不高于20℃且局部最高粮温不高于25℃，

可结束冷却通风作业。

②分区域冷却：谷物冷却机出风口对接粮仓冷却区域的通风口，按顺序依次对指定区域的粮食进行冷却通风作业（图6-4）。一般用于因谷物冷却机数量不足或作业现场条件限制等因素，无法进行整仓冷却的情况。需注意，先后冷却的区域宜相邻。

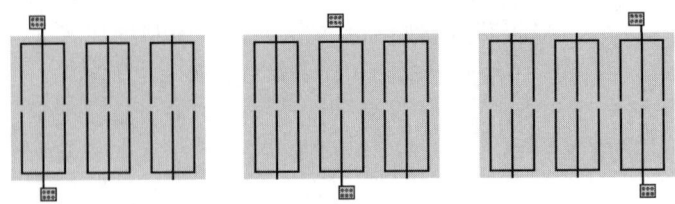

（1）第一区域冷却通风　（2）第二区域冷却通风　（3）第三区域冷却通风

图6-4　高大平房仓的谷物冷却机分区域作业示意图

（中国储备粮管理总公司，2017年）

③局部冷却：若粮堆出现局部发热，可采取在该区域及周围布置通风管网，管网主管道对接仓外谷物冷却机的冷却通风作业形式（图6-5）。

图6-5　谷物冷却机局部冷却通风作业

（中国储备粮管理总公司，2017年）

三、粮食气调储藏

随着粮食需求量迅速增加，粮食安全遭遇重要挑战，保障粮食储藏安全事关国家和社会稳定。气调作为一种绿色可持续的储粮技术，不仅可避免化学药剂对稻谷的污染，也能有效防治虫霉害对稻谷的影响，减缓稻谷品质的劣变。

1. 概述

粮食气调储藏是指在密闭环境中，人为地改变大气的气体成分或调节原有气体的配比，将某些气体浓度控制在一定的范围内，并维持一段时间，从而达到杀虫抑霉、延缓粮食品质变化的粮食贮藏技术。

（1）气调防治粮堆害虫　研究表明，当氧气浓度降到2%以下或二氧化碳浓度增加到40%以上或在98%以上高氮气浓度下害虫会很快死亡。原因在于，高浓度的二氧化碳对害虫有毒杀作用，可以刺激害虫呼吸，使害虫气门持续张开，体内耗氧量剧增，直至氧耗尽而死亡；同时，由于气门持续张开，害虫体内的水分会逐渐蒸发而导致害虫死亡。而低氧或高氮气环境则能够使害虫窒息死亡。此外，杀虫所需的时间与环境温度密切相关，实验表明，升高温度能提高气调储粮过程中害虫的死亡率，温度越高，达到95%杀虫率所需的气调环境暴露时间则越短。

（2）气调抑制粮堆霉菌　储粮环境中的氧气浓度下降至0.2%～1.0%时，对霉菌有显著的抑制作用。此外，低湿能增加抑制霉菌的效果，如当粮堆氧浓度下降到2%以下时，若储粮是在安全水分范围内的低水分粮以及储粮的环境相对湿度在65%以下的低湿条件下，低氧对霉菌的控制作用尤为显著。但需注意：有些霉菌对环境氧气浓度要求不高，对低氧环境有极强的忍耐性，例如，灰绿曲霉、米根霉，能在0.2%氧浓度下生长，当气调粮堆表面或周围结露时，在局部湿度较大的部位可能会出现上述霉菌。

（3）气调与粮食品质　①降低粮食呼吸强度。对干燥的粮食进行气调贮藏时，由于整个呼吸水平极其微弱，即使存在细胞内的无氧呼吸，所产生的呼吸中间产物（乙醛、乙醇等）也极其有限，几乎不会对粮食的品质和发芽能力产生显著影响。粮食水分在16%以上，不宜长期采用气调贮藏，以免引起大范围的无氧呼吸，积累大量的乙醇，影响储粮品质。②延缓粮食品质劣变。研究表明，在20～30℃条件下，维持90%以上或交替充氮的氮气气调方式都可以延缓稻谷和玉米脂肪酸值的增加；氮气气调对玉米发芽率、过氧化氢酶活动度的降低及脂肪酸值的升高起到明显的延缓作用，对保持玉米贮藏品质有明显的优越性；此外，充氮气调对保持大豆的储藏品质也有明显的优越性，尤其对大豆发芽率、水溶性蛋白和氮可溶性指数的降低及脂肪酸值的升高起到明显的延缓作用。

2. 常用的气调储粮技术

（1）氮气气调储粮技术　向密闭粮堆充入氮气以改变其中的气体组分，以达到防治储粮虫霉，延缓粮食品质变化的储粮技术即为氮气气调储粮技术。

（2）自然密闭缺氧储粮　自然密闭缺氧储粮是利用密封粮堆中的粮粒、粮食微生物和害虫等粮堆生物自身的呼吸代谢作

拓展阅读：气调储粮技术中的碳分子筛制氮技术

用，逐渐消耗粮堆中的氧气并增加二氧化碳含量，使粮堆自身趋于缺氧状态，达到防治储粮虫害、抑制霉菌生长、保持粮食品质的目的。自然密闭缺氧储粮的优点是充分利用了粮堆生物体自身的呼吸特性，其操作方法简便、过程易于控制、经济安全。

（3）化学脱氧储粮　化学脱氧储粮是通过与包装袋或器皿中内容物同时密封的脱氧剂与氧气快速反应，除去包装或容器中的游离氧或溶存氧，使贮藏物处于无氧环境中，达到抑制好氧微生物和虫害、防止粮粒氧化劣变、实现安全贮藏的目的，是气调储粮的一种技术。

（4）真空包装储粮　真空储粮又称减压储粮、负压储粮，是气调贮藏中一种出现较早的技术，我国在20世纪60年代已将其成功用于粮食储藏。该技术是用真空泵将粮堆空间抽成负压，使粮堆氧含量降至低氧或绝氧，达到接近真空或真空的状态，以便抑制虫霉活动、保持粮食新鲜。真空储粮技术具有设备和操作简单、费用低、防霉防虫效果

好、卫生无污染、小包装、外形美观等优点，特别适用于成品粮流通各环节的应用，如运输、装卸、销售等，且市场适应性强，应用前景广阔。

四、智能化粮库

1. 粮情测控

粮情检测系统是利用现代传感技术实现粮食贮藏过程中对粮情变化的实时检测、对实时检测数据进行分析与预测、对异常粮情提出处理建议和予以控制的措施等，为科学及安全储粮提供技术保证和科学依据的信息系统。

粮情检测的工作原理是利用安装在粮仓内外的各类传感器将待测量数据（如温度、湿度、水分、气体浓度等）转换成数字或模拟信号，通过检测软件进行识别、处理，最终以直观的形式将温度、湿度、水分、气体浓度等数据进行展示、存储与打印。应用最早也最广泛的粮情检测系统主要用于完成"三温三湿"（粮温、仓温、外温和粮湿、仓湿、外湿）的检测，近年来随着信息技术的发展，在传统检测温湿度的基础上逐渐向水分、气体、虫害等影响储粮品质的多功能检测扩展。

2. 智能控温

温度是影响储粮稳定性的重要因素。降低或保持粮堆温度可以控制粮食呼吸强度，减少储存期间干物质损耗；延缓品质劣变，保持粮食新鲜度；抑制虫霉生长、发育，减少或避免化学药剂使用。将仓温控制在15℃以下或20℃以下的低温或准低温的储粮方式称为控温储藏，是被业界广泛认可的一种绿色、生态、经济、安全的科学储粮技术。目前接入信息系统实现控温储粮主要有两种方式：一是采用空调器、谷冷设备降低仓温、粮温；另一种是利用冬季通风形成的粮堆"冷芯"作为冷源，采用整仓环流方式进行控温的内环流均温通风。智能控温系统结构、软件功能要求与智能通风系统基本一致，不同之处在于受控设备和设施。

3. 智能通风

智能通风是根据不同的通风目的，通过计算机实时监测气温、气湿、仓温、仓湿以及粮温等数据，由计算机通风数学模型智能地判断通风时机、通风模式和通风时长等，实现自动控制通风设备与设施开启和关停的一种通风方式。这种由计算机自动控制通风过程的通风方式，解决了常规机械通风可能出现的低效、无效甚至有害通风，提高通风效率，保证储粮安全。

智能通风系统必须与粮情检测系统关联工作，通风数学模型（智能通风软件）从粮情检测系统获取实时检测的通风环境参数，形成通风决策后将控制指令通过库区网络传输到安装在粮仓现场的智能测控装置，再控制通风口、通风窗及风机等设备与设施的开启和关停，并检测通风设备、设施工作状态，反馈至智能通风软件并在管理计算机上显示。

智能通风系统的硬件主要包括：业务电脑、粮库服务器、小型气象站、通信模块、智能测控单元（包含PLC控制、变频器、继电器等）、自动通风窗、自动通风口、风机和粮情检测系统等。安装在粮仓现场的通风设施应具备应急控制功能,可以在断电情况下通过机械装置或备用电源手动强制关闭通风口、通风窗等设备与设施。智能通风系统结构如图6-6所示。

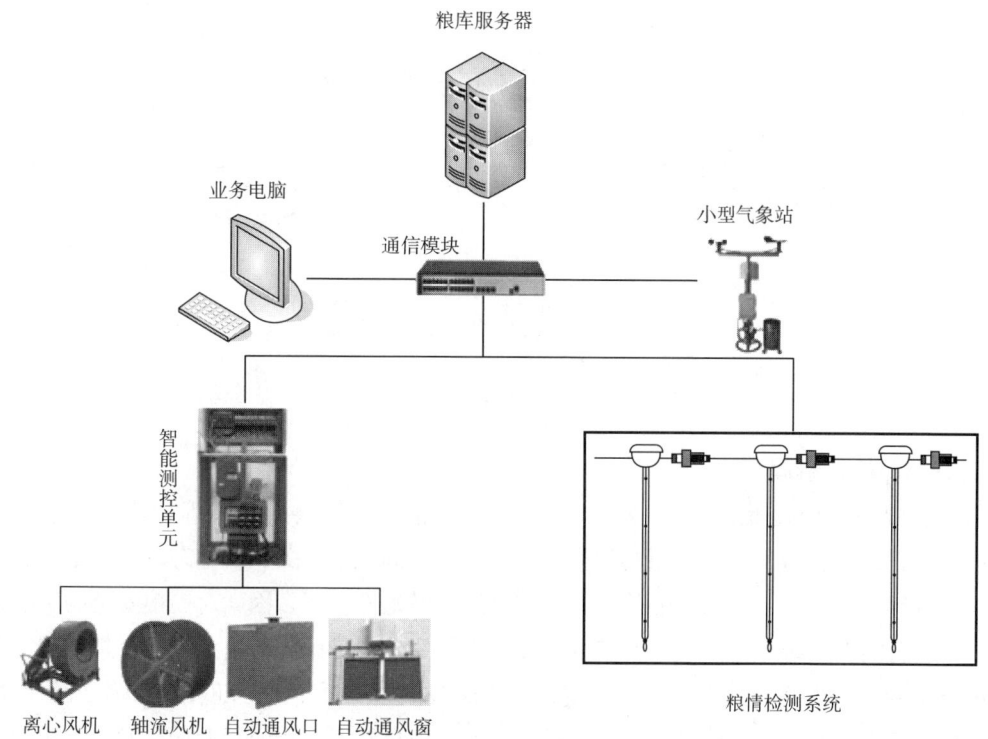

图6-6 智能通风系统结构图

4. 智能出入库

智能出入库系统指通过智能卡或射频识别（radio frequency identification,RFID）电子标签,将人、车船、设备、粮食及仓储设施关联起来,实现粮食出入库业务过程的智能化识别、监控和管理的信息系统。智能出入库系统是智能化粮库的核心组成部分,通过在门岗、扦样、检化验、计量、仓房、结算等各个作业环节,集成车牌识别、身份证阅读、智能卡读写、条码打印/识别、称重设备、LED显示屏、视频监控、手持智能终端等设备,实现出入库信息的自动采集、存储与智能控制,并尽可能减少人工干预,实现粮食出入库作业的全程自动化、可视化与智能化控制,实现全流程信息共享,规范业务流程,提高作业效率（图6-7）。

5. 视频安防

安全防范系统是以安全为目的,综合运用实体防护（利用建筑物、屏障、器具、设备或其组合,延迟或阻止风险事件发生的防护手段,又称物防）、电子防护（利用传感、通信、计算机、信息处理及其控制、生物特征识别等技术,提高探测、延迟、反应能力的防护手段,又称技防）等技术构成的防范系统。传统的安全防范系统主要依赖人的视觉判断，而缺乏对视频内容的智能分析。近年来，随着光电技术、微电子技术的发展，推动传统的安全防范产品从由模拟制式向数字化转变，并随着通信技术和视频图像处理技术的迅速发展，安全防范系统的网络化、智能化应用已成为信息化工作的一个重要内容。

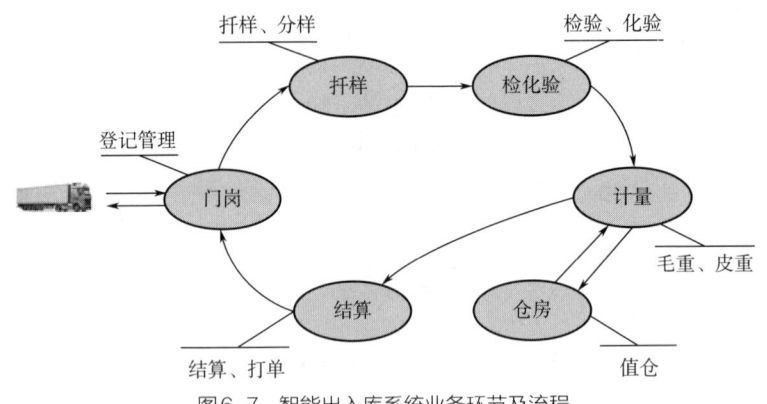

图6-7 智能出入库系统业务环节及流程

6. 仓储信息管理

目前政策性粮食储备体现出单仓容量大、装粮高、储存周期长等特点，而粮食是高能量生命体，大容量、高能量的粮堆构成一个复杂的并相互关联的生态系统，温度、湿度、水分等环境因子，气密、隔热、保温等设施保障条件，诸多因素对储粮安全的影响显著，但仓管员在传统工作模式下对粮堆内部发生的变化很难感知，由此可能会忽略粮堆内部的异常变化，最终导致粮食质量劣变，造成储粮损失。近年来，随着物联网、云计算、大数据、移动互联等新一代信息技术的迅速发展，信息技术与传统行业融合发展已成为必然趋势，将传感器、RFID等物联网、自动控制、人工智能等信息技术新成果与绿色安全储粮技术相结合，实现作业、管理等数据的实时采集与仓储设施的自动控制已成为可能。

第三节　植物油料和油脂储藏

植物油料储藏时易受到微生物侵害造成霉变，大豆、油菜籽、花生是我们日常生活中常见的几种植物油料。本节针对不同的油料原料，分别介绍其储藏特性和储藏技术。随着我国食用植物油消费需求的快速增长，为保障我国食用植物油的供给安全，减少油脂储藏的品质劣变损耗，了解植物油料和油脂在储藏中的品质劣变、影响油脂劣变的因素及植物油脂储藏技术是十分必要的。

一、大豆

1. 大豆的储藏特性

（1）易吸湿　由于大豆种皮较薄，种皮和子叶之间空隙较大，所以种皮透性好，且大豆含有大量的蛋白质等亲水性胶体，因而吸湿能力与解吸能力均很强。若大豆储藏环境潮湿，则极易吸湿，当水分含量达到甚至超过15%时，会导致豆粒变软、体积膨胀。

（2）易生霉　大豆生霉多发生在豆粒吸湿之后，以堆垛下部或上层最为常见，下部生霉多由于吸湿，上层生霉多由于堆垛表层结露。生霉豆粒早期会发软、种皮灰暗泛白并出现轻微异味；继而豆粒膨胀，发软程度加重，整个脐部泛红，俗称"红眼"，并伴随子叶浸油、赤变；豆粒上会形成毛状或绒状的菌落，霉变部位初常呈白色，后即变为灰绿色、绿色等，大豆霉味严重，品质急剧劣变，出油率大幅度下降。

（3）易浸油赤变　表现为开始时大豆种皮光泽减退，之后种皮颜色由淡黄色逐渐变化为深黄、红黄甚至红褐色；子叶首先是靠近脐部的位置变红，随后红色逐渐加深并扩大，进而子叶呈现透明蜡状，严重时有明显浸油脱皮现象。一般情况下，若大豆水分含量超过13%、储藏温度超过25℃时即可发生浸油赤变。需要注意的是，大豆的浸油赤变可以不伴随吸湿生霉单独出现，而吸湿生霉的大豆往往都会出现浸油赤变。

（4）不耐高温　研究表明，大豆在较高的温度下储藏，会发生诸如蛋白质变性、脂肪氧化分解等一系列变化，对大豆的外观及品质造成不良影响，严重影响其使用价值。如在20℃恒温条件下储藏一年，大豆各项品质指标随储藏时间延长而缓慢变化，但若温度升至35℃储藏4个月，则大豆的发芽能力完全丧失、豆油酸价上升145%、水溶性氮指数下降34%、脂溶性磷指数下降39%。

（5）发芽力易下降　大豆在储藏期间很容易丧失发芽能力，例如，正常水分含量的大豆在25℃条件下储藏时，发芽率就难以保持。总之，大豆水分含量低、储藏温度低，则能够较长时间地保持较高发芽率；反之，大豆水分含量高、储藏温度高，发芽率则迅速下降。

（6）抗虫蚀能力强　大豆籽粒表面光滑，种皮组织坚硬，且含有较多的纤维素和蜡质，加上大豆特殊的豆腥味，通常除印度谷蛾、地中海螟和粉斑螟外，一般很少受其他储粮害虫的侵害，因而对储粮害虫有较强的抵抗能力。

2. 大豆的储藏技术

（1）干燥降水　水分含量是影响大豆储藏期限及储藏品质的关键因素。一般而言，大豆水分含量在12.5%以下为安全，12.5%~13.5%为半安全，13.5%以上为不安全。因此即使短期储藏的大豆，其水分含量也不应超过13.5%，以防大豆脂肪酸值迅速增加、豆粒变软甚至大豆堆垛发热霉变。通常当储藏大豆的水分含量超过12.5%时，就应采取干燥降水措施。

机械烘干是降低大豆水分含量的有效技术之一，具有降水快，能清除杂质、不受气候影响等优点，但操作不当会导致大豆破碎率增加、豆粒光泽减退或出现焦斑和裂皮、脂肪酸值升高、蛋白质高温变性等问题。因此，采用机械烘干技术时要根据大豆水分含量的高低选用适宜的温度，一般而言，烘干机出口的豆温应低于40℃；此外，烘干后的大豆，应经过充分冷却降温才可入仓储藏。

整仓通风干燥也是降低大豆水分含量的有效技术之一，其降水效果好，操作方法简便，节省劳力与费用，且有利于大豆储藏品质的保持。依据储粮仓房仓型的不同，散装大豆可采用地上笼或地槽通风形式。通常每天在温度高、湿度低的时间段通风数小时，利用在高温低湿条件下豆粒的解吸作用，使其内部的水分不断地缓慢解吸，经多次间歇整仓通风，即可达到大豆干燥降水的目的。当大豆堆垛的平均水分含量降至安全水分范围时，再结合气候条件将低温低湿的空气通入豆堆，进一步降低豆温并均温均湿，以利于大豆的安全储藏。

（2）清理杂质 若大豆的杂质多，特别是破碎粒多时，易吸湿转潮并被储粮害虫侵染，进而造成大豆发热霉变。因此，大豆在脱粒时就要尽量减少破碎粒，机械烘干后、入仓前要再次检查杂质含量并及时把杂质清除干净，以保证大豆的储藏安全。

（3）通风散热 新收获的大豆，入仓后由于尚未度过后熟期，因而呼吸作用强烈、生理代谢旺盛，堆垛内易积累湿热；同时正值秋冬季节交替时期，气温下降明显，故容易出现大豆堆垛表层结露或局部潮湿的现象，带来发热霉变的隐患。此时应按照《储粮机械通风技术规程》（LS/T 1202—2002）的要求采用机械通风技术及时散发豆堆湿热，保证大豆安全储藏。

（4）低温密闭 长期储藏的大豆，可在冬季利用机械通风技术降低豆堆温度、春季气温回升前采取粮面压盖密闭技术、夏季高温时采取空调制冷技术或谷物冷却机等形式保持大豆堆垛的低温状态。研究表明，低温密闭技术对防止大豆浸油赤变、保持大豆储藏品质效果显著。例如，安全水分的大豆，在20℃条件下可以安全储藏2年；25℃条件下，可以安全储藏18个月；30℃条件下只能安全储藏8~10个月；而在35℃条件下，则只能短期储藏4~8个月。

二、油菜籽

1. 油菜籽的储藏特性

（1）易吸湿霉变 油菜籽皮薄质嫩，胚部大，亲水性蛋白质含量高。若空气相对湿度达85%以上时，由于吸湿作用，油菜籽在短时间内水分含量可升高至10%以上。油菜每年5~6月成熟，收获时正值长江流域梅雨季节，雨水多，湿度大，如不能及时干燥，极易霉变，严重影响油菜籽出油率甚至会导致无法出油。

（2）易发热 若油菜籽吸湿则很容易发热霉变，且其发热速度极快，往往以小时计算。如水分含量13%以上的油菜籽，一夜之间温度即能升高10℃以上，导致油菜籽霉变、生芽，出油率显著下降，菜籽油的质量也明显变差。因此，油菜籽除留作种子外，一般不作长期保管，大多在入仓后须尽快加工利用。

（3）后熟期短 当储藏环境条件相同时，油菜籽的呼吸作用较其他粮种旺盛，旺盛的呼吸会在短时间内积累大量热量和水分，增加了储藏难度。此外，油菜籽的后熟期很短，多为几天，一般不会超过7天。

（4）易酸败 如上段所述，当储藏环境条件相同时，油菜籽的呼吸作用较其他粮种旺盛，因此在储藏期间，油菜籽的酸价及含油量变化快，酸价随储藏时间的延长而上升，含油量随储藏时间的延长而下降。

2. 油菜籽的储藏技术

（1）干燥降水　油菜籽的收获季节大多集中于5月底6月初，收获任务重、时间紧，且正值长江流域梅雨季节，因此有时抢收的油菜籽水分含量高达20%以上，所以干燥降水是油菜籽安全储藏的关键技术。一般而言，为使其安全度夏，油菜籽的水分含量需控制在9%以内；若水分含量超过10%，油菜籽在高温季节会结块；水分含量若继续升高至12%以上，则会霉变成饼。目前，油菜籽干燥降水常用的技术为机械烘干，需注意的是，应严格控制加热的温度，一般热风温度不宜超过80~85℃；温度过高会影响油菜籽的质量，降低出油率。若油菜籽的水分含量为13%以上，可以采取多次循环烘干的技术。烘干后的油菜籽，必须通风使其充分冷却后才能入仓储藏。

（2）分批堆垛　因油菜籽易发热，所以入仓时可采取分批堆垛、轮流入仓的形式。一次堆垛的高度不宜超过0.5~1m，且需隔2~3天后再继续增加堆垛高度，直到堆垛成型为止。采取此种方法入仓的油菜籽，由于一次堆垛的高度低，散热快，有利于减少堆内湿热的积聚，因而堆垛的温度比一次性入仓更低。

（3）分级储藏　依据新收油菜籽水分含量的高低，可在其入仓之后分级储藏。如水分含量为9%以下的油菜籽，适宜较长期的保管；水分含量为10%~12%的油菜籽，可抓住有利的气候条件进行整仓通风干燥，将水分降至9%以下；而水分含量为12%以上的油菜籽属于危险油料，随时可出现发热、霉变、发芽等情况，应尽快烘干或采取应急处理措施。

（4）表面压盖防潮　因油菜籽易吸湿且其堆垛表面积较大，所以防止其在储藏期间吸湿返潮也是安全储藏的重要举措，一般多采取表面压盖防潮的形式。在春季多雨季节，用干燥无虫的麻袋覆盖在菜籽堆表面，遇晴天及时将覆盖的麻袋取出晒干，待冷凉后再覆盖在菜籽堆上，可有效防止油菜籽吸收外界水分、保证上层油菜籽不吸湿返潮。

三、花生

1. 花生的储藏特性

（1）不易干燥　花生果粒大、壳厚，外壳质地疏松，易破碎，土杂多，孔隙度大，容易吸湿。刚收获的花生果水分含量可达30%~50%，且因花生中含有大量油脂，更加不易干燥。

（2）耐热性差　花生仁种皮薄、含油脂多，若长时间处于高温环境中，会发生走油、变色、皱缩等现象，导致花生仁破碎粒增加、花生油品质下降。因此，对于水分含量较高的花生仁应选用低温干燥技术。

（3）易受冻　新收获的花生水分含量高，且其收获时正值晚秋，气温较低，如收获过迟或遇到霜冻，容易受冻。受冻的花生表现为储藏性差、品质明显下降、发芽率降低、含油量下降、酸价增加。

（4）易生虫霉变　收获后的花生果外壳容易破碎、含泥杂较多，水分含量可达40%

左右，加之收获时间多在晚秋，若未能及时干燥，则进入储藏期的花生果易发热、生虫、霉变。而脱壳后的花生仁在储藏期间易吸湿受潮，导致色泽发暗、籽粒发软，也易生虫霉。

（5）易浸油酸败　花生仁中脂肪含量高，若储藏环境条件不利则易发生酸败，并出现浸油或称走油现象。浸油的花生仁种皮会失去原有的色泽，逐渐变为深褐色；子叶颜色由乳白色逐渐变为透明蜡质状；花生仁气味改变，发出明显的哈变味，严重的甚至会有腥臭味。研究表明，花生仁水分含量8%、储藏温度为25℃，以及花生果水分含量10%、储藏温度为30℃时即开始浸油。水分含量越高，储藏温度越高，浸油就越严重。

（6）种皮易变色　花生仁种皮变色也是品质降低的一种现象，此种现象一般发生于过夏的花生仁，由于储藏环境温度高，并受到氧气、光线等的影响，花生仁的种皮色泽会由原本新鲜的浅红色变为深红色，甚至暗紫红色，出现此种情况的花生仁种皮容易脱落。

2. 花生的储藏技术

（1）花生果　首先，由于花生果易受冻，所以依据地区气候和品种成熟特点，适时收获花生果很重要，可以避免因受冻而影响花生品质及储藏稳定性。其次，收获后的花生果土杂多、水分含量高，需要及时采取干燥技术，迅速降低水分含量，并促进花生果的后熟。对于收获量大、收获期遭遇霜降或收获时多雨的区域，机械烘干是保证花生果及时干燥降水的重要技术。再次，花生果一般采取仓内散装储藏的形式，储藏期间要密切关注水分含量的变化，其安全水分值可根据季节灵活掌握，一般冬季为12%，春秋季为11%，夏季为10%；对于水分含量为9%以下，温度不超过28℃的花生果，一般可作长期储藏。最后，为了避免花生果储藏期间出现发热、生虫、霉变等问题，花生果在入仓后应及时采取机械通风技术排除堆内积热，并在储藏期间依据气候条件，抓住有利时机进行整仓通风，降温降湿，保证花生果安全储藏。

（2）花生仁　花生仁若储藏不当，极易发生浸油酸败的现象。由于花生仁水分含量越高，储藏温度越高，浸油就越严重，所以干燥降水技术和低温储藏技术是保证花生仁安全储藏的两种重要技术。花生仁的安全水分值，一般冬季为10%，春秋季为10%，夏季为9%；若长期储藏，水分最好控制在8%以内。由于花生仁耐热性差，所以对于水分含量较高的花生仁应选用低温干燥技术；此外，利用冬季低温低湿的气候条件进行整仓通风干燥，也是花生仁降水降温的有效措施。花生仁脂肪含量高、易生虫霉、易发热，储藏稳定性差，因此保持储藏环境的低温至关重要。一般而言，对于长期储藏的花生仁，可在冬季利用机械通风技术降低花生仁堆垛的温度及水分含量；春季气温回升之前采取堆垛表面压盖隔热技术；夏季高温时采取空调制冷技术或谷物冷却机等形式保持花生仁堆垛的低温状态（以不超过20℃为宜）。此外，气调也可用于花生仁的储藏，研究表明氮气气调能够有效地杀灭花生仁堆垛害虫并抑制霉菌滋生，同时可以显著降低花生仁的呼吸强度、减轻浸油现象、延缓酸价上升，

拓展阅读：植物油料中芝麻和葵花籽的储藏

基本上保持了花生仁原有的色泽和品质。

四、植物油脂

1. 植物油脂的储藏特性

植物油料的种子或果实中含有丰富的脂类物质,通过压榨或浸出工艺可提取出植物油脂,通过压榨或浸出工艺提取粗油,再经精炼(脱胶、脱酸、脱色、脱臭)形成成品油脂。油脂在储藏过程中的品质劣变主要是由于脂质的水解和氧化导致的酸败变质,严重影响其储藏稳定性。

酸价和过氧化值是检验油脂储藏品质的两个重要指标。酸价是指油脂中所含游离脂肪酸的含量数值,用中和1g油脂样品中全部游离脂肪酸所需的KOH毫克数(mg KOH/g)表示。过氧化值是指油脂中过氧化物的含量数值,一般以每千克油脂中过氧化物的克当量数表示。根据《食品安全国家标准 植物油》(GB 2716—2018)的规定,食用植物油的过氧化值应控制在0.25(g/100g)以内,酸价不得超过3(mg KOH/g)。过氧化值可作为油脂酸败的初期预警指标,而酸价则更多地反映油脂酸败的后期情况。

2. 影响油脂品质劣变的因素

与粮食储藏相似,油脂的储藏稳定性除与其自身特性有关外,还与仓储环境条件密切相关。环境条件适宜,油脂就可以较长期地安全储藏;环境条件不适宜,油脂就容易氧化分解、酸败变质。通常影响油脂安全储藏的因素有温度、水分、氧气、杂质等。

(1)温度 高温能加速化学反应速度,增强脂肪酶活,促进微生物生长繁殖并分泌大量解脂酶,使油脂中不饱和脂肪酸加速氧化分解、酸败变质。温度越高,高温持续时间越长,油脂酸败变质就越快(在60~100℃范围内,一般温度每升高10℃,油脂酸败速度约增加一倍),而降低温度则能中止或延缓油脂的酸败过程,提高储藏稳定性,确保安全储藏。温度对油脂过氧化值的影响如表6-4所示。

表6-4 温度对油脂过氧化值的影响

储藏天数	过氧化值/(I_2%)	
	储于恒温器中(38℃)	储于箱中(-10℃)
0	0.047	0.047
10	0.159	0.048
20	0.206	0.054
30	0.572	0.074
40	1.298	0.087
50	2.117	0.1
60	3.188	0.119

（2）水分　油脂是疏水性物质，含水量很少。但在目前油脂工业的生产条件下，由于原料水分偏大，设备不完善或操作技术不良等，往往会使生产的油脂含水量过高。此外，油脂在运输和储藏过程中，被雨水侵入，也会使油脂水分含量增高。油脂中过多的水分会引起和促进亲水物质（如磷脂、固醇等）的腐败变质，增加酶的活性，促进微生物的繁殖，导致水解酸败，增加油脂过氧化物的生成，特别是未经初步净制的原始毛油，水分对油脂质量的影响更为严重。一般认为，油脂含水量超过0.2%，水解作用就会增强，游离脂肪酸也会增多，含水量越高，水解速度就越快，油脂就会迅速酸败变质，失去食用价值。由此可见，油脂中的水分含量是油脂安全储藏的重要条件，也是引起油脂酸败变质的重要因素。

水分对油脂变化的影响具有两面性。适当低的水分可以促进脂质形成单分子层水膜吸附，从而起到一定的保护作用。但在非脂类物质的参与下，水对油脂氧化的影响，取决于它在整个环境中的比例。当含水量极低时，水分子与碳氢化合物分子链结合十分牢固，因而对油脂的氧化过程不具有任何影响；含水量达到一定程度后才会使油中许多化合物的迁移率增高，促进油脂的氧化。所以只要油品本身含其他杂质少，特别是亲水性杂质少时，少量的水分并不会造成严重的影响。

（3）氧气　空气中的氧气是引起油脂氧化酸败的主要因素之一，特别是油脂的自动氧化，一般均与氧气接触有关。一般情况下，氧气的浓度越大，与氧气的接触面越大，接触的时间越长，油脂就越容易酸败。研究表明，自动氧化速度随大气中氧气分压的增加而增加，但氧气分压达到某一范围后，自动氧化速度便不再增加。

（4）杂质　油品中常含有各种杂质，特别是未精炼的毛油中杂质含量较高，如含有磷脂、蛋白质、蜡、固醇、饼末、种皮等，这些杂质都是亲水性物质，吸水性强，可促进微生物的生长繁殖，加速油脂的酸败，对油脂的安全储藏十分不利。磷脂在储藏中能分解出磷脂酸，使油脂质量降低，引起水解变质；黏蛋白会使油脂变浊，颜色变暗，而且有利于微生物繁殖，导致油脂酸败；蜡质能使油脂混浊，降低质量。长期储藏的油脂，各种杂质的含量不能超过0.2%，否则必须采取措施除去，使其含量降至0.2%以下，才能保持油脂的储藏稳定性，保证安全储藏。

3. 植物油脂的储藏技术

（1）常规储藏　常规储藏是各基层油库普遍采用的一种最基本的储藏油脂的方法。这种方法通过人为地控制日光、空气、水分、杂质以及大气温湿度对油脂的影响，建立并执行有效的、可行的管理制度，加强油脂质量检查并进行必要的处理，防止油脂可能发生的氧化酸败，从而保证油脂品质正常。

常规储藏通常要做好防日晒、防潮湿、防氧化、防渗漏、防酸败等工作。仓房窗户要悬挂布帘遮光，门窗要能严格密闭。露天货场应搭盖雨棚遮光避雨，以免日光直接照射，减少紫外线与高温对储藏油脂的影响。储油仓房必须保持干燥、通风、不漏雨、不渗水。各种装具应保持完整无损、无锈蚀和渗漏，不得采用敞口容器储存油脂。装具的盖板要用扳手护紧，使其严格密闭，避免油脂过多地接触空气而发生氧化。油脂装具出现破损、裂缝、砂眼或密封不严时要及时修补。要定期检查油脂酸值，及时分离明水和油脚，切实做好轮换工作，以防油脂酸败变质。

（2）抗氧化剂储藏　油脂抗氧化剂是指能防止或延缓油脂氧化变质，提高油脂稳定性和延长储藏期的食品添加剂。有些油溶性抗氧化剂可以提供氢原子来阻断油脂自动氧化的链式反应，从而防止油脂氧化变质；而另一些油溶性抗氧化剂自身极易被氧化，其消耗油脂内部和环境中的氧气而使油脂不被氧化。将抗氧化剂添加到油脂中，使油脂延缓或避免氧化，确保油脂安全储藏的方法称为抗氧化剂储藏。

抗氧化剂在食用油中的应用起始于20世纪30年代，主要类型有天然抗氧化剂与人工合成抗氧化剂。天然抗氧化剂主要有生育酚（维生素E）、茶多酚、类胡萝卜素、抗坏血酸、芝麻酚、磷脂、米糠素等。天然抗氧化剂中的维生素E稳定性高，且有很高的营养价值，故在我国应用较多。茶多酚不仅具有很强的抗氧化能力，还具有一定的生理保健功能，加之我国茶叶资源丰富，是一种很有前途的天然抗氧化剂。我国允许在食用油中使用的人工合成抗氧化剂有丁基羟基茴香醚（BHA）、二丁基羟基甲苯（BHT）、没食子酸丙酯（PG）及特丁基对苯二酚（TBHQ）等。我国《食品添加剂使用标准》（GB 2760—2024）使用标准规定，BHA、BHT、TBHQ用于油脂抗氧化时，最大使用量为0.2 g/kg，PG用于油脂抗氧化时，最大使用量为0.1g/kg。

（3）气调储藏　油脂劣变的主要原因是氧化酸败，氧气是氧化酸败的主要因素。只要控制油脂氧化，则可以阻止劣变的进程。设法限制或切断氧的供给，就可从根本上解决氧化酸败问题。储油中氧气的来源主要有两个方面，一是空气中的氧，二是溶解在油脂中的氧，但主要还是空气中的氧。

（4）满罐储藏　在特制的、罐体能自动补偿因热胀冷缩引起油脂与容器体积差的油罐内装满油脂进行储藏的方法称为满罐储藏。这种储油方法能保证油脂在储藏期间始终充满整个罐体，形成缺氧状态，以隔绝油脂与空气接触，防止油脂自动氧化，确保安全储藏。因满罐储藏的特制油罐顶盖结构简单，造价低于球顶或伞顶油罐，同时还消除了因罐内外温差引起的盖顶内结露及由此带来的污染，故在油罐顶盖内不必作防锈蚀处理，因而能大大降低管理费用，具有良好的经济效益和社会效益。

拓展阅读：植物油脂主要的气调储藏方法

（5）低温储藏　温度对油脂的氧化速度有很大的影响，在0~25℃条件下储藏时，温度每上升10℃油脂氧化速度几乎就增加1倍。因此，在低温环境下储藏油脂可以有效抑制油脂氧化，确保安全储藏。在低温下储藏油脂的方法称为低温储藏法。通常油脂在冬季几乎不会酸败，而在夏季却极易发生酸败，故进入高温季节后采取有效措施隔热保冷，使油脂处于低温状态，能确保油脂安全储藏。将储油仓房的仓温控制在15℃以下，进行低温储藏，能够长期安全储藏油脂。实践证明，低温储藏是安全储藏油脂的有效措施，但由于创造低温条件的设施费用比较昂贵，因而需要因地制宜地实行油脂低温储藏。有条件的可在地下库储存油脂，也可在地上低温库与成品粮混合存放，实现低温储藏。如果油脂长期储藏在露天油罐内，可在油罐的外表层喷涂2cm厚的聚氨酯泡沫以达到隔热低温储藏的目的。

本章线上学习资源可扫描以下二维码获取。

果蔬采后商品化处理（上）

果蔬采后商品化处理（下）

粮食储藏（上）

粮食储藏（下）

油料与油脂的储藏

思考题

1. 判别果蔬成熟度的方法有哪些？
2. 果蔬采收的方法有哪些，分别有哪些优缺点？
3. 果蔬的分级依据以及分级方法有哪些？
4. 果蔬打蜡的作用以及主要方法有哪些？
5. 阐述预冷的作用。
6. 阐述催熟和脱涩的目的和主要方法。
7. 阐述包装的作用。
8. 简述粮食低温储藏的概念。
9. 低温储粮技术有哪些不同的形式？
10. 阐述粮食气调储藏的概念。
11. 简述常见的植物油料种类及其储藏特性。
12. 简述智能化粮库在粮食储运中的应用。

第七章
动物性食品的贮运保鲜

> **学习目标**
>
> 1. 学习并掌握肉类的贮运保鲜技术。
> 2. 学习并掌握蛋类的贮运保鲜技术。
> 3. 学习并掌握乳及乳制品的贮运保鲜技术。
> 4. 学习并掌握水产品的贮运保鲜与保活技术。

动物性食品富含蛋白质和脂肪，营养丰富，在贮运中容易发生脂肪和蛋白质的氧化及微生物大量繁殖，继而引起腐败变质。因此，动物性食品需要采取恰当的贮运保鲜技术。

第一节 肉类贮运保鲜

本节主要讲述肉类的贮运保鲜方法，包括低温贮运（冷却法、冻藏法）、气调贮运以及辐照保鲜。还介绍了肉类贮运保鲜新技术，包括高密度 CO_2 杀菌保藏及生物保鲜技术。

一、肉类的低温贮运

低温可以抑制微生物的生命活动和酶的活性，不仅能延长肉的贮藏期，而且不会引起肉的组织结构和性质发生根本的变化，能保持肉固有的特性和品质。低温广泛应用于肉类的贮运保鲜，根据采用的温度不同，可以分为冷却及冷藏、冷冻及冻藏。

1. 肉类的冷却及冷藏

肉类的冷却是将肉类冷却到冰点以上的温度，一般为 0~4℃，在此过程中，肉在低温下进行成熟作用，色泽、风味、柔软度都得到了改善，增加了商品价值。冷却肉，也叫冷鲜肉，指在屠宰后，经过严格的兽医检疫制度，迅速进行冷却处理，使胴体温度在24小时内降至0~4℃，并在后续加工、流通和销售过程中始终保持在这一温度范围内的生鲜肉。近年来，我国肉类消费的结构发生了明显的变化，冷却肉的消费量在不断增大，肉类的冷却工艺目前受到广泛的重视。

肉类冷却工艺中温度的确定主要是从抑制微生物的生长繁殖的角度考虑。当环境温度降至3℃时，肉品上的主要病原菌如沙门氏菌和金黄色葡萄球菌均已停止生长。将冷鲜肉保存在0~4℃，可以抑制病原菌的生长，保证肉品的质量与安全；超过7℃时，病原菌和腐败菌的增殖机会将显著增加。以猪肉为例，刚宰杀的猪胴体，后腿中心温度高达40~42℃，表面潮湿，极其适宜微生物的生长繁殖，应迅速对其进行冷却处理，使胴体温度降低并且在后续的加工、流通与零售过程中，始终保持在这一温度范围内。

合理的包装是确保冷却肉质量与安全必不可少的环节，其主要目的是防止污染变质，延长货架期；调节气体分压，赋予产品诱人的鲜红色；利于流通，食用方便，节省运输成本，且按胴体不同部位分割制作的小包装冷鲜肉，更适合家庭消费。

冷却肉在流通中的常用包装技术有三类。真空包装：保质期长，运输方便，包装费用适中，但产品颜色暗红，影响商品价格。充气包装：保质期长，感官品质良好，但包装材料和专业设备费用较高。托盘包装：经济实用，操作方便，但产品保质期较短。建议分割剔骨后在工厂制成真空大包装，冷藏运输到商场后，再拆除真空包装，制成托盘小包装。这样既不影响肉的保质期，又有利于零售时恢复鲜红色，且运输方便。

2. 肉类的冷冻及冻藏

冷冻肉是指在低于-18℃的环境中冻结并保存在商业低温（-18℃）的肉。肉组织呈冻结状态，抑制了微生物的生长繁殖。但是冷冻肉在解冻过程中，肌细胞基质中形成的冰晶会刺破肌细胞，造成汁液流失，导致营养物质和风味物质发生不良变化。

我国目前冻藏室的温度为-20~-18℃。在此温度下，肉体表面水分蒸发量较小，微生物生长几乎完全停止，肉体内部的生化变化受到极大抑制，肉品的保藏性和营养价值较好，制冷设备的运转费也较为经济。为了使冻藏品能长期保持新鲜度，近年来，国际上冷藏库的贮藏温度都趋向于-30~-25℃的低温。

在冻藏的低温条件下，肉中的脂肪随着贮藏期的延长会慢慢地发生酸败，产生哈喇味。如果暴露在光线下，瘦肉中的鲜红色会褪色，表面显出灰白色。肉的表面还会发生不可逆的脱水反应。为了减缓这些不良现象的发生，一般需要把肉裹包在气密的、不透水蒸气的材料里。

二、肉类的气调贮运

气调贮藏的方法较多，但总的来说，其原理都基于降低O_2、提高CO_2或N_2的浓度，并根据食品的特性和货架期的不同要求，使气体成分保持在所希望的状态。对于生鲜肉制品的气调贮藏而言，适量的O_2有利于肉品肉色的保持，但是O_2的增加也会引起肌肉蛋白质和脂肪的氧化，因此根据产品的特性和货架期合理选择气体组成对成品的品质有较大的影响。肉类的气调包装方法一般包括自发气调包装（MAP）和人工气调包装（CAP）两种。

1. MAP

MAP指采用理想气体组分一次性置换，或在气调系统中建立起预定的调节气体浓度，在随后的贮藏期间不再受到人为的调整。理想气体组分的充入改善了包装内环境的气体组成，并在一定时间内保持相对稳定，从而抑制产品的变质过程，延长产品的保质期。

冷却肉的MAP可获得良好的保鲜包装效果。用于肉类食品和焙烤制品的MAP材料，应选用具有较高阻隔性的包装材料，以较长时间维持包装内部的理想环境。食品MAP后的贮藏温度对保鲜包装效果影响很大，一般需在0~4℃条件下贮藏和流通。

2. CAP

CAP指控制产品周围的全部气体环境，即在气调贮藏期间，选用的调节气体浓度一直受到保持稳定的管理或控制。主要特征是包装材料对包装内的环境状态有自动调节作用，这要求包装材料具有适合的气体可选择透过性，以适应内装产品的呼吸作用。

任何CAP系统都应该在低氧和高二氧化碳浓度条件下达到以这两种气体平衡为主体的状态，这时产品的呼吸速率基本等于气体对包装膜的进出速率，系统中的任何因素发生变化都将影响系统的平衡或建立稳定态所需的时间。

三、肉的辐照保鲜

畜、禽被屠宰后，若不及时加工处理，肉类就很容易腐败变质。用高剂量辐照处理肉类产品之后不需要冷冻保藏。肉类中的沙门氏菌是非芽孢菌中最耐辐照的微生物，平均D_{10}（微生物残存数量减少到原数量10%时的辐照剂量）为0.6kGy，对畜肉、禽肉进行剂量为1.5k~3kGy的辐照，可杀灭99.9%的沙门氏菌。

通常的辐照剂量不能使肉中的酶失活，酶失活的剂量高达10kGy。因此，在肉类辐照前都采用适当的热处理抑制酶的活性，但过高的温度又会影响肉类的口感和品质，一般在辐照处理之前，先加热至70℃，并保持30min，使其蛋白分解酶完全钝化后再进行辐照，其效果最好。肉类采取辐照灭菌完善工艺，为了防止辐照过程中的"二次污染"，一般会采用真空包装来隔绝空气、水汽、微生物。低剂量辐射处理方式通常只是为了延长肉类产品的货架期。

高剂量辐照处理会使肉类产生异味，此异味随肉类的品种不同而异，牛肉产生的异味最强。研究表明，牛肉经辐照后产生的异味主要与蛋氨醛、1-壬醛及苯乙醛等化合物有关，其他成分还包括正烷类、正烯类、异烷类、硫化物、硫醇等。肉类辐照产生异味的问题还没有彻底解决，目前防止异味最好的方法是在冷冻温度（<-30℃）下辐照，因为异味的形成大多是间接的化学效应，在冰冻时水中的自由基流动性减少，这样

就防止或减少了自由基与肉类成分的相互反应而产生异味。

四、肉类贮运保鲜新技术

1. 高密度 CO_2 杀菌保藏

高密度 CO_2（dense phase carbon dioxide，DPCD）杀菌技术是指在100MPa以下、常温或较低的温度下，通过化学作用（酸化）、机械作用（胀破力）和其他未知原理（目前尚不完全确定的原理）的作用杀死微生物，同时使食品中的酶、蛋白质等生物大分子变性，从而达到灭菌保鲜目的的杀菌技术。高密度 CO_2 杀菌技术也称为高压 CO_2 杀菌技术（high pressure carbon dioxide，HPCD）。高压 CO_2 具有亚临界和超临界 CO_2 的性质，其溶解性和扩散性较好，在处理食品过程中会产生高压、酸化、爆炸和厌氧等效应，具有很好的杀菌作用。近年来，该技术作为一种食品非热杀菌技术，越来越受到关注。CO_2 天然、无毒，因其具有惰性、溶解性、蓄冷量、降低pH等性质，在食品领域得到了广泛应用，可用于碳酸饮料抑菌、超临界流体萃取、食品急速冷冻、食品膨化加工、鲜切果蔬和鲜肉MAP包装、果品与粮食的气调贮藏、食品褐变控制等，有效保留了产品的品质和延长了产品的货架期。自然界中 CO_2 非常丰富，大气中含量约为0.04%，近年来，随着温室气体效应的日益显著，CO_2 的合理利用日益迫切。

与加热杀菌技术相比，HPCD具有显著的优点：①避免高温处理造成的食品营养、质构、风味、感官等品质的劣变，原有品质能得到最大程度的保留；②是一项绿色加工技术，节约能源、安全无毒、环境友好，不会对环境造成破坏。

杨立新等研究经HPCD处理的预包装红烧肉菜肴在贮藏过程中的理化性质、微生物和感官品质变化，结果表明，高密度 CO_2 处理（8MPa、30℃、30min）可显著延长预包装红烧肉的货架期至90天以上。相对于高温处理，高密度 CO_2 处理能有效减少预包装红烧肉贮藏过程中挥发性盐基氮的生成及脂肪氧化，并保持产品原有口感、气味、质构等感官特性。

2. 生物保鲜技术

目前，在许多加工食品中都使用化学保鲜剂，如用苯甲酸钠与山梨酸钾等来保鲜。然而，随着消费者健康意识的增强，他们对食品中使用的化学防腐剂表现出越来越多的担忧。因此，生物保鲜（杀菌）技术的概念应运而生。生物保鲜是指利用天然生物活性物质（如抗菌肽、酶、益生菌、植物提取物等）或生物技术手段（如基因调控、发酵工程）来抑制食品腐败微生物的生长、延缓食品品质劣变，从而延长食品货架期的保鲜技术。这是食品生物技术中渐趋活跃的研究开发领域之一，很有开发应用前景。

在健康饮食观念的指引下，天然防腐剂便开始逐渐代替人工防腐剂，如动物源的壳聚糖、鱼精蛋白、蜂胶；植物源的茶多酚、大蒜提取物、石榴皮提取物；微生物源的乳酸链球菌素、纳他霉素、ε-聚赖氨酸、乳酸菌、红曲米素等；还有生物酶类来源的葡萄糖氧化酶和溶菌酶等。很多天然生物的提取成分除了具有杀菌的特性外，还对人体有一定的保健功能，所以生物提取物将来会在食品保鲜剂领域发挥越来越大的作用。

肉制品营养丰富，适宜微生物生长繁殖，而且在其生产、加工、包装、储存、运输和销售等环节中都易受到环境中的微生物污染，从而导致腐败变质、货架期缩短。目前，肉制品保鲜技术主要有：加保鲜剂、低温保藏、高压处理、辐照和气调包装等，其中加保鲜剂具有效果好、操作简便、成本低等特点，所以在实际生产中比较常用。保鲜剂可以分为化学保鲜剂和生物保鲜剂，长期以来，由于受到经济和开发水平的限制，一般会选择化学保鲜剂来延长食品的货架期。然而，研究表明，当使用剂量超出一定范围时，化学保鲜剂会对人体的健康产生影响，如苯甲酸盐过量会引起食物中毒，亚硝酸盐可致癌，而生物保鲜剂却克服了这一缺点，具有无毒、安全、使用范围广等优点。因此，生物保鲜剂的开发和利用成为肉品加工业的热点。

在肉制品保鲜方面，一般采用纳他霉素的悬浊液喷涂或者浸泡的方法来防止产品的腐败。一般来说，喷涂 $8\mu g/cm^2$ 纳他霉素即可安全有效地抑制真菌的生长。但是由于产品性质和地区气候的不同，需要通过试验得到最经济、最有效的使用浓度。试验证明，在已填好馅的香肠表面喷涂纳他霉素悬浊液可以有效地防止香肠表面长霉，采用0.02%纳他霉素+0.01%乳酸链球菌素+1%乳酸+3%明胶的比例配制成复合保鲜剂对低盐火腿进行表面涂膜，感官检测与霉菌计数结果发现，其抑霉效果与对照组的差异显著。林春来等研究发现，将山梨酸钾、双乙酸钠、纳他霉素、乳酸链球菌素这4种防腐剂按照0.1%、0.3%、0.003%、0.01%的比例复配用于熏煮香肠类产品的防腐保鲜，与其他对照组相比能够显著抑制熏煮香肠类产品中微生物的生长繁殖，是熏煮香肠类产品的一种理想的防腐方法。

第二节　蛋类贮运保鲜

本节重点讲述蛋类常见的贮藏保鲜方法，如冷藏法、气调保鲜法和涂膜法及这些贮藏保鲜方法在蛋品贮运中的应用现状。

一、冷藏法

冷藏法就是利用低温来抑制微生物生长繁殖和降低蛋内酶活性，延缓蛋内生理呼吸，降低新陈代谢，减少蛋的损耗，从而延长贮藏期，达到保鲜目的的一种方法。

1. 冷藏前的准备

（1）冷库消毒　鲜蛋在入库前，首先要对冷库进行杀菌消毒和通风换气。常用的消毒方法包括漂白粉溶液喷雾消毒、过氧乙酸喷雾消毒、乳酸熏蒸消毒和硫磺熏蒸消毒等。垫木、码架等用具应该在库外先用热碱水刷洗干净，阳光下晒干后再入库使用。冷库不得存放有异味的物品，应保持冷库空气清新无异味，以免串味影响蛋的质量，此外，还应放置防鼠设备。

（2）选蛋　要在冷库保存的鲜蛋，在放入冷库之前需经过严格的感官检验和灯光透视，剔除变质蛋、受精蛋、破损蛋和劣质蛋，以保证蛋品的质量。这样可避免混入低质量的蛋而造成污染和浪费。质量越高、越新鲜的蛋能保存的时间越长。

（3）包装　蛋的包装材料必须清洁、干燥、通风、无异味且能在运输过程中保护蛋以免受损。

（4）鲜蛋预冷　鲜蛋预冷是指将常温状态下的鲜蛋的温度缓慢降低到接近冷库温度的过程。鲜蛋在入库前必须预冷，蛋的内容物是半流体状态，如果不经预冷直接放入冷库，突然降低的温度会使蛋内容物收缩，导致蛋清变稀，蛋黄膜韧性减弱，微生物也会随空气进入蛋内使蛋变质。此外，常温的鲜蛋进入冷库时会使冷库温度骤然上升，增加冷库制冷系统的工作负荷，且因温度上升形成的水蒸气会在蛋壳凝结成水珠，为霉菌的生长提供条件，不利于鲜蛋的贮藏。

预冷的方法有两种：一种是在冷库的穿堂、过道进行预冷，每隔1~2h降温1℃，当蛋温降到1~2℃时入冷库；另一种是在冷库附近设置预冷库，预冷库温度为0~2℃，相对湿度75%~85%，预冷20~40h，蛋温降低至2~3℃再转入冷库。

2. 入库后管理

（1）码垛要求　蛋在冷库中一般采用堆垛的方式进行贮藏，为了使冷库温湿度均匀，蛋箱码垛应该顺着冷空气流动方向整齐排列，垛与垛、垛与墙、垛与出风口均应留有一定间隙，地面要有垫板，从而保证库内通风良好，同时便于蛋箱移动和工作人员定期检查。冷藏鸡蛋的自然损耗率与空气流动速度和蛋在冷库中存放位置有关，一般情况下放在中部的蛋箱损耗最小，放在进风道的损耗最大，所以在堆垛时，应将准备较长时间保存的蛋放在中部，短期保存的蛋放在外部，便于出库。进风道入口处的蛋上应该覆盖一层干净的纸，防止蛋被冻裂。每一批鲜蛋入库时都应标明入库时间、数量、类别、产地等相关信息。

（2）条件控制　冷库内的温度和湿度是决定蛋冷藏效果的关键因素。库内温湿度要保持相对恒定，温度在24h内变化不得超过0.5℃，且温度不能过低，以免蛋内水分冻结造成蛋壳破裂。湿度过高，则易于霉菌繁殖，湿度过低会让蛋内水分蒸发速度加快，增加损耗。根据《食品安全国家标准　蛋与蛋制品》（GB 2749—2015）规定，鲜蛋冷藏温度为−1~0℃，相对湿度为85%~88%。同时为了保证蛋新鲜无异味，冷库需定期更换新鲜空气，一般换气量是每昼夜更换2~4个库室容积。

（3）质量检查　为了了解冷藏效果，需定期检查蛋在贮藏过程中的质量变化，以便于更好地确定冷藏时间。质量检查一般是抽查部分鲜蛋，采用灯光透视检查和目视检查法，冷藏期内15~30天抽查一次，抽查比例大约为1%，如发现质量不合格的蛋可以适当增加抽查数量。

（4）出库　由于冷藏库内温度和外界温度相差较大，如果直接出库，外界较高温度的空气遇到低温的蛋壳，会凝结成水珠附着在蛋壳表面（俗称"出汗"），容易引起微生物繁殖从而造成蛋腐败变质。所以，在鲜蛋出库前，需先将蛋放在特设的房间内，使蛋温缓慢升高。

二、气调保鲜法

气调保鲜法是利用CO_2、N_2等气体来降低O_2浓度，抑制微生物的活动，减缓蛋内容物的各种变化，从而保持蛋的新鲜，是一种贮藏期长、贮藏效果好，既可少量也可大量贮藏的方法。

1. CO_2气调法

有研究认为，蛋之所以不能久藏是因为蛋内CO_2溢出导致蛋黄和蛋清黏稠性降低。CO_2气调法是将鲜蛋置于一定CO_2浓度的环境中，蛋内的CO_2就无法逸出，从而使蛋内的酶活性保持在一定的水平，减缓代谢速度，从而保证蛋的正常理化性质。方法：用0.23mm厚的聚氯乙烯膜制成一定体积的塑料帐篷，在冷库地上也铺一层聚氯乙烯薄膜，将鲜蛋堆垛在其上，预冷2天后套上聚氯乙烯塑料帐篷，同时放入硅胶粉、漂白粉等，真空抽气使帐篷和蛋箱紧贴，检查无漏气后充入20%～30%浓度的CO_2。

2. N_2气调法

生长在蛋壳表面的微生物大多是好氧微生物，它们的生长繁殖需要一定的氧气，此方法就是利用N_2取代O_2，以抑制微生物的生长繁殖从而达到保鲜目的。

3. 臭氧贮蛋法

臭氧可以对鲜蛋进行杀菌，并且无毒无害，不仅有助于鲜蛋保鲜，还能避免造成二次污染。

三、涂膜法

涂膜法是将一种或几种无色、无味、无毒的涂膜剂（液体石蜡、动植物油脂、聚乙烯醇、蔗糖脂肪酸酯等）配成溶液，均匀地涂抹覆盖（浸渍或喷雾均可）在蛋壳表面，待晾干后可在蛋壳表面形成一层均匀致密的"人工保护膜"。该保护膜可堵塞蛋壳气孔，防止微生物侵入，减少蛋内水分蒸发，使蛋内CO_2的浓度提高，从而抑制蛋内酶的活性，减慢鲜蛋内生化反应速度，从而达到保持蛋的新鲜、品质及营养价值等目的。

涂膜法分为浸渍法、喷雾法和手搓法3种，在采用任意一种方法前均须对鲜蛋进行消毒，除去鲜蛋表面存在的微生物，禽蛋越新鲜，涂膜效果将越好。

优良的涂膜剂应满足以下要求。

①要求涂膜剂能在蛋壳上形成的薄膜质地致密、附着力强、不易脱落、吸湿性小、适当地增加蛋壳的机械强度。

②涂膜材料应价格低廉、资源充足、用量小，以尽量降低涂膜成本。

③从安全卫生角度要求涂膜材料不致癌、不致畸、不突变、对辅助杀菌剂尽量无抵抗作用。由于各国安全卫生法规的标准不同，对涂膜材料使用范围各有不同。例如，液体石蜡涂膜后，贮藏60天，渗入可食部分的数量为涂量的1.5%～3.4%，鸡蛋可能产生异味，因此日本禁止使用，但是美国允许使用。又如用动、植物油涂膜，油脂中的

不饱和脂质会产生小分子过氧化物,也向鸡蛋内部渗透。过氧化物对人体有不良影响,日本规定,食品中的过氧化价(POV)不得超过30mg/kg,而德国则定为10mg/kg。因此,国外涂膜剂用的油脂都使用精炼加工的或氢化的油脂,并应适当添加抗氧化剂(如BHA、BHT、NDGA和VE等)。另外,从消费者的习惯考虑,一般的油脂(包括动植物油、液体石蜡等)涂膜后,蛋壳表面有油污感,使用者不易接受。

涂膜保鲜鸡蛋在美国、日本等国研究比较多,如美国多采用矿物油,日本则采用植物油。一般涂膜剂有水溶性涂料、乳化剂涂料、油脂性涂料几种,现多采用油脂性涂膜剂,如液体石蜡、植物油、矿物油、凡士林等。由于涂膜材料的不同,其保鲜性能各有不同,按照材料的性质分为以下几类。

1. 化工材料

以石油化工或其他有机化工产品为涂膜材料,如液体石蜡、凡士林、聚乙烯醇、环氧乙烷高级脂肪醇等。

(1)液体石蜡涂膜保鲜 液体石蜡又称石蜡油,是一种无色、无味、无毒害作用的油状液体物质,与水和酒精不相容,性质稳定,成膜致密性较强,防水性能好,且不需要特别处理就可作为保鲜剂直接使用。

液体石蜡可以延缓蛋黄指数和蛋哈夫单位的下降,表现出较好的保鲜效果。美国的一项研究表明,将鸡蛋置于20℃室温下贮藏5周后,未经涂膜处理的鸡蛋的哈夫单位降至20.1,已经不可食用;采用液体石蜡涂膜处理的鸡蛋,其哈夫单位保持在55.8,属于B级。鸡蛋置于低温下贮藏,其哈夫单位下降得较慢。将鸡蛋置于4℃冰箱中贮藏10周后,其哈夫单位为76.0,15周后其哈夫单位保持在74.4,均属于AA级标准,而对照组(未涂膜处理的鸡蛋)在4℃贮藏10周时,其哈夫单位已经下降至67.5,贮藏15周已经降至62.9,属于A级。液体石蜡成本低、成膜效果好,且无毒无害,是目前普遍采用的一种鸡蛋涂膜材料。

(2)凡士林涂膜保鲜 凡士林又称石油脂、黄石脂,是石油蒸馏后得到的一种烃的半固体混合物,无臭、无味、无毒、不酸败、不溶于水。其熔点为38~60℃,熔化后薄层透明,与蛋壳贴在一起,不易吸收,并带有润滑感。经凡士林涂膜后的蛋品大头向上放置,贮藏温度低于20℃,可保鲜5个月。

(3)聚乙烯醇涂膜保鲜 聚乙烯醇是一种用途较广的水溶性高分子聚合物,具有半渗透作用,细菌和霉菌不能通过,但水分和气体可有少量渗透,其水溶液透明度高、黏着力强,具有很好的成膜性、气体阻绝性、乳化稳定性。

(4)环氧乙烷高级脂肪醇涂膜保鲜 环氧乙烷高级脂肪醇(OHAA)又称脂肪醇聚乙烯醚,OHAA是以脂肪醇(亲油基)和环氧乙烷(亲水基)为原料,经逐步加合反应获得。OHAA无味、无臭,具有良好的扩散、润湿、匀染、发泡等优点,适合作为农产品贮藏保鲜的涂膜剂,涂膜后,能够明显地阻止水分的蒸发,减少贮藏期间重量的损失,同时又能让CO_2、O_2通过,不会影响蛋的呼吸作用,从而起到保鲜作用。此外,OHAA还可以与天然抗菌性物质进行复合,进一步提高蛋涂膜的抗菌性能。

2. 油脂类

在蛋壳表面涂抹油脂可形成一层油膜,进而来保鲜蛋,如动物油中的猪脂、羊脂等;植物油中的橄榄油、菜籽油、棕榈油等都可作涂膜材料。油脂作为涂膜材料时,常加入一定剂量的药物,如将猪油熬炼成熟油,每kg加灰黄霉素1.2g。油脂类涂膜后,贮藏温度低于20℃,可保鲜5个月。

3. 其他可食性物质及其复合材料

近年来,食品安全问题越来越受到重视,所以一直在寻求用可食性物质或其复合材料来涂膜。

(1)蜂胶涂膜保鲜 蜂胶本身含有多种化学成分,是蜜蜂通过采集植物树脂,并混入自身分泌物而成的,具有很强的抗菌作用、抗氧化活性。将蜂胶与酒精或乙醚混成溶液后,成膜性能良好。有研究表明,蜂胶溶液具有广谱的抗菌效果,较低浓度即对蛋壳上的常见菌有很好的杀菌作用。

(2)壳聚糖涂膜保鲜 壳聚糖是D-氨基葡萄糖经过β-1,4-糖苷键连接而成的一种天然的线性阳离子生物聚合物,是仅次于纤维素的第一大天然多糖,具有无毒、无害、可食用、安全可靠、易于生物降解等特点。

下面介绍几种常见的几种涂膜剂配方。

(1)100%医用液体石蜡。每千克液体石蜡可供450kg鲜蛋涂膜。

(2)熟猪油1000g、灰黄霉素1.2g、维生素E_1g、0.5%~1%过氧乙酸溶液适量。将新鲜猪油炼制成熟猪油,置陶瓷容器内冷却至40~50℃时,加入灰黄霉素等辅料,充分搅拌均匀,可涂鲜蛋150kg。

(3)医用凡士林500g、硼酸10g。将凡士林与硼酸混合,置于铝锅内升温溶解,搅拌均匀后,冷却至常温即可使用,可涂鲜蛋75kg。

(4)5%聚乙烯醇。将聚乙烯醇放入冷水中浸泡2h左右,水浴加热到聚乙烯醇全部溶化为止,冷却后即可涂膜。

采用涂膜法贮藏鲜蛋,必须通过严格检验,鸡蛋质量必须优良,蛋壳无破损,最好是新产的蛋。涂膜前,要清洗消毒,晾干后再涂膜。涂膜方法可以采用浸泡法、喷涂法、人工涂膜法、机械涂膜法。涂膜后,为了防止蛋壳粘连,要求分散晾干,装入蛋托后再装箱。涂膜处理的鲜蛋,可以在室温下贮藏。有条件时,也可以结合低温冷藏、气调贮藏,效果更好。

拓展阅读:国内外禽蛋的分级

第三节 乳及乳制品贮运保鲜

本节重点讲述了乳及乳制品中常见液态乳贮藏保鲜技术,巴氏杀菌主要有预巴氏杀菌、低温长时巴氏杀菌、高温短时巴氏杀菌及超巴氏杀菌等巴氏杀菌法;超高温灭菌乳则采取超高温灭菌技术；再制乳采用全部均质法、部分均质法及调制法这三种技术。

一、常见液态乳贮运保鲜

1. 巴氏杀菌乳

巴氏杀菌乳是仅以生牛（羊）乳为原料，经巴氏杀菌等工序制得的液态产品（GB 19645—2010）。巴氏杀菌法是在较低的温度（通常<100℃）下处理乳或者其他物料，以杀灭包括致病菌在内的大部分微生物的方法。

巴氏杀菌的目的一是杀死引起人类疾病的所有微生物，经巴氏杀菌的产品必须完全没有致病微生物；二是尽可能多地破坏其他能影响产品味道和保质期的成分和微生物；三是利用其杀菌温度较低的优势，对灭菌对象（如牛乳）的营养成分和风味的破坏最小。

以牛乳为例，从杀死微生物的观点来看，牛乳的巴氏杀菌热处理强度是越强越好。但是，强烈的热处理会对牛乳外观、味道和营养价值产生不良后果，例如，牛乳中的蛋白质会在高温下变性；强烈的加热也会使牛乳味道改变，首先是出现"蒸煮味"，然后是焦味。因此在实际应用中，巴氏杀菌法应用了温度和时间的不同组合，出现了多种不同方法，方法不同其热处理的强度不同，杀菌的效果也不同。

经巴氏杀菌处理后，虽然大部分的微生物被杀死，但仍然残留着一些耐热微生物如产芽孢菌及微球菌属、微杆菌属、链球菌属、乳杆菌属的一些耐热菌种等，如果成品的贮藏（冷藏）条件不适宜或产品在加工过程中受二次污染，则会很快发生变质。

目前在乳品企业采用的巴氏杀菌法主要有以下几种。

（1）预巴氏杀菌　这种工艺称为初次杀菌，即把牛乳加热到63~65℃，持续约15s的方法。由于许多大乳品厂在收乳后不可能立刻进行巴氏杀菌或制品加工，因此有一部分牛乳必须在大贮乳罐中贮藏数小时。在这种情况下，即使深度冷却也不足以防止牛乳的严重变质。因此，要对牛乳进行预巴氏杀菌，完毕后迅速冷却至4℃以下。

（2）低温长时巴氏杀菌（LTLT）　这是一种间歇式巴氏杀菌方法，即牛乳在62~65℃下保持30min达到巴氏杀菌的目的。这种温度下，乳中的病原菌，尤其是耐热性较强的结核菌都会被杀死。

（3）高温短时巴氏杀菌（HTST）　HTST的意思是高温短时间。具体时间和温度的组合可根据所处理的产品的类型而变化。用于新鲜乳的高温短时间杀菌工艺是把乳加热到72~75℃，保持15~20s；80~85℃，保持10~20s后再冷却，由于受热时间短，热变性现象很少，风味有浓厚感，无蒸煮味。

（4）超巴氏杀菌　超巴氏杀菌的温度为125~138℃，2~4s然后将产品冷却到7℃以下贮藏和分销，即可使保质期延长至40天甚至更长。超巴氏杀菌与超高温灭菌有根本的不同点，主要有超巴氏杀菌产品并非无菌灌装，不能在常温下储存和分销，也不是商业无菌产品。其目的就是延长产品的保质期，所采取的主要措施是尽最大可能避免产品在加工和包装过程中再污染，故需要极高的卫生条件和优良的冷链分销系统。

2. 超高温灭菌乳

超高温灭菌（ultra-high temperature，UHT）一般将乳在135~150℃，保持2~8s，加热后产品达到商业无菌的要求的杀菌过程称为超高温灭菌。其对微生物的致死率几乎可达100%，接近灭菌的效果，多用于乳及乳制品、部分果汁饮料等的处理。其杀菌效果好，可用于生产长保质期产品，但对产品的风味、色泽及质地有一定的影响。

对超高温灭菌制品来说，要达到完全无菌的理想状态是不可能的，一个基本要求就是致病菌的存活和生长的可能性必须小到可以忽略。

3. 再制乳

再制乳（recombined milk），指的是将乳粉、奶油等乳产品加水还原，添加或不添加其他营养成分或物质，经加工制成的与鲜乳组成特性相似的液态乳制品。再制乳也可以用来生产酸乳、炼乳等其他乳制品。

再制乳的生产克服了自然乳品生产的季节性、区域性等限制，保证了淡季乳与乳制品的供应，并可调剂缺乳地区鲜乳的供应。目前世界乳粉总产量的1/3用于再制乳制品的加工。

再制乳所用的主要原料为乳粉和奶油等乳制品，保质期较长，而且其重量只有鲜乳重量的1/7左右。因此，可以节省大量的贮藏和运输费用。另外，还可以根据人类的营养需要，添加各种营养成分，增加营养价值，改进产品的适口性。再制乳的加工方法大致可以分为以下几种。

（1）全部均质法　先将脱脂乳粉与水按比例混合成脱脂乳，再添加无水奶油、乳化剂和芳香物质充分混合，然后全部通过均质、再消毒冷却而制成。

（2）部分均质法　先将脱脂乳粉与水按比例混合成脱脂乳，然后取部分脱脂乳，在其中加入所需的全部无水奶油，制成高脂乳（含脂率为8%~15%），将高脂乳进行均质后，再与其余的脱脂乳混合，经消毒、冷却而制成。

（3）调制法　再制乳所用的原料（脱脂乳粉、无水黄油）都是经过热处理的，其成分中的蛋白质及各种芳香物质会受到一定的影响。因此，各国常把再制乳与鲜乳按比例混合后，再供应市场，调制比例需根据产品类型、标准法规及工艺需求确定。鲜乳必须先经杀菌，否则须在混合后再杀菌。

二、其他乳制品贮运保鲜

发酵乳（fermented milk）以生牛（羊）乳或乳粉为原料，经杀菌、发酵后制成的pH降低的产品，酸乳（yoghurt）以生牛（羊）乳或乳粉为原料，经杀菌、接种嗜热链球菌和保加利亚乳杆菌（德氏乳杆菌保加利亚亚种）发酵制成的产品。由于发酵乳中的发酵剂富含有益活性菌，因而是保健功能、营养健康兼备的符合人们需要的理想食品之一。近年来，随着人们饮食结构和消费观念的不断转变，过去单一、同质化的发酵乳产品已经不能满足不同营养需求、不同健康状况、不同饮食文化和习惯、不同健康安全意识人群的需要，市场开始不断细分，对于差异化、个性化、营养安全的发酵乳制品的需求越来越迫切，这在一定程度上助推了发酵乳制品加工工艺及相关检测技术不断推陈出新和发展进步。近年来，超高压、微胶囊包埋、电子舌、电子鼻、近红外光谱等新技术、新工艺获得了重大进展，推动了发酵乳制品差异化、个性化加工检测技术方面实现重要突破。

在传统的乳品生产加工中，发酵乳的热处理技术在灭菌的同时会导致乳品中营养物质及活性成分流失，大大降低了发酵乳本身的营养价值，同时伴随着发酵乳品感官品质及功能特性的变化。随着新一代加工工艺的兴起，以超高压技术为代表的非热杀菌技术应运而生，该技术可以有效保持乳中的营养成分、风味和口感、提升发酵乳滋味品质，明显缩短变质过程，延长其货架期。因而在发酵乳加工过程中具有良好的应用前景。随着科技的不断进步，超高压技术将更广泛地应用于乳品的贮藏保鲜，乳品的贮藏期将得到进一步延长。

第四节　水产品贮运保鲜与保活

本节重点介绍水产品常用的贮运保鲜与保活技术，其中水产品保鲜常用的有低温保鲜、化学保鲜、辐照保鲜、气调保鲜及干燥保鲜等技术，贮运保活技术包括有水保活运输技术和无水保活运输技术两种。

一、水产品的贮运保鲜

水产品保鲜，通常指在生产和流通过程中采用一定的物理、化学和生物等手段对水产品原料进行处理，从而保持或尽量保持其原有鲜度品质的措施。与其他种类的食品原料相比，水产品组织柔嫩、营养高、水分高且pH接近中性，体内组织酶类活性强，蛋白质和脂质较不稳定，腐败变质迅速，鲜度容易下降。目前，在水产品保鲜中使用的技术主要有以下几种。

1. 低温保鲜

水产品捕获后的快速冷却和低温保藏，能有效地抑制和延缓微生物和酶的作用，起到降低非酶反应速率，控制水产品品质变化，防止腐败的作用。除此之外，还能较好地保持其原有的风味、营养价值和外观质量，而且能在适当的成本下快速、大批量地处理和保藏鲜活水产品和加工制品。因此，低温保鲜是生产实践中应用最广、最有效的水产品保鲜方法。低温保鲜主要分为冷却保鲜、微冻保鲜和冻结（藏）保鲜三大类。

（1）冷却保鲜　本质是一种热交换过程，在尽可能短的时间内，让水产品的热量传递给周围的低温介质，使水产品的温度降低到某一理想值，便于及时抑制其体内的生理化学反应和微生物的生长繁殖的过程。在一般的生产过程中，冷却保鲜的重点是延长水产品的僵硬期、抑制自溶作用、防止因微生物污染引起的腐败变质，水产品原料的质量、冷却方法、冷却速率、理想温度、冷却维持的时间和保藏条件则是影响其保鲜效果的重要因素。而冷却保鲜的方法主要包括空气冷却法、干冰法、水冰法以及冷海水、冷盐水法等。

冷海水或冷盐水保鲜，主要是将鲜鱼浸于温度一般为-1~1℃的冷海水或冷盐水中保藏。此法主要应用于罐头加工厂内，在渔船上应用时，须先用冰或制冷设备使海水或盐水冷却，如将鱼体浸在冷海水或冷盐水内冷却至0℃后再取出改用冰保藏，则效果更好，其保藏期为10~20天。

（2）微冻保鲜 是将水产品的温度降低到稍低于其细胞液的冻结点，并在该温度下进行保藏。通常，在微冻状态下，水产品中有部分水分被冻结，会在其表层形成冻结层，故别称部分冷冻。微冻温度为-3~-2℃，可使鱼体内的水分部分冻结，保藏温度为-3℃左右，其保藏期可达20~30天不等。常见的微冻保鲜方法有：冰盐混合微冻、吹风冷却微冻以及低温盐水微冻等，空气、冰盐混合物和低温盐水等多作为微冻保鲜的介质。

冰盐混合物是一种有效的起寒剂。当盐掺在碎冰里，盐就会在冰中溶解而发生吸热作用，使冰的温度降低。冰、盐混合在一起，在同一时间内会发生两种作用：一种是会大大加快冰的融化速度，而冰融化时需要吸收大量的热；另一种是盐的溶解也要吸收溶解热。因此，在短时间能吸收大量的热，从而使冰盐混合物温度迅速下降，它比单纯冰的温度要低得多。

与冷却保鲜和冻结保鲜相比，微冻保鲜可以延长鱼货的保鲜期，克服冷却法保鲜时间短的缺陷，并且避免冻结保鲜耗能高及常见的组织口感劣化现象。采用适宜的微冻条件和方法，可使鱼体冷却后更加坚实，有利于运输，且会使其解冻时汁液流失减少、表面色泽更好。其缺点是操作的技术要求高，特别是对温度的控制要求严格；鱼肉冻结率低，细微的温度波动都会造成冰晶变化，影响保鲜鱼的品质；海水或盐水内混入鱼的血液、黏液等污物后容易产生泡沫和污染。

（3）冻结（藏）保鲜 是将鱼贝类的中心温度降至-15℃以下，使体内组织的绝大部分水分被冻结，再在-18℃以下进行贮藏和流通的低温保鲜方法。采用快速冻结的方法，可使细胞内外生成的冰晶细微、数量多、分布均匀，从而对细胞组织结构无明显机械损伤，减少解冻过程中的汁液流失，使冻品保持良好的质量。在贮藏流通过程中，如果保持恒定的低温，可在数月时间内有效抑制微生物和酶类引起的腐败变质，使产品较好地保持其原有的色、香、味和营养价值。相对而言，冻结保鲜期较长，也会给冻品品质带来负面影响，如蛋白质变性、汁液流失、营养成分损失等。

2. 化学保鲜

化学保鲜是在水产品中加入对人体无害的化学物质，以延长保鲜时间的方法。化学物质种类繁多，根据其在保鲜中所起的作用，主要有防腐剂、杀菌剂和抗氧化剂等。

（1）防腐剂 能有效抑制微生物的生理代谢，使微生物发育减缓或停止，如苯甲酸钠、山梨酸钾、二氧化硫、亚硫酸盐等。

（2）杀菌剂　主要是利用氧化还原反应杀灭食品中的微生物，杀菌剂则主要包括氧化型、还原型两类。氧化型杀菌剂是通过氧化剂分解时释放具有强氧化能力的新生态氧使微生物氧化致死；还原型杀菌剂则利用还原剂消耗环境中的氧，使好氧微生物缺氧致死，同时还能通过阻碍微生物生理活动中酶的活力，从而控制微生物的繁殖。常用次氯酸钠、过氧乙酸、亚硫酸及其钠盐等作为杀菌剂。

（3）抗氧化剂　通过消耗环境中的氧、作为氢或电子供给体、阻断自动氧化的连锁反应或抑制氧化活性等方法，防止或延缓食品氧化变质。常用的抗氧化剂分为油溶性和水溶性两类，如BHT、TBHQ、维生素E、异抗坏血酸及其钠盐、植酸、EDTA等。

3. 辐照保鲜

辐照是一种非热过程，通过将食品原料暴露于一定量的电离辐射（主要是γ、X射线和电子束），使微生物失活。辐照保鲜是利用放射性同位素^{60}Co和^{137}Cs在衰变过程中释放出的射线辐照水产品，射线把能量和电荷传递给水产品及其中的微生物，使被辐照物料的分子和微生物的结构发生一系列复杂的化学反应而使微生物死亡。辐照保鲜的优点是：可以带包装杀菌，防止了二次污染；杀菌几乎没有引起温度变化，有利于保持新鲜原料的食品特性和营养成分；无化学残留，不引起环境污染；能耗小，效率高。辐照保鲜分为小、中、大三个剂量等级，可分别用来杀灭食品中寄生虫、沙门氏菌等微生物以及完全抑菌。关于食品的辐照剂量等安全性问题还有待于更深入的研究。

4. 气调保鲜

气调保鲜是一种通过调节和控制食品所处环境气体组成而实现保鲜的方法。通常是在适宜的低温下，以不同于大气组成或浓度的混合气体，替换贮藏库或包装内食品周围的空气，来减弱鲜活品的呼吸强度、抑制或减缓微生物生长、降低食品中化学反应速度。常用的气体组分是O_2、CO_2和N_2。其中CO_2对大多数需氧细菌、霉菌具有较强的抑制作用，可延长微生物细胞生长的延迟期，并降低其在对数生长期的生长速率。O_2能抑制厌氧菌的生长，促进好氧菌的生长。N_2是惰性气体，用作混合气体的充填气体，起平衡缓冲作用。与贮藏过程中仍保持生命活动的植物类食品原料不同，对于已失去生命的水产品来说，气调保鲜的优势在于防止氧化和变色。在实际应用中，气调保鲜通常与低温保鲜法和化学保鲜法协同使用，以达到更好的保鲜效果。

5. 干燥保鲜

干燥是在自然条件或人工条件下促使食品中水分蒸发的工艺过程。干燥保鲜是一种采用冷冻干燥等技术将水产品等食品体内的水分除去，达到延长食品货架期的一种保鲜方法。干燥后的水产品自身水分含量低，从而可以抑制腐败菌的生长，因此在贮藏过程中品质稳定，通常无需低温冷藏，更便于运输销售。

真空冷冻干燥是常用的脱水保鲜技术，通过低温真空升华直接去除水分，能最大限度地保留食品原有的色泽、香味和营养成分，保持食品原有形态、脱水彻底、货架期长，有效防止食品在脱水过程中出现表面硬化现象。相比于传统的热风干燥，真空冷冻干燥在低温和真空条件下处理食品，避免了高温条件下空气中的氧气对食品的不利影响，处理后的食品的颜色和营养成分几乎不发生变化，其质地也不会因干燥而收缩变形，而且冷冻干燥所形成的疏松多孔的组织结构还保证了食品良好的复水性能，应用前景较好。

二、水产品的贮运保活

1. 有水保活运输技术

有水保活运输是指通过增加运输水体的溶氧量、降低水温以及使用麻醉剂等方法来提高鱼类运输量和存活率。增氧保活法是现在最常见的鱼类运输方法，常用于中短距离的淡水鱼类运输。低温保活法在有水保活运输中应用范围比较大，包括鱼类、贝类及虾蟹类，多用于较短距离保活运输。麻醉保活法是常用于鱼苗、亲鱼和观赏鱼的运输方法，最适用于中长距离运输。

（1）增氧保活法　是指通过物理或化学的方法向鱼类的包装容器内提供充足氧气，以保证鱼的基本生理需求，防止鱼类在运输过程中出现氧气不足的保活技术，是我国目前广泛应用的一种活鱼运输和保存方法，特别是在淡水鱼运输中最为常用。最简便常用的方法是在有水的塑料储运袋中充入高压纯氧，然后将塑料袋放入泡沫箱中进行运输，该方法操作简单、设备投资少、成本低，常与低温法结合使用，以降低耗氧量。

增氧的方式主要包括包装充氧和曝气。包装充氧是指将一定比例的水和活鱼装入充满氧气的尼龙袋中，封口后再进行运输，一般在外部用泡沫箱密封，保证运输时包装袋不会漏气。曝气主要是通过压缩氧、搅拌器和供氧机等将空气中的氧强制向液体中转移的过程，使液体中有足够的溶解氧。压缩氧的方式适用于中短距离运输，压缩氧、搅拌器或供氧机结合的方式适用于高密度的长距离运输。充氧运输以机械式增氧为主，该机械结构简单，但体积大，所需功率大，产生的噪声和扰动在不同程度上影响到活体水产的存活率。

（2）低温保活法　是指按照一定梯度降低水温使鱼类进入半休眠或休眠状态，减少机械损伤和应激反应，降低呼吸和新陈代谢水平，使其能够存活更长时间。水温升高，溶氧饱和度下降，水生动物的代谢活动也强，运动量大、体表易受伤，且耗氧率增加，代谢排出的废物也增多，容易造成水质污染，导致运输过程中死亡率增加。选择适当降温法，使水温和鱼体温度缓慢降低，就可以降低水产动物的活动能力、新陈代谢速率和氧气的消耗，同时可以避免应激反应，以降低水产动物的死亡率，即能使其在脱离原有的生存环境后仍能存活一定时间。低温保活法的关键是降温的时间和速率，降温速率通常采用 $0.5 \sim 3℃/h$。

（3）麻醉保活法　是指先通过物理或者化学的麻醉方法使鱼类进入休眠状态后，在有水的环境中进行保活，以提高其存活时间和存活率。

常用的麻醉剂有合成麻醉剂和天然麻醉剂2类。几种常用于麻醉鱼类的合成麻醉剂包括：甲磺酸三卡因（MS-222）、2-苯氧乙醇和月桂烯等。几种常用于麻醉鱼类的天然麻醉剂通常来源于植物，包括丁香油、肉豆蔻粉、橡胶种子和桉树脑等。在许多天然麻醉剂中,丁香油是最常见的,被誉为最有效的麻醉剂,丁香酚为其活性化合物。

2. 无水保活运输技术

无水保活运输是指在运输过程中,通过低温、麻醉或者高压等无水环境使鱼类的呼吸及代谢水平降低,从而减少其应激反应和机械损伤,提高其运输量、存活时间和存活率。作为一种新颖的鱼类运输策略,鱼类无水运输是实现较高成活率和大容量运输的绿色经济解决方案。

(1)生态冰温无水保活法 鱼类有一个能够区分生死的温度,称为临界温度。由临界温度到结冰点的温度范围称为生态冰温。生态冰温无水保活法是指采用 0.5~3℃/h 的降温速率,使水体温度从室温缓慢下降到生态冰温范围内,让鱼类处于生态冰温、适宜浓度的氧气和湿度的无水状态下,最大限度地降低其新陈代谢速率,实现更长时间的活体运输。生态冰温无水保活法的关键是降温休眠和升温唤醒过程应该采用相同的降温梯度。

(2)麻醉无水保活法 是指先通过物理或者化学的麻醉方法使鱼类进入休眠状态后,在无水或雾态的环境中进行保活。麻醉低温无水保活法中采用的化学和物理麻醉法都有一定的缺点,前者存在较长的休眠期,后者成本比较高且技术不成熟。研究发现,经过麻醉无水保活处理的罗非鱼的呈味物质比有水保活方式处理的更加丰富,能够较好保持鱼肉的食用品质,并且与其他保活无水方法相结合时,保活运输的效果更好。

(3)高压无水保活法 是利用外界的压力差,强迫机体与外界进行气体交换,提高鱼类血液溶氧量,使之脱离水环境仍能维持生命,如高压 0.20MPa 压力下,可以保活 12h 且对鱼的品质无显著影响。

除此之外,目前研究较新颖的是气调无水保活,是在无水保活基础上开发的一种高效、有利于肌肉品质保持的保活方法。研究表明,气调环境可有效减缓鱼肾脏、肝脏、氧化应激损伤的程度,且鱼体能量物质代谢、抗氧化系统及免疫防御系统调控能力强,能较好地维持机体在低温无水胁迫环境下的正常生理代谢。

3. 有水保活运输和无水保活运输技术的比较

有水保活运输技术简单有效,存活率高,适用于大多数水产品的中长途运输,但是水量大、能耗和成本较高,也存在一些安全问题,如增氧保活运输中漏气以及麻醉剂残留等。水产品无水保活运输技术操作简便、轻量化,可以避免运输途中的交叉感染,提升单次的运输量,节省物流成本,但是其高度依赖物种适应性,适用的水产品种类有限,无法应用于高耗氧鱼类的运输。近年来,水产品保活运输技术不断优化升级,如新能源运输车降低能耗成本、生物保活剂调节水质、新型麻醉与休眠技术减少运输应激、实时监测和智能调控增氧等。水产品无水保活运输技术虽然发展比较晚,却是当前生鲜电商和产地直供应用的核心技术,未来可以通过仿生保活材料模拟鳃功能供氧、传感器实时智能监测鱼体心率等,创新完善无水保活技术,扩大应用范围,并与其他技术结合实现联合保活运输。

本章在线学习资源可扫描以下二维码获取。

蛋品贮运保鲜

乳品贮运保鲜

畜禽肉品贮运保鲜

水产品保鲜与保活

思考题

1. 常用的肉类贮运保鲜技术有哪些？哪种运用最广泛？
2. 蛋类贮运保鲜的技术有哪些？请阐述其原理和优缺点。
3. 乳制品贮运保鲜的常见技术有哪些？目前在乳品企业采用的巴氏杀菌法有哪些？
4. 水产品贮运保鲜概念及原理是什么？水产品贮运保鲜方法和水产品的贮运保活技术分别有哪些？
5. 气调保鲜技术在不同的动物性食品中的应用优势有哪些？
6. 食品保鲜常用的涂膜剂有哪些特点？涂膜材料及保鲜效果的现状如何？

第八章
食品冷链物流

> **学习目标**
>
> 1. 掌握食品冷链物流的定义。
> 2. 掌握食品冷链物流的系统构成要素和功能组成。
> 3. 掌握食品冷链物流的设施设备种类及其要求。
> 4. 掌握发展食品冷链物流的意义。
> 5. 熟悉我国食品冷链物流发展现状和未来发展趋势。

食品冷链物流是食品低温贮运技术的集成应用,是当今食品物流主要形式之一,对于冷冻类食品、生鲜食品通过一直处于规定的低温环境下生产、贮藏运输、销售,以保证食品质量,减少食品损耗的一项系统工程。本章主要介绍食品冷链物流的定义、冷链物流的组成及设施设备以及我国冷链物流的发展。

第一节 食品冷链物流概述

冷链物流是随着科学技术、制冷技术的发展而逐渐形成的,由于各个国家和地区的发展水平、文化背景及其在相关领域的主要矛盾有所不同,不同国家和地区对冷链定义的表述不同。

拓展阅读:
中国古代物流

拓展阅读:国外
物流概念的演变

一、国外对冷链的定义

欧洲国家、日本和美国很早就重视冷链建设和管理问题,冷链发展相对完善,现已形成了完整的冷链体系。

欧盟将冷链定义为：从原材料的供应，经过生产、加工或屠宰，直到最终消费为止的一系列有温度控制的过程。冷链是用来描述冷藏和冷冻食品的生产、配送、储存和零售等一系列相互关联的操作的术语，强调冷链的实际操作和运作的规范化。

日本将冷链定义为：通过采用冷冻、冷藏、低温贮藏等方法，使鲜活食品、原料保持新鲜状态，由生产者流通至消费者的系统。该定义强调了冷链的系统性和技术性。

美国食品药品监督管理局将冷链定义为：贯穿"从农田到餐桌"的连续过程中维持正确的温度，以阻止细菌的生长。该定义强调"从农田到餐桌"的整个过程，即从原材料到消费者的一个过程，体现了供应链的思想，促进了供应链全球化的发展。

二、我国对冷链的定义

我国从1954年开始冷链建设，早期对冷链的研究主要分散在畜禽产品、水产品、果蔬、速冻食品、冷饮加工等不同领域，在冷链标准方面的工作起步较晚。直到2001年，国家标准《物流术语》（GB/T 18354—2001）指出，冷链是为保持新鲜食品及冷冻食品等的品质，使其在从生产到消费的过程中，始终处于低温状态的配有专门设备的物流网络。

2006年，国家标准《物流术语》（GB/T 18354—2006）指出，冷链是指根据物品特性，为保持其品质而采用的从生产到消费过程中始终处于低温状态的物流网络。

2010年6月，国家发展改革委印发的《农产品冷链物流发展规划的通知》指出，农产品冷链物流是指使肉、禽、水产、蔬菜、水果、蛋等生鲜农产品从产地采收（或屠宰、捕捞）后，在产品加工、贮藏、运输、分销、零售等环节始终处于适宜的低温控制环境下，最大限度地保证产品品质和质量安全、减少损耗、防止污染的特殊供应链系统。

2012年11月，国家标准《食品冷链物流追溯管理要求》（GB/T 28843—2012）指出，食品冷链物流是采取低温控制的方式使预包装食品从生产企业成品库到销售之前始终处于所需温度范围内的物流过程，包括运输、仓储、装卸等环节。

2021年11月，国务院办公厅印发的《"十四五"冷链物流发展规划》指出，冷链物流是利用温控、保鲜等技术工艺和冷库、冷藏车、冷藏箱等设施设备，确保冷链产品在初加工、储存、运输、流通加工、销售、配送等全过程始终处于规定温度环境下的专业物流。

2025年2月，国家标准《冷链物流统计指标体系》（GB/T 45442—2025）中将冷链物流定义为"根据物品特性，从生产到消费过程中使物品始终处于保持其品质所需温度环境的实体流动过程"。

我国在不同时期对冷链有不同的理解，其研究重点也不尽相同，认识的宽度和深度在不断扩展。我国的冷链定义是在充分吸收国内外研究成果，参考发达国家物流定义，并结合我国的生产力发展状况、文化特点以及物流发展现状的基础上提出来的。

第二节　食品冷链物流的组成及设施设备

随着我国经济的高速发展，食品冷链物流也逐渐更新完善，其设施设备也在逐步改进，食品冷链物流设备的多样性也为消费者提供更多的选择。本节主要介绍我国现阶段的食品冷链物流的系统组成和设施设备。

一、食品冷链物流的系统组成

早期，食品冷链物流由冷冻加工、冷冻贮藏、冷藏运输及配送、冷冻销售四个方面功能构成。现阶段，食品冷链物流由食品冷链加工、冷链仓储、冷链装卸、冷链传输、冷链运输、冷链销售、冷链检验检测检疫及冷链信息化控制等方面组成。

1. 冷链加工

冷链加工包括畜禽产品、水产品和蛋品的冷却和冻结，包括果蔬的预冷及采后商品化处理，还包括各种冷冻食品和乳制品在低温状态下的加工作业过程。此环节上涉及的冷链装备主要有冷却、冻结和速冻装置。

2. 冷链仓储

冷链仓储是把食品贮藏在适宜温湿度环境中的一种保存方法，包括食品的冷藏、冻藏及气调贮藏等。冷链仓储是需冷链的食品在生产、流通过程中因订单前置或市场预测前置而使食品暂时存放的过程，是连接生产、供应、销售的中转站，对促进生产效率的提高起着重要的辅助作用。冷链食品应当按照特性分区或分库位码放于托盘或货架上，对温湿度要求差异大、容易交叉污染的冷链食品不应混放。此环节主要涉及各类大型的冷库或加工车间、小型冷藏柜或冻结柜、社区智能生鲜柜、家用冰箱等。

3. 冷链装卸

装卸时，不能使冷链食品直接接触地面，不能随意打开冷链食品包装，需进行食品温度检测。仓库装卸货区宜配备封闭式月台，并配有与冷藏运输车辆对接的密封装置。冷链食品的卸货时间应按规定要求进行，从而保证卸货期间食品的温度升高控制在允许范围内。此外，卸货作业中断时，要及时关闭运输设备厢体门，保持制冷系统正常运转。

4. 冷链传输

在一定温度下，通过对所需的传输机械设备和器具等的使用，达到对冷链食品的分类拣选和包装等。

5. 冷链运输

冷链运输是食品冷链物流的一个重要环节，它是指在运输全过程中，无论是在途运输、装卸搬运、变更运输方式、更换包装设备等环节，都使所运输食品始终保持一定温度的运输。在冷藏运输过程中，温度波动是引起食品品质下降的主要原因之一。所以，要求运输工具需具备良好性能，在保持规定温度的同时，也要保持稳定的温度，尤其是长途运输。

6. 冷链销售

冷链销售包括各种冷链食品进入批发、零售环节的低温贮藏和销售，它由生产商、批发商和零售商共同完成。在冷链追溯系统的零售终端,主要由冷藏或冷冻陈列柜和冷藏库辅助完成低温销售,逐渐成为完整食品冷链中不可或缺的重要环节。

7. 冷链检验检测检疫

食品冷链物流需要建立规范有序的检验检测检疫体系,确保食品在冷链过程中质量状态符合要求,保障食品安全卫生。加强入库冷链食品的外观、数量及其中心温度的查验。安排专人管理运输量大、距离远和污染概率高的运输工具。做好冷链食品包装材料、运输车辆、仓库内部环境、货架、作业工具等的清洁消毒。落实冷链食品的实时监控和温湿度记录工作。加强检验检测检疫设施建设和设备配置,完善应急检验检测检疫预案,提高重大公共卫生事件等应急处置能力。

8. 冷链信息化控制

信息技术是现代冷链物流的神经系统,通过信息系统平台的支撑,加强食品冷链的全程监控,易于实现对企业全部资源进行战略协同管理,提升冷链物流企业市场竞争力,提高冷链物流企业管理水平,实现冷链降本增效。冷链物流信息化控制涉及物联网技术、射频识别技术、智能温控及冷链流通技术、实时温控技术、全球可视化系统、信息反馈系统和全球定位系统等创新技术。

二、食品冷链物流的设施设备

1. 食品冷链加工设施设备

食品常用的冷链加工设施设备有果蔬预冷装备、动物性食品冷却装备与设施、食品冷冻装备与设施。此外,还包括食品保鲜与加工所需的其他设施设备,如分选机、切分机、去皮机、清洗机、沥干机、脱水机、烘干机、护色机、包装机(气调保鲜包装机、真空包装机、水净化杀菌包装机、收缩包装机等)以及中央厨房专用设备。

(1)果蔬预冷设施设备　果蔬预冷有空气预冷、水预冷、冰预冷、真空预冷等方式(图8-1)。空气预冷设备包括常规冷空气预冷设备(如冷库)和差压预冷装备。差压预冷装备包含常规差压预冷装备及在其基础上发展而来的高湿度调速风机差压预冷装备、移动式差压预冷装备、流态冰差压预冷装备等。水预冷设备有喷淋式水预冷设备、喷雾式水预冷设备、浸渍式水预冷设备及复合式水预冷设备。真空预冷设备有间歇式、连续式和喷雾式3种类型。

(1)水预冷设备　　(2)差压预冷设备　　(3)真空预冷设备

图8-1　不同类型的果蔬预冷设施设备

(林艺芬拍摄)

（2）动物性食品冷却设施设备　目前，我国猪肉、牛肉、羊肉等畜肉的冷却主要采用强制通风空气冷却设施（含一段式、二段式冷却）和雾化喷淋冷却设施。鸡肉、鸭肉和鹅肉等禽肉的冷却方法有空气冷却和冷水冷却2种。其中，空气冷却设施设备有吊挂冷却间、装箱法冷却间、隧道式冷却装备、三段式连续冷却间；冷水冷却装备有浸渍式冷却装备和喷淋式冷却装备。

（3）食品冷冻设施设备　根据结构特征和热交换方式的不同，食品冷冻设施设备可分为鼓风式冷冻装备与设施、间接接触式冷冻装备和直接接触式冷冻装备3种（表8-1）。其中，鼓风式冷冻装备包括冻结间、隧道式冷冻装备、螺旋式冷冻装备和流态化冷冻装备。间接接触式冷冻装备可分为平板式、钢带式和回转式，应用最广泛的是平板式冷冻装备。直接接触式冷冻装备主要包括液氮浸渍式冷冻装备和液氮喷淋式冷冻装备。

表8-1　食品冷冻设施设备分类情况

分类	适用范围	特点
鼓风式	大多数食品	冷冻速度慢，冷冻能力强，耗能高，装备造价高，占地面积大
间接接触式	水产品、分割肉或流态食品	冷冻速度快，冷冻能力较大，耗能高，装备造价较低，占地面积小
直接接触式	高价值食品	冷冻速度很快，冷冻能力大，耗能低，装备造价低，占地面积小

2. 食品冷链仓储设施设备

食品冷链仓储设施设备包括贮藏窖、通风库、冷库、气调库以及冰温库、集装箱式冷库、自动化立体冷库等新型冷库。

（1）贮藏窖　贮藏窖指室内地平面低于室外地平面的高度超过室内净高1/3的贮藏设施（图8-2）。贮藏窖窖体可分为半地下和全地下两种类型，通常为砖混结构，窖顶分拱顶和平顶两种形式。贮藏窖优点是利用自然冷源和土地的保温特性，使窖内温度、湿度相对平稳，日常管理简单、耗电少。缺点是前期降温速度慢、贮藏周期短，与冷库相比贮藏期损耗较大，适用区域有一定的局限性。贮藏窖主要分布于北方工程地质条件较好的地区，适用于白菜、马铃薯、甘薯等耐贮果蔬的贮藏。

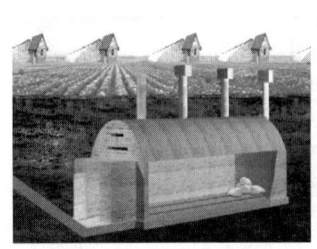

图8-2　贮藏窖示意图
（《农产品仓储保鲜冷链设施建设参考技术方案》）

（2）通风库　通风库是在自然冷源充沛地区，采用较好的保温隔热建筑措施，通过适当通风方式降温换气的贮藏设施（图8-3）。通风库按照结构形式可分为土建式和组装式，根据屋顶形状可分为拱形屋面、平顶屋面和坡屋面。

通风库优点是降温比贮藏窖快，投资及运行成本比冷藏库低。缺点是温度易受外界气候影响，昼夜温差明显，管理较为复杂，适用区域有一定局限性。通风库常建设于我国"三北"地区（华北、西北和东北）、华东地区的部分省市及西南部分地区，适宜柑橘和马铃薯等大宗耐贮果蔬的贮藏。

图8-3 通风库示意图
（《农产品仓储保鲜冷链设施建设参考技术方案》）

（3）冷库 冷库是利用降温设备创造适宜的湿度和低温条件的仓储建筑群，包括贮藏间、制冷机房和变配电间等建筑物。冷库按不同方法分类情况见表8-2。图8-4为土建式冷库内部图和组装式冷库外观图。

冷库优点是不受地域限制，室内外温差对冷库结构和贮藏效果影响较小，能长期保持低温条件，可全年使用，贮藏损失少。缺点是建库费用和运行费用高，能耗较大。高温库适宜我国所有地区大多数果蔬的贮藏保鲜，低温库适用于我国所有地区肉类、水产品、速冻蔬菜等农产品的贮藏。为了满足新时代产业需求，需建设贮藏温度更为多元化的冷库，如温控在-60℃的超低温冷库、温控在-18℃的低温冷冻库、温控在2~8℃的低温冷藏库、温控在8~18℃的恒常低温库等。

表8-2 冷库按不同方法分类情况

分类方法	冷库类型
按结构形式分	土建式冷库：冷库库房的承重和外围结构是砖混结构 装配式冷库/拼装式冷库/组合冷库/活动式冷库/组装式冷库：即冷库库板、钢结构都在工厂预制，施工现场组装即可投入使用
按制冷剂类型分	氨制冷库、氟利昂制冷库
按使用性质分	生产性冷库、分配式冷库、零售式冷库
按规模大小分	大型冷库（冷藏容量>10000t，公称容积>20000m³） 中型冷库（冷藏容量：1000~10000t，公称容积：5000~20000m³） 小型冷库（冷藏容量<1000t，公称容积<5000m³）
按库温高低分	高温库（-2~16℃）、低温库（-25~-15℃）

（1） （2）

图8-4 土建式冷库内部图（1）和组装式冷库外观图（2）
（林艺芬拍摄）

（4）气调库　气调库指采用人工调控气体成分、温度和湿度的高温库，是当今较先进的果蔬保鲜贮藏设施。气调库通过对贮藏温度、湿度和二氧化碳、氧气、乙烯等条件的控制，抑制果蔬呼吸作用，延长贮藏期和货架期。按建筑形式，气调库可分为土建式、组装式和夹套式。按气调机制氮方式，气调库可分为燃烧式、分子筛式和中空纤维膜分离式。

气调库优点是果蔬新鲜度和风味保持更好，营养成分损失更少，且安全环保、无污染；气体调节控制技术可有效抑制乙烯等催熟成分的生成和作用，贮藏期和货架期更长。缺点是造价和运行成本相对较高。气调库适用于呼吸跃变型果蔬的贮藏保鲜，如苹果、猕猴桃、香梨、牛油果、西洋梨、芒果、香菜、西蓝花、芹菜等。

（5）冰温库　冰温库是指库内温度控制在0℃到被贮藏食品的冰点温度之间的冷库，要求温度波动小且风速均匀。目前，冰温库主要有夹套式和蓄冷式2种。夹套式冰温库具有双层维护结构，内外层库体间具有空气夹层，可防止外界温度变化对库内温度的扰动。采用顶层网格或孔板送风，设置多个回风口以保证库内的空气流速均匀，并且采用多个蒸发器以实现空气温度的均匀分布。蓄冷式冰温库，一方面采用类似夹套库的方式，采用送风及回风将食品贮藏区分隔开以降低外界温度变化对库内温度的扰动；另一方面在送道设有翅片蓄冷壁以保证送风温度近似恒定。冰温库优点是不破坏细胞结构，可最大限制地抑制有害微生物活动和果蔬呼吸强度以维持果蔬品质。

（6）集装箱式冷库　集装箱式冷库是在冷藏集装箱的基础上发展而来的一种新型装配式冷库。采用标准尺寸的冷藏集装箱以及各个功能模块组装而成，可拼接成多个冷箱或多层冷箱的冷库。可按实际市场需求，调整冷箱的使用位置、模块数量、规模和功能，具有投资风险低、可拆卸、可移动、可重复使用、使用寿命长、运行费用低等特点。此外，还可以采用智能化控制系统，制冷设备、制冷系统、冷箱载体等信息以数字化展示，模块本身具备一定程度的人工智能，通过互联网实时监控，信息集中处理，平台能够帮助用户及时解决使用过程中的困难和问题，降低能耗，提升运营效率。

（7）自动化立体冷库　自动化立体冷库是指由电脑控制的全自动化的冷库，采用预制装配式隔热维护结构的单层冷库内设有轻型钢制作的多层高位货架，供存放货物的托盘用，搭载在托盘上的货物的堆垛全依靠起重机，根据电子计算机的指令自由有序地穿梭于立体冷库内，可从指定的货格中取出或放入货物托盘，并用平面输送带进行货物进出库的自动化操作（图8-5）。冷库装有空气冷却器，使库房上部空间形成低温空气层，靠对流进行冷却，以保持库内设定的温度。自动化立体冷库货物装卸和堆垛实行全自动智能化，货物装卸和堆垛迅速，吞吐量大，节省人力资源。

3. 食品冷链运输设施设备

冷链运输方式可以是公路运输、水路运输、铁路运输、航空运输，也可以是多种运输方式组成的综合运输。冷链运输装备主要是指公路冷藏（保温）汽车、铁路冷藏（保温）车、水路冷藏船（舱）、航空冷藏运输装备和冷藏集装箱。从某种意义上来说，冷藏运输装备是可以移动的小型冷库。

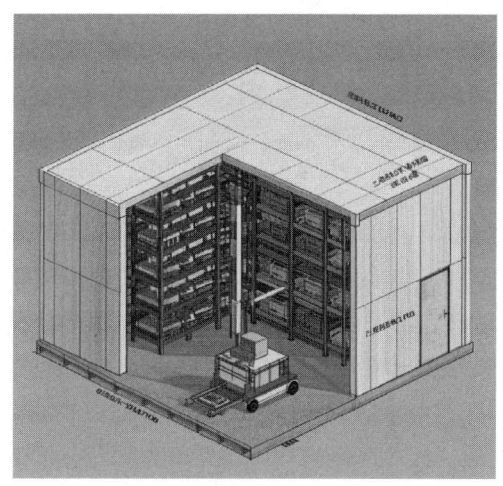

图8-5 自动化立体冷库

在技术上，冷链运输设备应满足以下基本要求：①具有良好的制冷、通风及必要的加热设备以保证食品运输条件；②运输冷冻/冷却食品的车和厢体应具有良好隔热性能，以减少外界环境对运输过程条件的干扰；③冷藏运输的车、船、集装箱等应配备一定的装卸器具，以实现合理装卸，保证良好的贮运环境；④冷藏运输设备应配有可靠、准确且方便操作的检测、监视、记录设备，并进行故障预报和事故报警；⑤冷藏运输设备应具有承重大、有效容积大、自重小以及适用性良好等特点。

（1）公路冷藏运输装备　公路冷藏运输是目前冷藏运输中最普遍、最常见的重要方式，通常采用两种运输设备，一种是仅用隔热材料使车厢保温的保温汽车；另一种是装有小型制冷设备的冷藏汽车。按制冷装置的制冷方式，冷藏汽车可分为冷冻板冷藏汽车、液氮/干冰制冷冷藏汽车、机械冷藏汽车、机械式冷藏挂车等（表8-3）。

表8-3　冷藏汽车按制冷装置的制冷方式分类情况

类型	制冷原理	特点
冷冻板冷藏汽车	又称蓄冷板冷藏汽车，利用具有一定蓄冷能力的冷冻板进行制冷	优点：车内温度稳定、制冷时无噪声、故障少、结构简单、投资费用较低等 缺点：制冷时间有限，仅适用于中、短途公路运输。若用于长途运输用，需再安装发电机组以便在汽车行驶中随时开启冷冻机使其晶液冻结而进行自动蓄冷
液氮制冷冷藏汽车	利用液氮汽化吸热的原理，使液氮从-196℃汽化并升温到-20℃左右，吸收车厢内的热量，实现制冷并达到规定低温	优点：装置简单，初投资少；降温速度快，可较好地保持食品质量；无噪声；与机械制冷装置比较，重量大大减少 缺点：液氮成本较高；运输途中液氮补给困难，长途运输时必须装备大的液氮容器，减少了有效载货量

续表

类型	制冷原理	特点
干冰制冷冷藏汽车	利用干冰升华吸热原理，先使空气与干冰换热，然后借助通风使冷却后的空气在车厢内循环，吸热升华后的CO_2由排气管排出车外	优点：设备简单，投资费用低；故障率低，维修费用少；无噪声 缺点：干冰成本高；车厢内温度不够均匀，冷却速度慢，时间长
机械冷藏汽车	利用蒸气压缩式制冷循环，将电能/柴油能转化为冷能。制冷装置含有动力装置、压缩机、冷凝器和蒸发器四大部件	优点：制冷温度低，温度调节范围大，车内温度分布均匀，运送速度快，适用性强。设有运输过程的自动检测、记录及安全报警装置，可实现制冷、加温、通风换气和融霜的自动化控制 缺点：车辆造价高、维修复杂、使用技术要求高等
机械式冷藏挂车	又称冷藏拖车，具有隔热厢体和制冷机组，并有较大承载能力的后轮和一定支撑力的小前轮。制冷设备由车下电源供电，常采用机组式制冷系统并整体安装	冷藏挂车的制冷设备由车下电源供电，通常采用机组式制冷系统，并整体安装。冷藏挂车使用灵活，往往一个动力牵引车可以为多台冷藏挂车服务，进行短途调运

公路运输的主要特点是机动、灵活，可实现"门到门"运输，较适合运输中、短途货物，并且速度较快、可靠性高和对产品损伤较小。公路运输不仅可进行直达运输，而且可以作为其他运输方式的接运工具，并可减少运输过程中的中转环节及装卸次数。

(2) 铁路冷藏运输装备　我国幅员辽阔，铁路运输是货物运输的主要方式。铁路的地区覆盖面广，适应性强，可全天候不停运营，具有较高的连续性、可靠性和安全性。但是，因受到铁轨和站点等的限制，铁路运输的灵活性不高。铁路一般是按照规定的时间表进行运营，发货频率比公路运输低。

国内外铁路冷藏运输装备主要包括不带冷源车辆和带冷源车辆，不带冷源车辆主要为隔热车，带冷源车辆主要包括采用蓄冷剂制冷的加冰保温车、冷板保温车以及采用机械制冷的机械冷藏车、冷藏集装箱运输平车。目前，我国铁路冷链物流装备以机械冷藏车和冷藏集装箱运输车组为主，近年来也逐步发展了铁路隔热车。

(3) 水路冷藏运输装备　水路运输是最古老的运输方式，主要装备为冷藏船。冷藏船可分为冷冻母船、冷冻渔船和冷冻运输船3种：冷冻母船是万吨以上的大型船，配备冷却和冻结装置，可进行冷藏运输；冷冻渔船一般是指备有低温装置的远洋捕鱼船或船队中较大型的船；冷冻运输船包括集装箱船，它的隔热保温要求严格，要求温度波动不超过±5℃。

冷藏船主要用于易腐食品的水路运输和渔业。近海作业冷藏渔船常采用冰藏保鲜（-1~0℃）、冷海水保鲜（-1~0℃）和微冻保鲜（-5~-3℃）3种方式对捕获物进行贮藏，但其保鲜期较短，仅有1~2周，通常采用单级压缩制冷系统制取所需低温环境。

远洋冷藏渔船采用单机双极活塞式压缩制冷系统制取所需低温环境。因其作业时间长，有时长达半年以上，则需采取冻结保鲜（-18℃及以下）来贮运捕获物。一般情况下，大多数渔获物在-18℃温度下即可长期贮藏，但是某些特殊渔获物则需要更低的冷冻冷藏温度，例如，南极磷虾采用-40℃冻结，-35℃冷藏；金枪鱼采用-55℃冻结，-50℃冷藏。

冷藏船运输的优点是能够运输数量巨大的货物，适合于低价值、高密度、便于机械设备搬运货物的长距离运输。冷藏船运输是所有运输方式中成本最低的冷藏运输方式，现在，随着冷藏船技术性能的提高，船速加快，运输批量加大，装卸集装箱化，冷藏船运量逐年增加，成为国际易腐食品贸易中主要的运输工具，是大宗货物长距离运输的理想选择。

（4）航空冷藏运输装备　航空运输是所有运输方式中速度最快的一种，但是运量小、运价高，往往用于高价值产品或时间要求比成本更为重要的产品。航空冷藏运输作为航空运输的一种方式，是现代冷链的组成部分，是市场贸易国际化的产物。

航空冷藏箱由保温侧板、门、地板和顶板组成，满足一定的保温要求，有隔热航空冷藏箱和温控航空冷藏箱2种。隔热航空冷藏箱没有任何制冷和加热装置，仅提供保温箱体以延缓预冷货物的温度上升。温控航空冷藏箱具有保温层和自动温控系统，该系统可在地面或飞行过程中使用，实时调节箱内温度，可以实现冷冻和冷藏功能，满足不同的货物需求。

飞机作为现代速度最快的交通工具，特别适用于产品的远距离快速运输。然而，冷藏货物进出机场需要与其他冷藏运输方式配合。因此，航空冷藏运输一般采用冷藏集装箱，通过汽车、火车、船舶、飞机等联合连续运输，不需要开箱倒货，实现"门到门"快速不间断冷环境下的高质量运输，这种方式被称为横跨集装箱运输。随着冷藏运输工具、冷藏技术的发展和普及程度的提高以及冷藏集装箱联运组织系统的改善，横跨集装箱运输的费用大幅下降，运输时间大大缩短。

（5）冷藏集装箱　冷藏集装箱是指具有一定隔热性能，能保持一定低温，适用于各类食品冷藏运输而进行特殊设计的集装箱，可以灵活地吊装到汽车、火车、船舶或飞机上使用，广泛应用于公路、铁路、水路等冷藏运输过程中，具有一定的运输灵活性和多式联运便捷性。根据制冷方式不同，冷藏集装箱可分为冷冻板冷藏集装箱、液氮/干冰冷藏集装箱、外置式冷藏集装箱、内藏式冷藏集装箱和气调冷藏集装箱5类（表8-4）。

表8-4　冷藏集装箱按制冷方式分类情况

分类	特点	应用
冷冻板冷藏集装箱	利用冷冻板低温共晶溶液进行蓄冷并向集装箱提供冷源	区域性短途运输中
液氮/干冰冷藏集装箱	利用液氮喷淋或干冰向集装箱提供冷源	区域性短途运输中

续表

分类	特点	应用
外置式冷藏集装箱	又称为隔热集装箱,没有制冷装置,箱体隔热结构良好,箱端处有软管连接器,可与船上或陆上冷冻站的制冷装置连接,供给箱体冷源	国际冷藏保鲜货物的运输
内藏式冷藏集装箱	又称为机械式冷藏集装箱,箱体设有制冷装置,由船上或陆上电源供电,或自备发电机供制冷装置运行使用,以保证向集装箱供冷,箱内温度控制范围为-18~38℃	当前技术最成熟、应用范围最广
气调冷藏集装箱	利用控制集装箱内空气中的氧气、二氧化碳和乙烯等气体的浓度,抑制果蔬的呼吸和催熟作用,并把箱内温度降至所需温度的一种特种冷藏集装箱	名贵果蔬和热带水果出口海上或陆上的长途运输

冷藏集装箱必须十分坚固,能经受恶劣的运输条件,其制冷装置还必须满足以下要求:①耐冲击强度高,抗震动性能好;②加热、冷却和除霜实现全自动;③既可独立驱动,又可接外部电源;④根据装载食品的要求,可以在一定的范围内调节温度,温度偏差小;⑤换气系统可每小时为每平方米冷藏集装箱容积提供 $50m^3$ 左右的新鲜空气,空气相对湿度为85%~95%,以防干燥。就制冷系统而言,冷藏集装箱相当于小型冷藏库的一个单间或组装式冷藏库,多为风冷冷凝机组,采用直接吹风冷却,箱体内温度调节范围较大,一般为-18~12℃。

4. 食品冷链销售设施设备

冷链销售装备主要是指冷链物流终端的小型制冷装备,主要有制冷陈列柜、冷藏陈列柜、厨房冰箱、自动售卖机、冰淇淋机、商用制冰机、自助生鲜便利店、生鲜配送柜等。

制冷陈列柜指由制冷系统冷却的陈列柜,用于冷藏食品或冷冻食品的存放及陈列。同时,使食品保持在适当的温度和湿度环境下,以最大程度上保证食品质量。制冷陈列柜分类情况如表8-5所示。

表8-5 制冷陈列柜分类情况

分类方法	类型	适用范围或特点
按食品对贮藏温度要求分	冷藏型	水果、蔬菜、鲜肉、饮料等冷鲜食品,温度维持在-2℃以上
	冷冻型	冰淇淋、冻肉、饺子、肉丸等冷冻食品,温度维持在-18℃以下
	冷冻冷却型	同时具备以上2种类型制冷陈列柜的功能

续表

分类方法	类型	适用范围或特点
按柜体结构分	封闭式	贮藏存取率较低、对贮藏温度要求较高的食品
	敞开式	贮藏存取率较高的食品，柜内温度波动较大且受柜外环境影响大
	组合式	兼顾封闭式和敞开式制冷陈列柜的结构特点。通常是上部封闭、下部敞开的制冷陈列柜，可同时存放对贮藏温度要求不同的多种食品
	立式	拥有一个垂直或倾斜的展示面，其高度一般高于人体高度
	卧式	高度一般低于人体高度，其展示面位于柜体顶部且平衡于地面 立式或卧式制冷陈列柜均可以采用开盖（封闭式）或直接接触的方式（敞开式）进行货物的存取

随着电子商务的发展，针对水果、蔬菜、肉类等生鲜食品配送设计的冷鲜类智能配送柜应运而生。生鲜配送柜集冷藏、保鲜、配送及网络化管理为一体，与冷链物流和生鲜电商紧密结合，实现生鲜食品网络智能化配送功能，很好地解决了"最后一公里"配送保鲜问题。

5. 食品冷链检验检测检疫设施设备

冷链食品的检验检测检疫是保障食品质量与安全的一个重要环节。对冷链食品的外观、物理、营养、安全和感官等方面的品质参数进行实时监测十分必要，也是进行物流调控和预警的基础。

冷链食品的检验检测检疫设备有食品安全检测仪、农药残留检测仪、食品添加剂检测仪、兽药残留检测仪、酸度计、糖度计、电子鼻、电子舌、视觉传感器、光谱分析仪、色谱分析仪等。因需进行前处理、耗时、耗力以及具有破坏性等特点，传统化学分析方法难以应用于冷链食品品质的实时监测。因此，目前常采用视觉传感、嗅觉传感（电子鼻）、味觉传感（电子舌）、光谱分析和生物传感器等技术对室内静态条件下冷链食品的色、香、味、新鲜度以及营养品质等进行快速无损伤检测。未来，随着云数据、计算机技术以及品质预测模型等的发展，食品在冷链全过程中的品质实时监测将成为必然。

6. 冷链信息化控制设施设备

冷链的信息化控制涉及传感器技术、包装标识技术、远距离无线通信技术、过程跟踪与监控技术等。常见设备有无限监控主机、无限传感器、有线传感器、温度记录仪、温湿度记录仪、带有温度传感器的RFID标签、定位系统以及3G/4G/5G远距离无线传输设备等。

（1）传感器设施设备 传感器设备主要有环境信息感知传感器、产品位置感知传感器、产品运动状态感知设备、产品品质感知传感器。

环境信息感知传感器可对冷链产品所处的外界环境参数如温度、湿度、光照或气体成分等进行采集，并将采集的数据立即上传网络，以便工作人员及时对食品所处环境进行调整，避免食品在贮运过程发生变质与损失。目前，现有传感器可较好地实时采集、传输和存储单一温区、单一产品配送冷藏车的环境温湿度信息参数。但是，尚需研发感知能力强且价格低廉的环境监测传感器或传感器系列以用于多温区、多品类产品的环境参数监测。

产品位置感知传感器主要监测冷链设备的位置及其运动状况。常用的定位主要包括全球定位系统、北斗卫星导航系统、蜂窝定位、室外定位、室内仓库/超市的定位等。产品运动状态感知设备主要用于振动测试、安全防护等，包括加速度传感器、转速传感器、开关传感器等。目前这类传感器已比较成熟，可针对具体的应用场合进行优化选择。

（2）包装标识设施设备　包装标识常采用一维条码、二维码、射频识别（RFID）标签等。一维条码是开发冷链物流可追溯系统中最为经济实用的技术，其特点是识别速度快、准确率较高、制作相对简单，但是其信息容量较小，码制占据的面积较大，低温、潮湿、多霜等复杂环境对标签要求较高，追溯信息标识到追溯单元上的自动化成本较高。二维码除了具有一维条码的优点外，还具有信息容量大、编码来源广泛、加密程度高等特点。近年来，二维码的应用越来越普及，消费者可通过手机实时读取冷藏食品二维标签的信息，获取各环节追溯信息。

RFID是一种利用无线射频方式在阅读器和发射机（标签）之间进行非接触数据传输以读取数据的自动识别技术。整套系统由RFID电子标签、阅读器和应用软件组成（图8-6），工作流程如下：（a）阅读器通过天线发送一定频率的电子信号；（b）当标签进入到磁场中产生感应电流而获得能量，发射自身内部存储的标识信息；（c）阅读器再通过天线接收并识别标签发回的信息；（d）阅读器将识别的信息发送给主机进行处理。RFID电子标签可在种植/养殖生产、运输、加工、贮藏、配送、销售等平台应用，为每一件待标识货品（果蔬农产品、包装箱、托盘等）提供唯一的身份识别，可以记录食品"从农田到餐桌"中涉及质量安全的各种信息，可以实现对冷链流通全过程食品质量安全的实时监控。

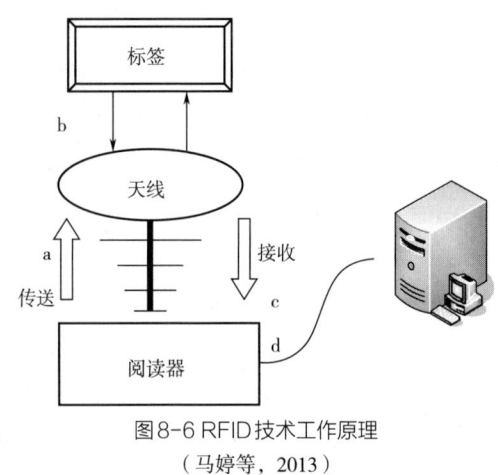

图8-6 RFID技术工作原理
（马婷等，2013）

此外，RFID和无线局域网运营商等物联网技术与区块链技术（blockchain technology，BT）结合是一种相对新的溯源技术体系，目前在食品冷链追溯领域的应用尚处于初期阶段。食品冷链追溯系统引入区块链技术，可降低物流成本，提高食品冷链溯源系统的运行效率。

（3）远距离无线通信　远距离无线传输技术是保障食品冷链物流各环节信息进行传输和交换的基础，它将终端采集到的图片信息、环境信息、定位信息、服务请求等传输到监管服务器，从而实现对食品冷链物流的远程监控和管理。远距离通信技术包含全球移动通信系统（global system for mobile communication，GSM）、通用分组无线服务技术（general packet radio service，GPRS）、第三代移动通信技术（3rd-generation，3G）、第四代移动通信技术（4G）、第五代移动通信技术（5G）等。其中，GSM和GPRS已在物流管理的各个领域广泛应用。4G和5G为食品冷链物流的发展提供新契机，通过与智能手机结合，可快速、精准地实现车辆的定位及冷链食品的全程监控，让物流主体精确掌握食品出发与到达状态，有利于提升行业整合能力，促进中小食品物流企业信息化发展。5G将会改变物流产业生产运营方式，推动产业升级和数字化转型，实现智慧物流。

总之，随着人们对食品安全与品质的关注以及车联网和物联网技术的发展，制冷监控与车联网、物联网等技术相结合，通过传感器感知和记录冷链食品所处环境条件和品质等变化，通过RFID技术、GPS技术、北斗导航和无线通信技术，实时传输冷链物流的感知信息，实时定位与追踪冷链运输车辆信息，实时记录冷链温湿度变化信息，可以远程监控冷链物流状况，从而实现冷链全程信息的追溯。此外，合理利用互联网、云计算和物联网等信息技术，优化创新冷链物流供应链体系，创建高效先进的信息管理平台，彻底打通冷链物流运行中的信息链，促进冷链物流各个节点以及各个环节之间实现信息共享（图8-7）。

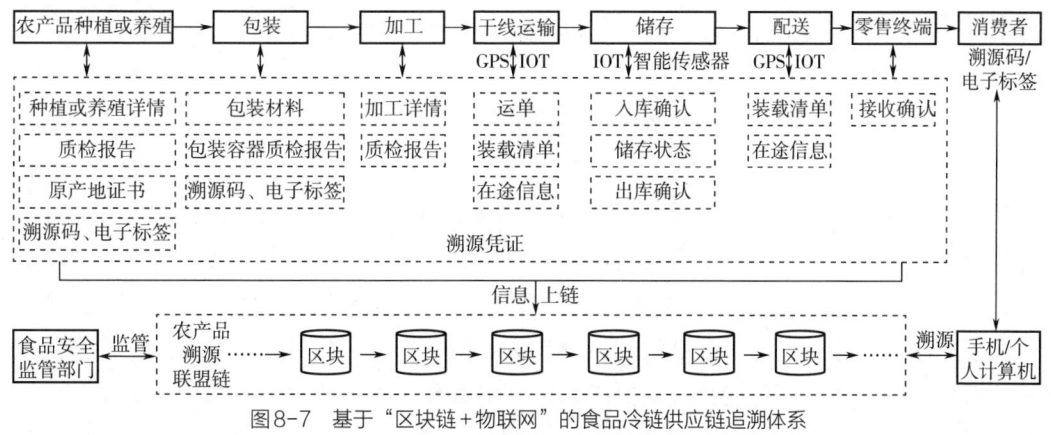

图8-7　基于"区块链+物联网"的食品冷链供应链追溯体系
（刘如意等，2020）

第三节　我国食品冷链物流的发展状况

随着我国经济的发展，政策的完善，建立完整的冷链物流体系并发挥其高效能作用已是我们努力的目标之一。食品冷链物流的发展对消费者、食品安全以及国家发展战略都有重要意义。了解我国食品冷链物流的发展现状，展望我国食品冷链物流的未来发展趋势为本节主要内容。

一、食品冷链物流的重要意义

1. 减少易腐食品损失与保障食品安全

（1）冷链物流是易腐食品流通和保障其质量安全的重要手段　我国易腐食品产量和消费量巨大，这些易腐新鲜食品的产供销具有地域性、季节性和习惯性等特点，这导致其产业发展在多样化、流通效率以及产品增值等方面受到不同程度的限制。此外，预制菜作为农产品和动物性产品等易腐食品深加工的新形态，亟需先进的仓储物流体系及冷链运输技术支撑，保持预制菜的菜品新鲜度和扩大销售覆盖范围。冷链物流的高质量发展能够实现食品流通过程中环境温度的精确控制以及食品信息的全程追溯，改善传统的食品产供销格局，扩大其销售半径，保障易腐食品的新鲜度，为消费者提供种类更加丰富、方便、营养、安全、健康的食品。

（2）冷链物流是降低易腐食品流通腐损率和流通费用的重要途径　据统计，欧洲、北美洲的发达国家及日本的冷链流通率达95%以上，冷链产品的冷藏运输率超过90%，损耗率在5%左右，甚至只有1%~2%。但是，我国果蔬、肉类和水产品的冷藏运输率分别约为15%、57%和69%；流通腐损率分别为15%~25%、8%和10%，绝大多数冷链物流属于断链状态，大量易腐食品在产销流通中的损耗和变质造成巨大浪费。此外，欧洲、北美洲的发达国家的食品冷链物流成本仅有50%，利润率在20%~30%。然而，我国当前冷链成本占总成本比重高达70%，利润率仅在8%左右且呈现下降趋势。建立完整的冷链物流体系并发挥其高效能是降低我国易腐食品流通损耗率和流通费用的一个重要途径。

2. 支撑新经济增长点

（1）增加农产品附加值　在我国，农产品中果蔬的冷链物流所占比重较低，较低的冷链物流普及率给农民造成了巨大的经济损失。同时，由于保鲜、贮运能力较差，农民增产不增收的现象时有发生，而冷链物流可以为易腐农产品的增值提供支撑。一方面，随着我国居民收入水平的逐步提高，消费者对果蔬的新鲜度、营养性和安全性等要求更高，易腐食品冷链物流可以为消费者提供多样化的农产品，保证生鲜农产品品质和安全，减少营养成分的损失，提高农产品附加值。另一方面，生鲜农产品流通出现了大规模、长距离、反季节等新趋势，这要求易腐生鲜农产品冷链流通体系的服务规模和效率需有所提高。与传统的产地自销模式相比，经过冷链物流的生鲜农产品也就更具价值。另外，冷链物流的发展可以提升我国农产品的质量，提高出口农产品的竞争力，突破贸易壁垒，显著提高农产品附加值。

（2）支撑生鲜电商发展　近年来，我国电子商务行业发展十分迅速，交易规模不断扩大，特别是在"互联网+"浪潮推动下，电子商务以一种全新的产业业态迅速发展壮大。近年来，生鲜电商、跨境生鲜电商的市场规模和用户接受度都在不断扩大。在食品安全问题频发背景下，消费者在网上购买易腐食品时愈加重视产品的质量和安全性。全程冷链物流是保持易腐食品从产地到消费者整个过程产品品质的重要手段，是生鲜电商快速发展的重要支撑和条件保障。

3. 支撑国家发展战略

（1）南菜北运、西果东送　我国地域辽阔，每个地区盛产的果蔬种类不同。我国北方地区冬春季节气候寒冷，农作物生长缓慢，种类少，但人口较多，果蔬需求量大，这导致了严重的供需矛盾。南方地区因纬度低、冬季气温高等特点有利于果蔬的生长。南菜北运是缓解全国冬春淡季果蔬供需矛盾、促进产区与市场深度融合、丰富果蔬品类、稳定鲜活农产品市场供应、保障北方人民群众日常生活的重要举措。此外，我国西部地区昼夜温差大，盛产石榴、葡萄、无花果、杏、桑葚、蟠桃、梨、红枣、哈密瓜、甜瓜等优质特色水果。为了长效解决西部地区农产品"卖难"和东部地区"买贵"的问题，在我国形成了典型的"西果东送"现代农产品流通格局。冷链物流是保证"南菜北运、西果东送"长距离运输过程中果蔬品质与安全的重要手段，是我国国家发展战略的重要保障。

（2）"一带一路"倡议　随着"一带一路"倡议的实施，中国与相关国家的进出口贸易日益频繁，物流需求快速增长，其中易腐食品占比相当大，冷链物流技术和装备是易腐食品跨境贸易的重要保障。中欧班列是往来于中国与欧洲及"一带一路"沿线各国的集装箱国际铁路联运班列，是共建"一带一路"的旗舰项目和标志性品牌。中欧班列（郑州）是全国第一家开发冷链运输的班列，每个集装箱的温度都可被实时监测和控制。

（3）乡村振兴　随着乡村产业转型升级，中国农产品农业迎来快速发展，让生鲜农产品以最佳状态到达消费者手中，必须依赖于冷链物流。冷链物流是打通农产品流通产地"最先一公里"和城市配送"最后一公里"的关键，有利于解决果蔬集中收获上市价贱伤农的瓶颈问题，有效延长果品贮藏期和货架期，增加果农收入，促进农民增收和乡村振兴，更好地满足城乡居民对高质量农产品的消费需求。此外，推进农村冷链物流建设是我国"十四五"冷链物流发展规划的重点工作之一。

总之，推动冷链物流高质量发展，是减少农产品产后损失和食品流通浪费，扩大高品质市场供给，更好满足人民日益增长的美好生活需要的重要手段；是支撑农业规模化产业化发展，促进农业转型和农民增收，助力乡村振兴的重要基础；是满足城乡居民个性化、品质化、差异化消费需求，推动消费升级和培育新增长点，深入实施扩大内需战略和促进形成强大国内市场的重要途径；是健全"从农田到餐桌、从枝头到舌尖"的生鲜农产品质量安全体系，支撑实施食品安全战略和建设健康中国的重要保障。

二、我国食品冷链物流的发展现状

目前，我国已经形成了较为成熟的食品冷链物流产业链。其中，上游主要是冷链基础设施，包括冷藏库、冷藏集装箱、速冻设备、冷库冷柜设备、制冷压缩机等。中游则是冷链物流服务，包括仓储、运输、配送以及增值服务（如包装、分拣、贴标）等环节。下游为冷链物流需求，主要包括肉类、水产品、蛋品、水果、蔬菜、乳品、速冻食品等生鲜食品。

1. 冷链物流市场规模显著扩大

随着我国城乡居民消费水平和消费能力的不断提高，我国社会物流总额逐年递增。社会物流总额的逐年增长为冷链物流行业的发展提供了良好的经济环境，冷链物流市场规模也呈现逐年递增态势，中国冷链物流市场仍处于"高速增长、供不应求"的局面。

2. 冷链物流需求持续旺盛

近年来，随着我国城镇化进程的加速、居民收入水平的稳步增长及消费水平的提高，人们对于食品的多样性、新鲜度、营养性和安全性要求大幅提升。随着国内电商的发展，生鲜电商、果蔬宅配等业务不断扩大。生鲜电商的快速发展带动了国内农产品、冷链食品的产地、加工地和消费市场的重塑。在诸多因素推动下，中国食品冷链需求正在快速增加。冷链物流的下游应用以生鲜食品的运输为主，占比约为90%。2023年统计数据显示，我国蔬菜冷链需求量约1.2亿吨，水果约8340万吨，肉类约5784万吨，水产约4686万吨，乳制品约2138万吨，速冻食品约2052万吨。

3. 冷链物流基础设施建设逐步完善

近些年来，随着行业经济、社会环境以及政策的利好，包括冷藏车、冷库在内的冷链基础设施正在不断完善。生产和消费规模的扩大，刺激了冷链设施设备的增长。

从冷库建设规模来看，我国冷库建设取得明显成绩。中国物流与采购联合会冷链委的统计数据显示，2019—2024年我国冷库容量逐年递增（表8-6）。虽然我国仓储绝对量较大，但是我国人均冷藏仓储容量偏小，低于发达国家水平。

表8-6 2019—2024年我国冷库容量及同比增速情况

年份	2019	2020	2021	2022	2023	2024
冷库容量/亿立方米	1.5	1.8	2.0	2.1	2.28	2.47
冷库容量增速/%	15	20	10	8	8.6	9.6

从冷藏运输方式看，公路冷链为主导，约占89.7%；其次为海运冷链，占比为8.1%；航空冷链和铁路冷链分别占1.2%和1%。

为了推动港口冷链物流的发展，我国主要港口陆续建设海港冷链物流中心，实现货品到港，快速检验，保障冷链不断链，有效弥补我国港口冷链物流的短板。目前，国内港口冷链物流基础设施主要集中在上海港、大连港、天津港、青岛港、宁波舟山港和深圳港（表8-7），其他港口的冷链物流设施建设也在快速推进中。

表8-7 我国主要港口冷链物流设施建设情况

港口	项目名称（容量/万t）	港口	项目名称（容量/万t）
上海港	上海同华冷链物流有限公司（1.8） 上海联和冷链物流有限公司（1.2） 上海大宛食品有限公司（3.5） 上海洋山保税港区物流服务有限公司（0.2） 中外运普菲斯物流（上海）有限公司（3） 上港集团冷链物流有限公司（4） 上海长兴润稼农产品批发市场（1）	大连港	大连港毅都冷链一期冷库（4.5） 大连港毅都冷链二期冷库（12） 大连狮子岛中央冷藏物流有限公司（5） 恒浦（大连）国际物流有限公司（10） 大连宝泉食品有限公司（1.5） 大连金山水产有限公司（1.3）
天津港	港大冷链一期项目（2.5） 天津港首农食品进出口贸易有限公司（3） 泰达行（天津）冷链物流有限公司（3） 华锐全口冷链运营中心（3） 大洋冷链物流项目（3） 普菲斯冷链物流中心（4.3） 天津港强集团有限公司（0.5） 中国农批集团冷库（4.5）	青岛港	青岛联合华通贸易有限公司（2.5） 青岛师帅冷链物流股份有限公司（2） 青岛港恰之航冷链物流有限公司（5） 青岛远洋鸿池物流有限公司（0.5） 青岛新大地冷藏有限公司（0.8） 青岛天驰仓储有限公司（5） 青港货运冷链中心（6.5）
宁波舟山港	宁波兴港冷链物流有限公司（0.5） 太古冷链物流（宁波）有限公司（6） 招商局物流集团宁波有限公司（1） 浙江蓝雪食品有限公司（1）	深圳港	招商局国际冷链（深圳）有限公司（1.2） 深圳市保惠物流有限公司（0.35） 深圳市瑞源冷链服务有限公司（1.1） 深圳市顺记冷链物流有限公司（0.2） 深圳市锋润锋投资有限公司同乐冷冻库（0.2） 中粮集团（深圳）有限公司中粮冷库（0.6）

4. 冷链物流市场主体不断扩大

冷链物流企业加速成长，网络化发展趋势明显，行业发展生态不断完善。市场集中度日益提高，冷链仓储、运输、配送、装备制造等领域形成一批龙头企业，不断延伸采购、分销、信息等供应链服务功能，资源整合能力和市场竞争力显著提升。

从冷链物流企业数量看，随着近年来我国冷链物流的迅速发展，我国冷链物流企业数量呈逐年增长趋势。从冷链物流企业和冷库容量区域分布看，冷链仓储资源集中在东中部地区，但是，西南和东北地区仓储企业加速发展，区域不平衡局面正在改善。

从冷链物流市场结构和价值链条看，我国冷链物流主要由运输环节（包括干线运输和配送）、仓储环节（包括仓储和装卸）以及其他环节（包装、分拣、贴标等增值服务）构成。其中，运输环节产生的价值最高，约占整个产业价值的40%，而仓储环节和其他环节各占30%。

5. 冷链物流发展质量不断提升

初步形成产地与销地衔接、运输与仓配一体、物流与产业融合的冷链物流服务体系。《中国农产品产地冷链物流发展报告（2024）》显示，2024年我国农产品产地综合低温处理率为32.0%，比2020年提高了11个百分点，其中，果蔬、肉类、水产品产地低温处理率分别为24.0%、80.0%和83.0%。冷链物流设施服务功能不断拓展，全链条温控、全流程追溯能力持续提升。冷链甩挂运输、多式联运加快发展。冷链物流口岸通关效率大幅提高，国际冷链物流组织能力显著增强。2024年11月，我国主导的《冷链物流无接触配送要求》（ISO 31511：2024）国际标准发布，提升了我国在冷链物流领域的国际影响力，为全球冷链配送提供了技术指导。

6. 创新步伐明显加快

数字化、标准化、绿色化冷链物流设施装备研发应用加快推进，新型保鲜制冷、节能环保等技术加速应用。冷链物流追溯监管平台功能持续完善。冷链快递、冷链共同配送、"生鲜电商+冷链宅配""中央厨房+食材冷链配送""水产品深加工+冷链运输"等新业态新模式日益普及，冷链物流跨界融合、集成创新能力显著提升。科技创新的力量正在推动冷链物流摆脱传统的运行方式，向智能化、科技化、自动化方向转型升级，智慧化、无人化催生的"新基建"方兴未艾，冷链物流全链条进一步实现科技赋能，将强力推动行业驶入高质量发展快车道。

7. 基础作用日益凸显

冷链物流衔接生产消费、服务社会民生、保障消费安全能力不断增强，在调节农产品跨季节供需、稳定市场供应、平抑价格波动、减少流通损耗中发挥了重要作用。特别是在抗击新冠疫情中，冷链物流对保障食品稳定供应做出重要贡献。

8. 我国冷链物流高质量发展存在的问题

我国冷链物流发展不平衡不充分问题突出，跨季节、跨区域调节农产品供需的能力不足，冷链物流体系尚不健全，存在冷链流通率偏低、损耗偏大、成本较高等短板，与发达国家相比还有较大差距，与我国的经济社会发展要求相比也存在一定差距。我国冷链物流高质量发展存在的突出问题主要有以下几个方面。

（1）政策环境方面　东中西部、南北方和城乡间冷链物流基础设施分布不均，存在结构性失衡；冷链物流监管制度不全、有效监管不足，链条监管体系有待完善。

（2）行业链条方面　产地预冷、冷藏和配套分拣加工等设施建设有待完善；冷链运输设施设备和作业专业化水平有待提升；大中城市冷链物流体系不健全，传统农产品批发市场冷链设施短板突出。

（3）运行体系方面　缺少集约化、规模化运作的冷链物流枢纽设施，存量资源整合和综合利用率不高，行业运行网络化、组织化程度不够。

（4）发展基础方面　冷链物流企业专业化、规模化、网络化发展程度不高；冷链物流标准体系还有待完善，强制性标准少，推荐性标准多，标准间衔接不够紧密，部分领域标准缺失；冷链专业人才培养不足，缺乏基础冷链物流知识、区块链和物联网等信息技术知识，制约行业发展。

三、我国食品冷链物流的未来发展趋势

在"碳达峰、碳中和"战略下，在能效标准和卫生安全标准的双重标准要求下，我国食品冷链物流粗放式发展阶段基本过去，正迎来绿色低碳、节能高效的高质量发展新阶段，"标准化、产品化、智能化、绿色化、集约化、专业化"等成为我国食品冷链物流发展的主要方向。

1. 相关的组织、政策、法律、标准将进一步完善

在组织协调方面，国家发展改革委将会同商务部、农业农村部、市场监管总局、交通运输部等相关部门与冷链企业协会建立冷链物流发展协调推进工作机制。在政策支持方面，国家相关部门开展资金支持渠道，建设冷链物流基地、产销冷链集配中心等大型冷链物流设施建设。在法律制度方面，将从准入要求、技术条件、设施设备、经营行为、人员管理、监督执法等方面完善冷链物流相关法律法规制度。在标准体系方面，将加强冷链物流标准修订，加强冷链基础通用标准和冷链基础设施、技术装备、作业流程、信息追溯等重点环节以及冷链物流绿色化、智慧化等重点领域标准修订。

2. 冷链物流基础设施将进一步增强

首先，在农产品产地预冷、分级、包装等"最先一公里"以及移动冷库、智慧冷链自动售卖机、冷链自提柜等城市"最后一公里"都需要加快补齐。其次，培育龙头冷链物流企业，提升冷链物流的集约化和专业化程度。冷链查验与储存一体化设施、检验检疫专业技术用房、视频监控等装备配备水平和冷链物流检验检测检疫能力均需要提升。此外，物流配送中心、市场信息网络与电子商务平台、大型农产品流通设施等基础设施建设也将进一步完善。

3. 冷链物流技术水平不断创新

冷链物流全流程数字化，各作业环节数据自动化采集与传输。利用自然冷能、太阳能等清洁能源，建设符合国家节能标准要求的冷库，完善绿色冷链物流技术装备认证及标识体系。利用互联网、物联网、云计算、5G、区块链和人工智能等技术，构建和完善专业冷链物流信息平台，加强各环节数据的收集、整理与分析，进而为冷链物流运输、冷藏冷冻加工、仓储服务、分拨配送、仓货匹配以及冷链车货匹配等提供全面信息服务。

4. 冷链企业发展模式不断变革

随着电子商务的不断发展，生鲜、跨境电商以及线上线下（O2O）融合市场不断扩张，为了顺应城乡居民消费需求的多样化，冷链物流发展水平不断提升，带动冷链物流企业由单一运输或仓储服务模式向综合冷链物流服务商转变，实现冷链物流模式的创新发展。

居民消费水平的不断提升和食品冷链物流规模的持续增长将推动我国食品冷链物流转型升级，我国食品冷链物流行业进入快速提升时期，食品冷链物流设施网络、技术装备、服务质量、监管治理等水平将持续提升以支撑现代化经济体系建设和满足人民日益增长的美好生活需要。

本章线上学习资源可扫描以下二维码获取。

食品冷链物流（上）　　　食品冷链物流（下）

思考题

1. 名词解释：物流、冷链、冷链物流。
2. 冷链物流适用于哪些范围？
3. 冷链物流与常温物流有何区别？
4. 发展食品冷链物流有何意义？
5. 食品冷链物流的功能构成有哪些？
6. 食品冷链物流系统的构成要素有哪些？
7. 简述食品冷链加工、冷链仓储、冷链运输、冷链销售等设施设备的种类和特点。
8. 简述食品冷链各种运输方式的特点。
9. 简述食品冷链物流的发展现状。
10. 谈一谈食品冷链物流的未来发展趋势。

参考文献

[1] 李合生,王学奎. 现代植物生理学[M]. 4版. 北京:高等教育出版社,2019.

[2] 刘建学. 食品保藏学[M]. 北京:中国轻工业出版社,2006.

[3] 田世平,罗云波,王贵禧. 园艺产品采后生物学基础[M]. 北京:科学出版社,2011.

[4] 谢联辉. 普通植物病理学[M]. 北京:科学出版社,2013.

[5] 郑永华. 食品贮藏保鲜[M]. 北京:中国计量出版社,2006.

[6] Yinglin Ji, Mingyang Xu, Aide Wang. Recent advances in the regulation of climacteric fruit ripening: Hormone, transcription factor and epigenetic modifications[J]. Frontiers of Agricultural Science and Engineering, 2021, 8(2): 314-334.

[7] 金昌海. 畜产品加工[M]. 北京:中国轻工业出版社,2018.

[8] 王宝维. 动物源食品原料生产学[M]. 北京:化学工业出版社,2015.

[9] 罗成. 海洋食品科学与技术[M]. 北京:科学出版社,2019.

[10] 陈忠军. 食品微生物学[M]. 5版. 北京:中国轻工业出版社,2021.

[11] 孙海燕. 食品保藏工艺及新技术探究[M]. 北京:中国纺织出版社,2019.

[12] 石彦国. 食品原料学[M]. 北京:科学出版社,2016.

[13] 邹建,徐宝成. 食品化学[M]. 北京:中国农业大学出版社,2021.

[14] 林华娟,毛为杰. 水产利用化学基础[M]. 北京:化学工业出版社,2017.

[15] 周光宏. 畜产品加工学(双色版)[M]. 北京:中国农业出版社,2019.

[16] 孔保华,陈倩. 肉品科学与技术[M]. 北京:中国轻工业出版社,2018.

[17] 江正强. 现代食品原料学[M]. 北京:中国轻工业出版社,2021.

[18] 谢晶. 海产品保鲜贮运技术与冷链装备[M]. 北京:科学出版社,2019.

[19] 朱蓓薇,董秀萍. 水产品加工学[M]. 5版. 北京:化学工业出版社,2019.

[20] 刘宝琳. 食品冷冻冷藏学[M]. 北京:中国农业出版社,2010.

[21] 于学军,张国治. 冷冻、冷藏食品的贮藏与运输[M]. 北京:化学工业出版社,2007.

[22] 鲍琳,周丹. 食品冷藏与冷链技术[M]. 北京:机械工业出版社,2019.

[23] 陈维信,苏美霞,李沛文. 荔枝气调贮藏的研究[J]. 华南农学院学报,1983,3(3):54-61.

[24] 励建荣. 生鲜食品保鲜与加工[M]. 北京:科学出版社,2022.

[25] 饶景萍,毕阳. 园艺产品贮运学[M]. 2版. 北京:科学出版社,2021.

[26] 李利军，马英辉，卢美欢. 微生物及其毒素在乳制品加工中的污染与控制[J]. 陕西农业科学，2016，62（5）：72-75.

[27] 张和平，张佳程. 乳品工艺学[M]. 北京：中国轻工业出版社，2018.

[28] 田长春，邵双全，徐洪波，等. 冷链装备与设施[M]. 北京：清华大学出版社，2021.

[29] 张玉华，王国利. 农产品冷链物流技术原理与实践[M]. 北京：中国轻工业出版社，2018.

[30] 蒲彪，秦文. 农产品贮藏与物流学[M]. 北京：科学出版社，2012.

[31] 王殿轩. 小麦工业手册（第一卷）：小麦储藏[M]. 北京：中国轻工业出版社，2021.

[32] 中国储备粮管理总公司. 谷物冷却储粮技术实用操作手册[M]. 成都：四川科学技术出版社，2017.

[33] 马婷，李芳，单大亚. 基于物联网技术的食品冷链物流跟踪及追溯问题研究[J]. 上海理工大学学报，2013，35（6）：557-562.

[34] 刘如意，李金保，李旭东. 区块链在农产品流通中的应用模式与实施[J]. 中国流通经济，2020，34（3）：43-54.